高等职业教育“新资源、新智造”系列精品规划教材

用微课学·变频器技术应用工作手册式教程

李方园　主　编

吕林锋　副主编

U0226247

電子工業出版社

Publishing House of Electronics Industry

北京·BEIJING

内 容 简 介

本书围绕当前市场上主流的三菱 E700 系列变频器，从变频器使用者的角度出发，按照从理论到实践、从设计到应用的顺序由浅入深地阐述变频器的运行与操作，变频器的电路结构，变频调速系统的应用，变频器、PLC 和触摸屏综合控制，变频器的维护与维修等内容。本书通过学习任务和案例分析，对变频器的功能进行了深入细致的说明，面向工程应用，使读者能所读即所用。

本书内容深入浅出、图文并茂，适合作为高职院校电气自动化、机电一体化、应用电子技术等专业的教学用书，同时也适合作为变频器工程和设计人员、中高级电工的自学用书。

图书在版编目（CIP）数据

用微课学・变频器技术应用工作手册式教程 / 李方园主编. —北京：电子工业出版社，2020.6
ISBN 978-7-121-37683-2

Ⅰ. ①用… Ⅱ. ①李… Ⅲ. ①变频器－高等学校－教材 Ⅳ. ①TN773

中国版本图书馆 CIP 数据核字（2019）第 247003 号

责任编辑：王昭松
印　　刷：固安县铭成印刷有限公司
装　　订：固安县铭成印刷有限公司
出版发行：电子工业出版社
　　　　　北京市海淀区万寿路 173 信箱　邮编 100036
开　　本：787×1 092　1/16　印张：13　字数：332.8 千字
版　　次：2020 年 6 月第 1 版
印　　次：2025 年 1 月第 4 次印刷
定　　价：42.00 元

凡所购买电子工业出版社图书有缺损问题，请向购买书店调换。若书店售缺，请与本社发行部联系，联系及邮购电话：（010）88254888，88258888。

质量投诉请发邮件至 zlts@phei.com.cn，盗版侵权举报请发邮件至 dbqq@phei.com.cn。

本书咨询联系方式：（010）88254015，wangzs@phei.com.cn，QQ：83169290。

前 言

变频器是集自动控制、微电子、电力电子、通信等技术于一体的自动化产品，它以优良的调速和节能性能在工业企业和民用设备中获得了广泛的应用。本书围绕当前市场上主流的三菱 E700 系列变频器，从变频器使用者的角度出发，按照从理论到实践、从设计到应用的顺序由浅入深地阐述变频器的运行与操作，变频器的电路结构，变频调速系统的应用，变频器、PLC 和触摸屏综合控制，变频器的维护与维修等内容。

本书共 5 章。第 1 章主要介绍了变频器的运行与操作，内容包括变频器概述、三菱 E700 变频器的接线、三菱 E700 变频器的参数设置与运行模式；第 2 章的主要内容为变频器的电路结构，对通用变频器的主电路结构、PWM 控制电路、开关电源电路、驱动电路进行了重点阐述；第 3 章主要介绍了变频调速系统的应用，内容包括变频调速系统的基本特性、变频器的启动制动方式与适应负载能力、流体工艺的变频 PID 控制、三菱 E700 变频器的 PID 控制及电动机参数调谐；第 4 章阐述了变频器、PLC 和触摸屏综合控制，内容包括 PLC 控制变频系统的硬件结构、三菱变频器与三菱 PLC 之间的连接、通信控制及变频器、PLC 和触摸屏之间的控制；第 5 章主要介绍了变频器的维护与维修，内容包括变频器维护与维修的基本要点、变频器过电流故障维修、变频器过载故障维修、变频器过热故障分析、变频器过电压故障分析等。

本书通过 14 个学习任务和 8 个案例分析对变频器的主要功能进行了深入细致的说明，理论联系实际，面向工程应用。通过学习任务，学生可以在真实的实操情境中学习变频器技术，在完成学习任务的过程中最终实现由量变到质变的学习效果。案例分析将变频器工程应用中容易出现的问题作为案例，采用讨论和分析的方式培养学生的分析能力、判断能力和解决问题的能力。

本书由李方园担任主编，吕林锋担任副主编，参与本书编写的还有陈亚玲、李霁婷。在本书的编写过程中，三菱公司及其代理商提供了相当多的典型案例，同时编者也参考和引用了许多专家学者、工程技术人员的最新研究成果，编者在此一并致谢。

由于编者水平有限，书中难免存在不足之处，希望广大读者批评指正，编者将不胜感激。

编　者

2020 年 1 月

目 录

第1章

变频器的运行与操作

导读

变频器是应用变压变频原理与微电子技术，通过改变电动机工作电源频率的方式来控制交流电动机运转速度的电力电子装置。变频器常见的频率指令主要有操作面板给定、接点信号给定、模拟量给定、脉冲给定和通信给定等。变频器的启动指令包括操作面板控制、端子控制和通信控制。三菱 E700 系列变频器可以通过连接 STF、STR、RH、RM、RL、MRS、RES 等端子设置相关参数，从而实现启动、停止、正转与反转、正向点动与反向点动、复位、多段速、模拟量控制等基本运行功能。

1.1 变频器概述

1.1.1 变频器的定义

变频器是应用变压变频原理与微电子技术，通过改变电动机工作电源频率的方式来控制交流电动机运转速度的电力电子装置，其工作示意图如图 1-1 所示。

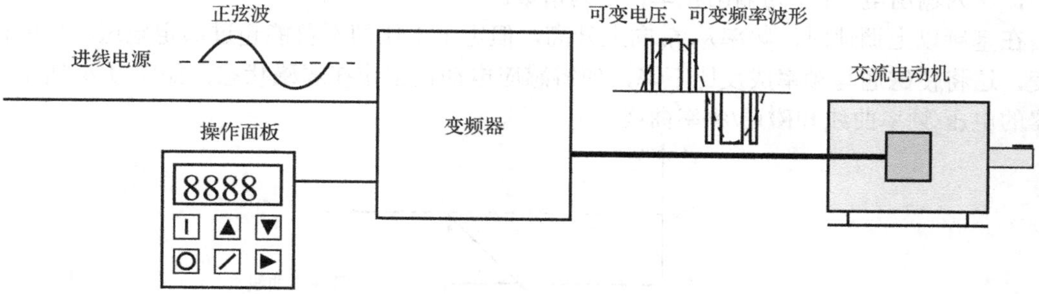

图 1-1　变频器工作示意图

变压变频是指变频器采用如图 1-2 所示的恒压频曲线控制输出电压和输出频率。

普通三相感应电动机的磁力线穿过电动机的定子与转子形成闭合回路，构成一个环绕的磁通，称为气隙磁通，气隙磁通所在平面与转子运动方向平行。图 1-3 是气隙磁通的示意图，展示了一段拉直的定子与转子中的磁通回路。

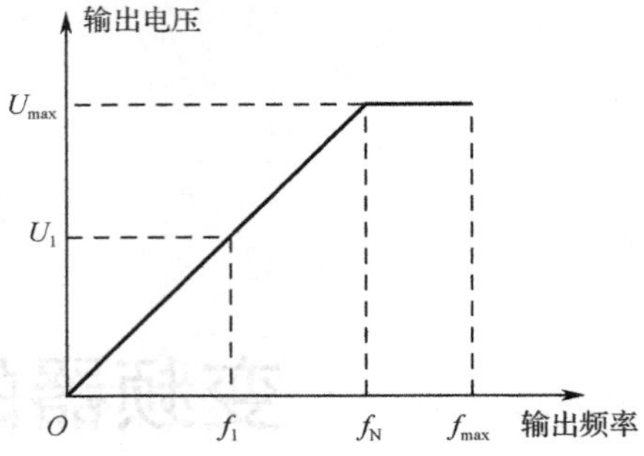

图 1-2　恒压频曲线

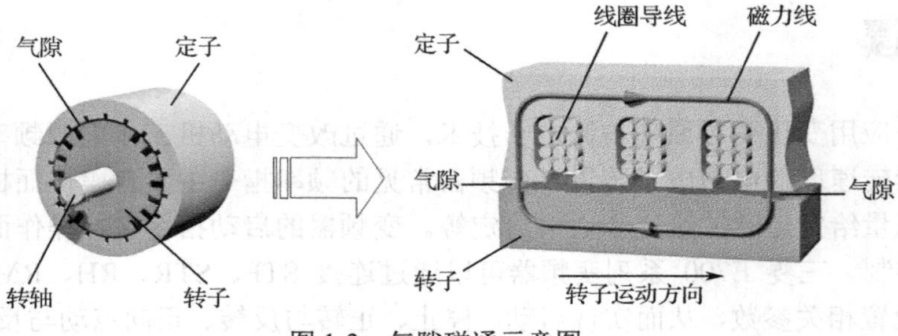

图 1-3　气隙磁通示意图

根据电机学原理可知，三相感应电动机的每极气隙磁通与定子每相中感应电动势的有效值成正比，而与定子频率成反比。为了充分利用电动机铁芯，发挥电动机产生转矩的能力，在基频（即 f_N=50Hz）以下采用恒磁通控制方式：当频率 f_1 从额定值 f_N 向下调节时，必须同时降低电动势，即采用电动势频率比为恒值的控制方式。由于绕组中的感应电动势是难以直接控制的，当电动势值较高时，可以忽略定子电阻和漏磁感抗压降，认为定子相电压约等于感应电动势，则得

$$U/f = C \tag{1-1}$$

式中，U 为输出电压；f 为输出频率；C 为常数。

在基频以上调速时，频率从 f_N 向上升高，但定子电压却不可能超过额定电压，只能保持不变，这将使磁通与频率成反比下降，使得感应电动机工作在弱磁状态。如图 1-4 所示为变频器的电压/频率曲线和磁通/频率曲线。

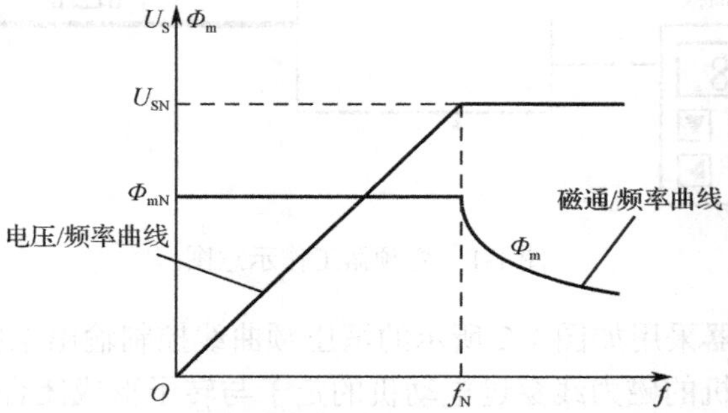

图 1-4　变频器的电压/频率曲线和磁通/频率曲线

1.1.2 变频器的外观

如图 1-5 所示为三菱 E700 变频器的外观，它由操作面板、接线端子、铝散热器和驱动模块等组成。

变频器的操作面板一般包括操作模块、LCD 显示模块或 LED 显示模块。操作模块的前面板上设置有按键和旋钮，后面板上设置有内部总线接口和外部总线接口，操作模块内设置有 CPU、存储器和主控板。LCD 显示模块的前面板上有液晶显示器。后面板上有内部总线接口，LCD 显示模块与操作模块通过内部总线接口由内部总线连接。LED 显示模块的前面板上有 LED 显示器，后面板上有内部总线接口，LED 显示模块与操作模块通过内部总线接口由内部总线连接。操作模块、LCD 显示模块或 LED 显示模块互相装配，以层叠方式组合。通过操作面板，可以设置变频器的功能参数，同时可以进行电动机的正反转、点动控制以及频率调节。

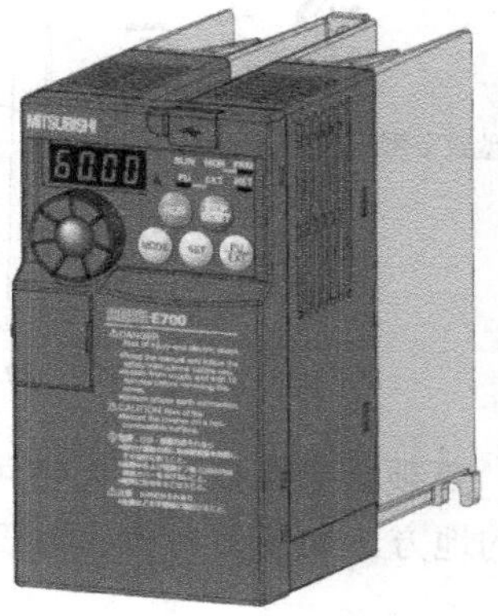

图 1-5 三菱 E700 变频器的外观

变频器的接线端子包括主电路端子和控制电路端子，其中主电路端子用于连接三相工频电源、三相电动机及将内部的直流电路端子引出来接制动电阻或制动单元；控制电路端子用于连接数字量信号、模拟量信号和通信信号。

铝散热器主要用于变频器散热，或自然冷却，或风冷。

驱动模块是变频器的核心器件，用于实现变频变压调速控制。

1.1.3 变频器的频率指令

使用变频器的目的是通过改变变频器的输出频率，即改变变频器驱动电动机的供电频率，从而改变电动机的转速。如何调节变频器的输出频率呢？首先必须向变频器提供改变频率的信号，这个信号称为频率指令。

变频器常见的频率指令主要有操作面板给定、接点信号给定、模拟量给定、脉冲给定和通信给定等。这些频率指令各有优缺点，必须按照实际需要进行选择和设置，同时也可以根据功能需要选择不同的频率指令进行叠加和切换。

1. 操作面板给定

操作面板给定是变频器最简单的频率指令，用户可以通过变频器操作面板上的电位器、键盘数字键或上升、下降键来直接改变变频器的设定频率。操作面板给定的最大优点是简单、方便、醒目（可选配 LED 显示器或液晶显示器），同时又兼具监视功能，能够将变频器运行时的电流、电压、实际转速、母线电压等实时显示出来。如图 1-6 所示为三菱 FR-PU07 操作面板。

如果选择键盘数字键或上升、下降键给定，则由于是数字量给定，故精度和分辨率非常高，其中，精度可达最高频率×0.01%，分辨率为 0.01Hz。也可以选择三菱 FR-PA07 操作面板上的 M 旋钮给定（如图 1-7 所示）。

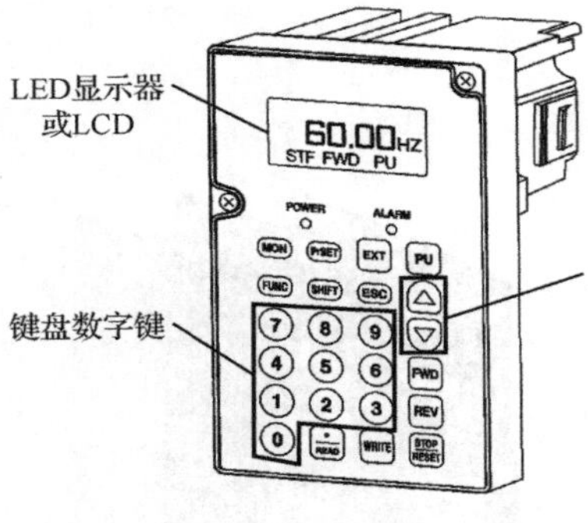

图 1-6　三菱 FR-PU07 操作面板

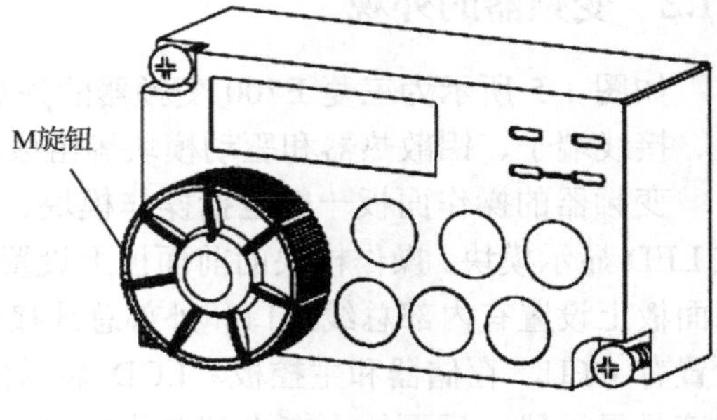

图 1-7　三菱 FR-PA07 操作面板

变频器的操作面板通常可以取下或者另外选配，再通过延长线安置在用户操作和使用方便的地方。如图 1-8 所示为三菱 E700 变频器通过连接线与 FR-PU07 操作面板相连。

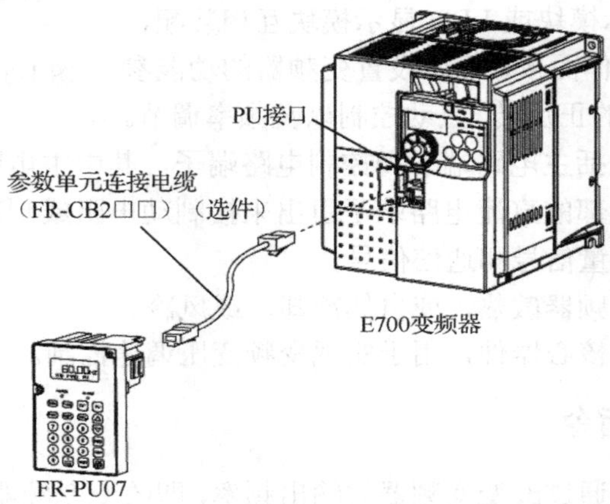

图 1-8　三菱 E700 变频器通过连接线与 FR-PU07 操作面板相连

2. 接点信号给定

接点信号给定指通过变频器多功能输入端子的 UP 和 DOWN 接点来改变变频器的设定频率。该接点可以外接按钮或其他类似于按钮的开关信号（如 PLC 或 DCS 的继电器输出模块、常规中间继电器等）。具体接线如图 1-9 所示。

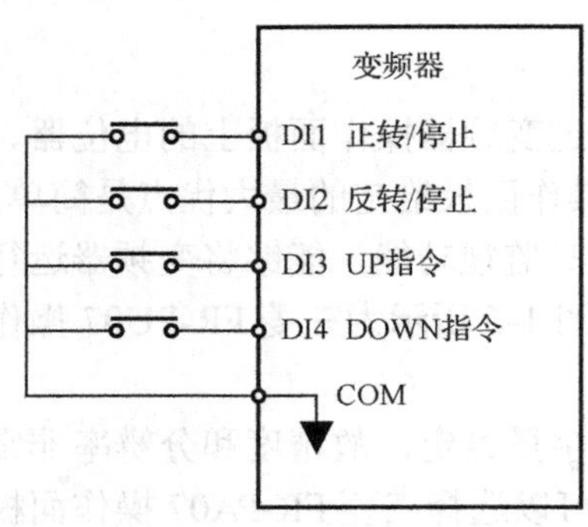

图 1-9　接点信号给定

在使用接点信号给定时应注意以下几点。

（1）多功能输入端子 DI3 或 DI4 需分别设置为 UP 指令或 DOWN 指令中的一个，不能重复设置，也不能只设置一个。

（2）必须正确设置端子的 UP/DOWN 速率，速率单位为 Hz/s。有了正确的速率设置，即使 UP 接点一直吸合，变频器的频率上升也不会一下子窜到最高输出频率，而是按照上升速率上升。同理，即使 DOWN 接点一直吸合，变频器的频率也会按照此速率下降。

（3）“是否断电保持频率”功能必须设置，如设置为“断电保持有效”，则当变频器电源被切断后，频率指令被记忆，当接通电源且运行指令被再次输入时，变频器自动加速运行到被记忆的频率；如设置为“断电保持无效”，则当变频器电源被切断后，频率指令不被记忆，当接通电源且运行指令被再次输入时，变频器按参数不同运行到某一固定频率（0Hz 或其他，该参数依赖于变频器的型号）。

如图 1-10 所示为接点信号给定的变频器运行时序图。

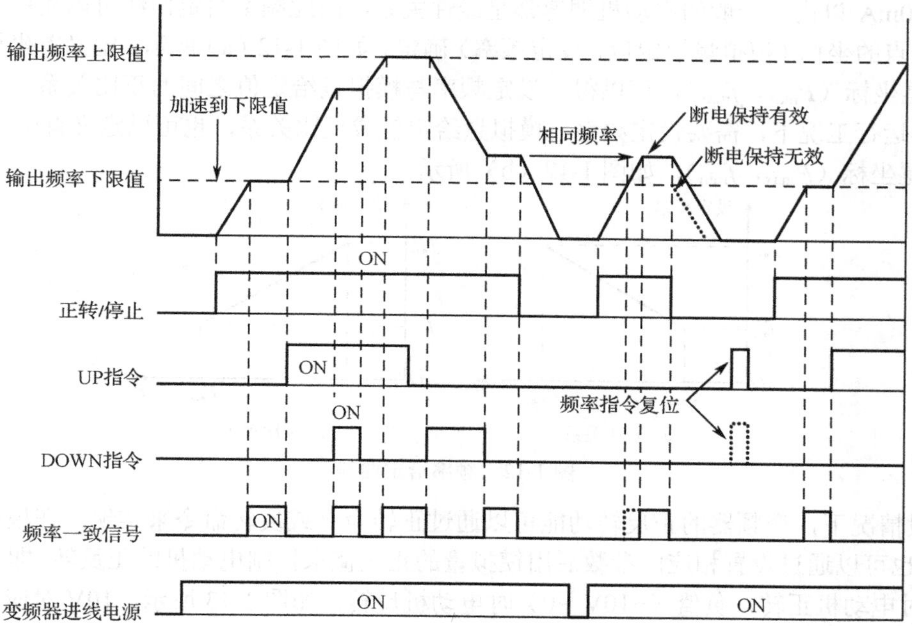

图 1-10　接点信号给定的变频器运行时序图

3. 模拟量给定

模拟量给定指通过变频器的模拟量端子从外部输入模拟量信号（电流或电压），并通过调节模拟量的大小来改变变频器的设定频率，如图 1-11 所示。

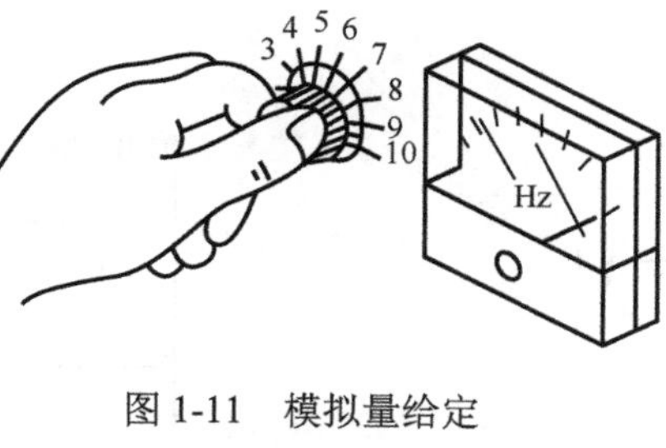

图 1-11　模拟量给定

模拟量给定通常采用电流或电压信号，常见于电位器、仪表、PLC 和 DCS 等控制回路中。电流信号一般为 0～20mA 或 4～20mA，电压信号一般为 0～10V、2～10V、0～±10V、0～5V、

1～5V、0～±5V 等。

电流信号在传输过程中不受线路电压降、接触电阻及其压降、热电效应及感应噪声等影响，抗干扰能力较电压信号强。但由于电流信号电路比较复杂，故在距离不远的情况下，仍以选用电压信号居多。变频器通常会有 2 个及以上的模拟量端子（或扩展模拟量端子），有些端子可以同时输入电压和电流信号（但必须通过跳线或短路块进行区分）。

在模拟量给定方式下，变频器的给定信号 P 与对应的变频器设定频率 $f(x)$之间的关系曲线为 $f(x)=f(P)$。这里的给定信号 P，既可以是电压信号，也可以是电流信号，其取值范围在 10V 或 20mA 以内。一般的电动机调速都呈线性关系，因此频率给定曲线可以简单地通过定义首尾两点的坐标（模拟量给定值，设定频率）确定。如图 1-12（a）所示，定义首坐标（P_{min}，f_{min}）和尾坐标（P_{max}，f_{max}），可以得到设定频率与模拟量给定值之间的正比关系。如果在某些变频器运行工况下，需要设定频率与模拟量给定值成反比关系，也可以定义首坐标（P_{min}，f_{max}）和尾坐标（P_{max}，f_{min}），如图 1-12（b）所示。

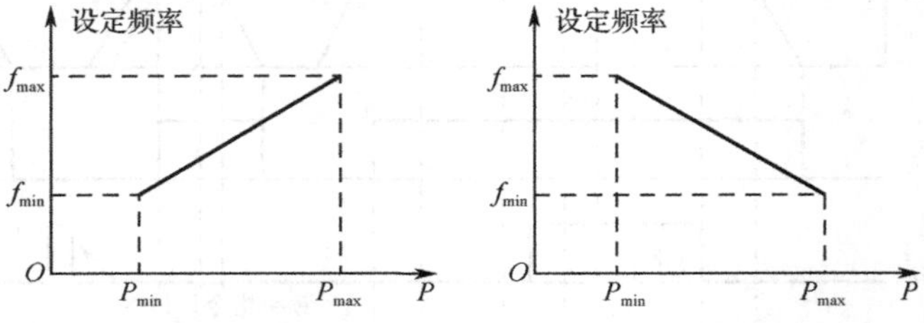

（a）正比关系　　（b）反比关系

图 1-12　频率给定曲线

一般情况下，变频器的正反转功能可以通过正转命令或反转命令来实现。在模拟量给定方式下，也可以通过设置相应的参数后用模拟量的正负值来控制电动机的正反转，即正值（0～+10V）时电动机正转，负值（−10V～0）时电动机反转。如图 1-13 所示，10V 对应的频率值为 f_{max}，−10V 对应的频率值为$-f_{max}$。

在用模拟量控制电动机正反转时，在临界点（即 0V）时应该为 0Hz，但实际上真正的 0Hz 很难做到，且频率值很不稳定，在频率 0Hz 附近时，常出现正转命令和反转命令共存的现象，并呈“反反复复”状。为了解决这个问题，预防反复切换现象，定义零频附近为死区。

变频器由正向运转过渡到反向运转，或者由反向运转过渡到正向运转的过程中，中间都有输出零频的阶段，在这个阶段设置一个等待时间，即正反转死区时间，如图 1-14 所示。

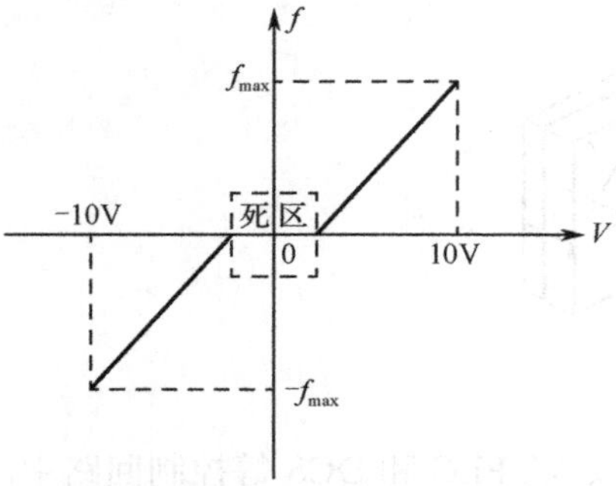

图 1-13　模拟量的正反转控制和死区功能

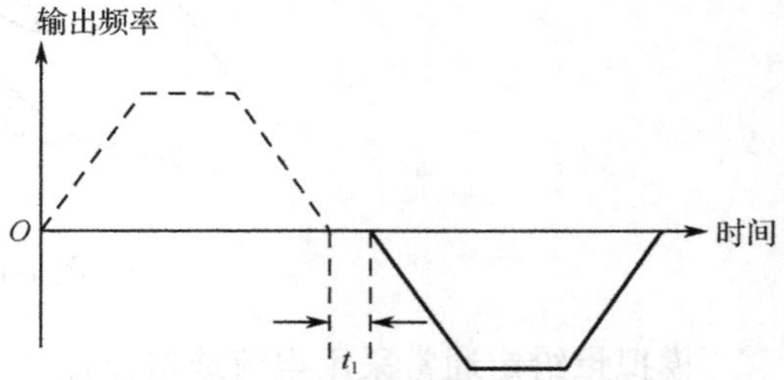

图 1-14　正反转死区时间

4. 脉冲给定

脉冲给定指通过变频器特定的高速开关端子从外部输入脉冲序列信号，并通过调节脉冲频率来改变变频器的设定频率，如图 1-15 所示。

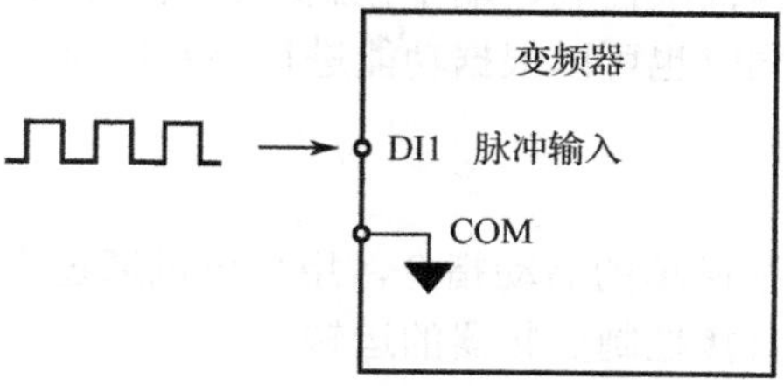

图 1-15 脉冲给定

不同的变频器对于脉冲序列输入有不同的定义。例如，某变频器是这样定义的：脉冲频率为 0～32kHz，低电平电压为 0.0～0.8V，高电平电压为 3.5～13.2V，占空比为 30%～70%。

脉冲给定首先要定义 100%时的脉冲频率，然后就可以与模拟量给定一样定义脉冲频率给定曲线。该频率给定曲线也是线性的，通过首坐标和尾坐标两点的数值来确定。频率给定曲线可以呈正比线性关系，也可以呈反比线性关系。一般而言，脉冲给定值通常用百分比来表示。

5. 通信给定

通信给定指上位机通过通信口按照特定的通信协议、特定的通信介质将数据传输到变频器，从而改变变频器的设定频率，如图 1-16 所示。上位机一般指计算机（或工控机）、PLC、DCS、人机界面等主控制设备。

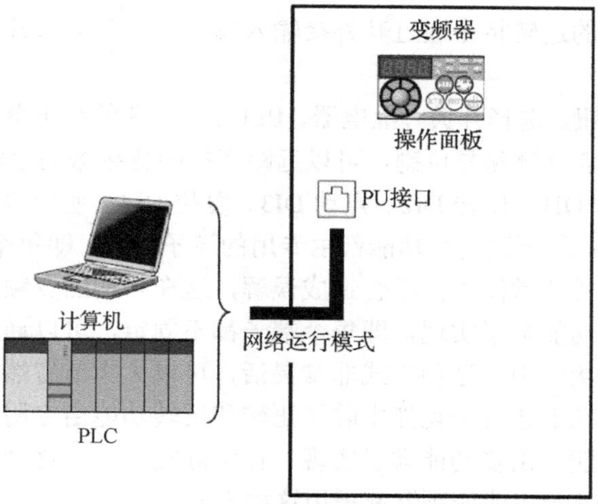

图 1-16 通信给定

1.1.4 变频器的启动指令

变频器的启动指令用于控制变频器的基本运行功能，这些功能包括启动、停止、正转与反转、正向点动与反向点动、复位等。

变频器的启动指令有操作面板控制、端子控制和通信控制 3 种。这些启动指令必须按照实际需要进行选择和设置，同时也可以根据功能进行相互切换。

1. 操作面板控制

操作面板控制是变频器最简单的启动指令，用户可以通过变频器操作面板上的运行键、停止键、点动键和复位键来直接控制变频器的运转。

操作面板控制的最大特点是方便实用，同时又能起到报警和显示故障类型的作用，即能够将变频器是否在运行中和是否有故障报警告知用户，因此用户无须配线即可真正了解变频器是否在运行中、是否有报警（过载、超温、堵转等），以及通过显示模块了解故障类型。

变频器的操作面板通常可以通过延长线放置在用户容易操作的 5m 以内的空间里。当距离较远时，必须使用远程操作面板。

在操作面板控制下，变频器的正转和反转可以通过正反转键进行切换和选择。当键盘定义的正转方向与实际电动机的正转方向相反时，可以通过修改相关的参数来更正，如有些变频器参数定义为“正转有效”或“反转有效”，还有些变频器参数定义为“与命令方向相同”或“与命令方向相反”。

由于某些生产设备不允许反转，如泵类负载，故变频器专门设置了禁止电动机反转的功能参数。该功能对端子控制、通信控制都有效。

2. 端子控制

端子控制是变频器的运转指令通过其外接输入端子由外部输入开关信号（或电平信号）来进行控制的方式。

在这种方式下，按钮、选择开关、继电器、PLC 或 DCS 的继电器模块就替代了操作面板上的运行键、停止键、点动键和复位键，可以远距离控制变频器的运转。

在图 1-17 中，正转 DI1、反转 DI2、点动 DI3、复位 DI4、使能 DI5 在实际变频器的端子中有 3 种具体实现方式：①上述几个功能都由专用的端子实现，即每个端子固定为一种功能。在实际接线中，这种方式非常简单，不会造成误解，这在早期的变频器中较为普遍。②上述几个功能都由通用的多功能端子实现，即每个端子都不固定，可以通过定义多功能端子的具体内容来实现。在实际接线中，这种方式非常灵活，可以大大节省端子空间，目前的小型变频器都有这个趋势。③在上述几个功能中除了正转和反转功能由专用固定端子实现，其余功能（如点动、复位、使能）由多功能端子实现。在实际接线中，这种方式能充分考虑到灵活性和简单性，故现在大部分主流变频器都采用这种方式。

由变频器拖动的电动机负载实现正转和反转功能非常简单，只需改变控制回路（或激活正转和反转）即可，无须改变主回路。

常见的正反转控制有两种方法，如图 1-18 所示。DI1 代表正转端子，DI2 代表反转端子，

S1、S2 代表正反转控制的接点信号（“0”表示断开，“1”表示吸合）。在图 1-18（a）中，接通 DI1 和 DI2 的其中一个就能实现正反转控制，即接通 DI1 后正转；接通 DI2 后反转；若两者都接通或都不接通，则表示停机。在图 1-18（b）中，接通 DI1 才能实现正反转控制，若不接通 DI2 表示正转；若接通 DI2 表示反转；若不接通 DI1，则表示停机。

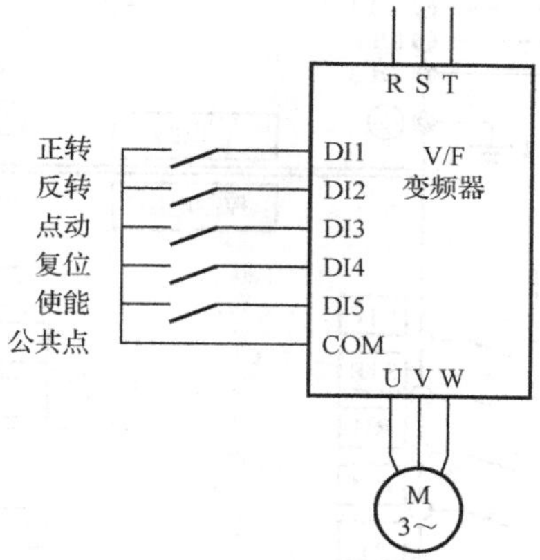

图 1-17　端子控制原理

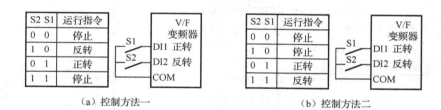

S2	S1	运行指令
0	0	停止
1	0	反转
0	1	正转
1	1	停止

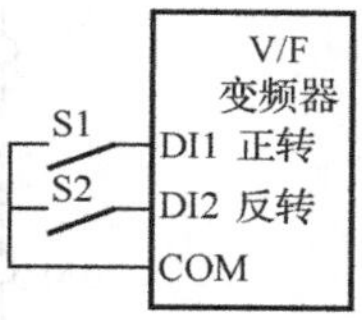

（a）控制方法一

S2	S1	运行指令
0	0	停止
1	0	停止
0	1	正转
1	1	反转

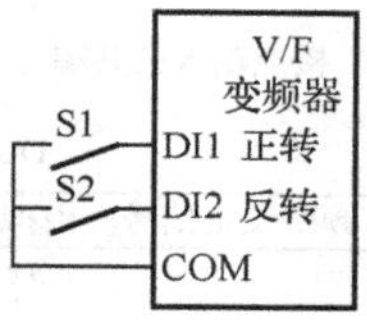

（b）控制方法二

图 1-18　正反转控制原理

图 1-18 所示的两种方法在不同的变频器里有些只能选择其中的一种，有些可以通过功能设置来选择任意一种。但是，若变频器定义为“反转禁止”，则反转端子无效。

3. 通信控制

通信控制与通信给定类似，在不增加线路的情况下，只需将上位机传输给变频器的数据改一下即可对变频器进行正反转、点动、故障复位等控制。

1.2　三菱 E700 变频器的接线

1.2.1　三菱 E700 变频器端子接线概述

如图 1-19 所示为三菱 E700 变频器的端子接线图，该图包括主电路与控制电路两部分。

主电路：不同的机型选择不同的进线电源，进线电源分为三相交流电源和单相交流电源两种。其中，图 1-20 所示为单相交流电源，只需要接入交流 220V 电源即可，但是其输出依然接三相电动机，而不是单相电动机。

控制电路：包括控制输入信号、频率设定信号（模拟）、继电器输出、集电极开路输出和模拟电压输出等部分。

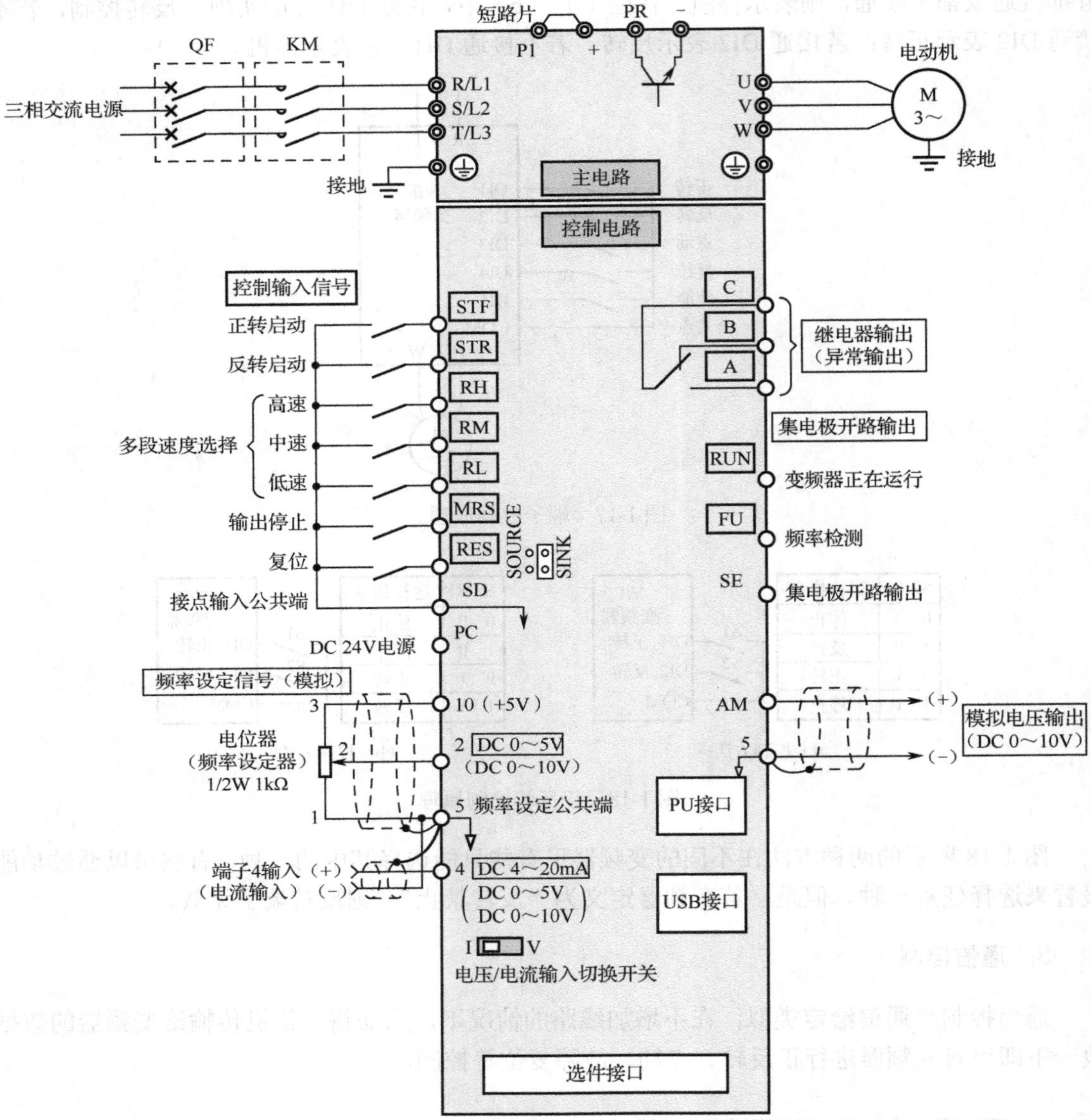

图 1-19　端子接线图

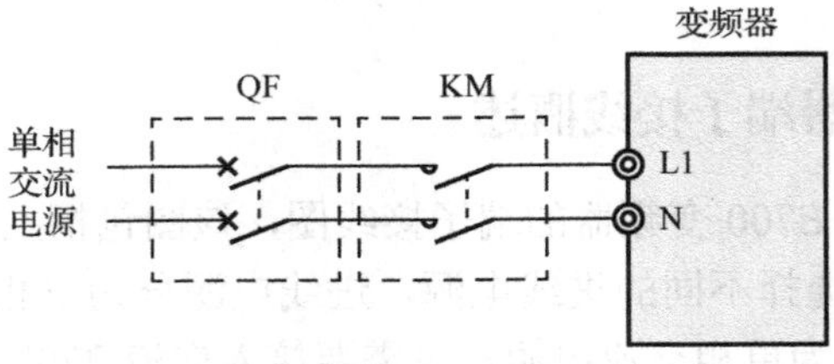

图 1-20　单相交流电源进线

1.2.2 主电路端子

表 1-1 所示为三菱 E700 变频器主电路端子功能说明，包括交流电源输入、变频器输出、制动电阻器连接、制动单元连接、直流电抗器连接和接地。

表 1-1 三菱 E700 变频器主电路端子功能说明

端子记号	名称	功能说明
R/L1、S/L2、T/L3	交流电源输入	连接工频电源
U、V、W	变频器输出	连接三相笼型电动机
+、PR	制动电阻器连接	在端子+和 PR 间连接选购的制动电阻器（FR-ABR、MRS 型），其中，0.1K、0.2K 容量的变频器不能连接
+、−	制动单元连接	连接制动单元（FR-BU2）、共直流母线变流器（FR-CV）及高功率因数变流器（FR-HC）
+、P1	直流电抗器连接	拆下端子+和 P1 间的短路片，连接直流电抗器
⏚	接地	用于变频器机架接地，必须接大地

图 1-21 所示为 FR-E740-0.4K～3.7K-CHT 主电路端子排列图，也是本书学习任务中最常用到的 E700 系列变频器 1.5kW 类型。电源线必须连接至 R/L1、S/L2 和 T/L3 上，没有必要考虑相序，绝对不能接 U、V、W，否则会损坏变频器。电动机连接到 U、V、W 后，接通正转开关信号时，电动机的转动方向从负载轴方向看为逆时针方向。

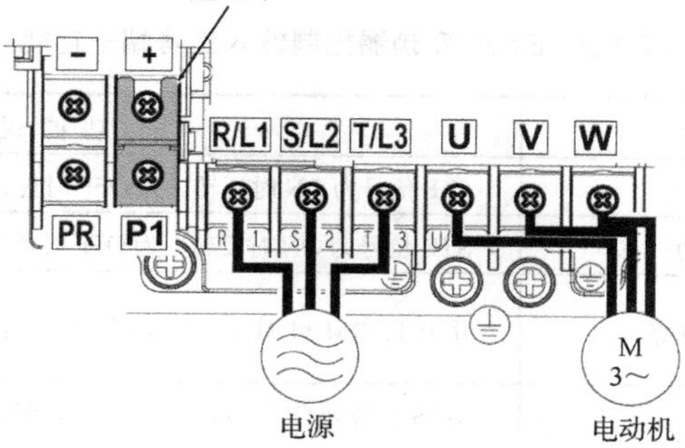

图 1-21 FR-E740-0.4K～3.7K-CHT 主电路端子排列图

从图 1-21 中可以看出，连接在“P1”和“+”端子之间的默认配置为短路片。如果要提高变频器的输入功率因数，则可以将短路片取下，改为图 1-22 所示的直流电抗器。图 1-23 所示为加入三菱 FR-HEL 直流电抗器的示意图。

图 1-22 直流电抗器

直流电抗器（又称平波电抗器）主要用于变流器的直流侧，电抗器中流过具有交流分量的直流电流。其主要用途是将叠加在直流电流上的交流分量限定在某一规定值内，保持整流电流连续，减小电流脉动值，改善输入功率因数。

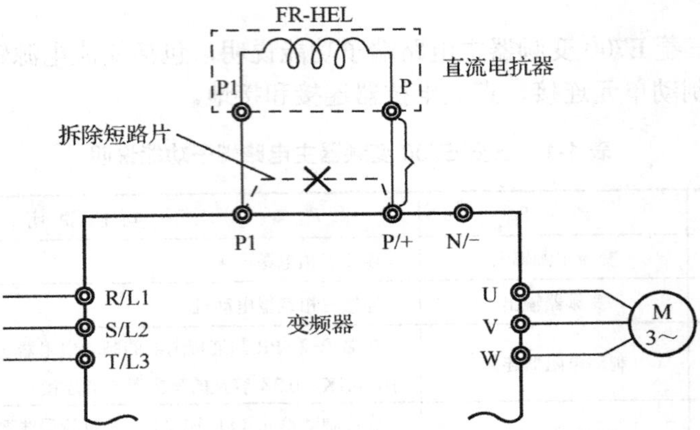

图 1-23　加入三菱 FR-HEL 直流电抗器的示意图

1.2.3　控制电路端子

1. 控制输入信号

表 1-2 所示为 E700 变频器控制输入信号端子功能，其中，STF、STR、RH、RM、RL、MRS、RES 等端子可以通过参数 Pr.178～Pr.184、Pr.190～Pr.192（输入输出端子功能选择）来选择端子功能。在启动过程中，当 STF、STR 信号同时为 ON 时变成停止指令。

表 1-2　E700 变频器控制输入信号端子功能

端　子	名　称	功 能 说 明
STF	正转启动	STF 信号为 ON 时正转，为 OFF 时停止
STR	反转启动	STR 信号为 ON 时反转，为 OFF 时停止
RH、RM、RL	多段速度选择	用 RH、RM 和 RL 信号的组合可以选择多段速度
MRS	输出停止	MRS 信号为 ON（20ms 以上）时，变频器停止输出。当采用电磁制动方式停止电动机时，该端子用于断开变频器的输出
RES	复位	用于解除保护回路动作时的报警输出。使 RES 信号处于 ON 状态 0.1s 及以上，然后断开。初始设定为始终可进行复位。但进行了参数 Pr.75 的设定后，仅在变频器报警发生时可进行复位。复位所需时间约为 1s
SD	接点输入公共端（漏型）	接点输入端子（漏型逻辑）的公共端子
	外部晶体管公共端（源型）	当接线为源型逻辑时，作为连接晶体管输出（即集电极开路输出）的公共端
	DC 24V 电源公共端	DC 24V、0.1A 电源（端子 PC）的公共输出端子。与端子 5 及端子 SE 绝缘

续表

端 子	名 称	功能说明
PC	接点输入公共端（源型）	接点输入端子（源型逻辑）的公共端子
	外部晶体管公共端（漏型）	当接线为漏型逻辑时，作为连接晶体管输出（即集电极开路输出）的公共端
	DC 24V 电源	可作为 DC 24V、0.1A 的电源使用

控制输入信号的具体规格：输入电阻为4.7kΩ，开路时的电压为DC 21～26V，短路时的电流为DC 4～6mA。

2. 频率设定信号（模拟）

表 1-3 所示为频率设定信号（模拟）端子功能和规格。正确设定 Pr.267 和电压/电流输入切换开关，输入与设定相符的模拟信号。如果将电压/电流输入切换开关设为“I”（电流输入规格）时进行电压输入，或将切换开关设为“V”（电压输入规格）时进行电流输入，则会导致变频器或外部设备的模拟电路发生故障。

表 1-3 频率设定信号（模拟）端子功能和规格

端 子	名 称	功能说明	规 格
10	频率设定用电源	外接电位器时，作为电源使用	DC 5V，允许负载电流为 10mA
2	频率设定（电压）	如果输入 DC 0～5V（或 0～10V），在 5V（10V）时为最大输出频率，输入、输出成正比。通过 Pr.73 进行 DC 0～5V（初始设定）和 DC 0～10V 输入的切换操作	输入电阻为 10kΩ±1kΩ 最大允许电压为 DC 20V
4	频率设定（电流）	如果输入 DC 4～20mA（或 0～5V，0～10V），在 20mA 时为最大输出频率，输入、输出成比例。只有 AU 信号为 ON 时端子 4 的输入信号才有效（端子 2 的输入信号将无效）。通过 Pr.267 进行 4～20mA（初始设定）和 DC 0～5V、DC 0～10V 输入的切换操作。电压输入（0～5V，0～10V）时，应将电压/电流输入切换开关切换至“V”	在电流输入的情况下： 输入电阻为 233Ω±5Ω，最大允许电流为 30mA； 在电压输入的情况下： 输入电阻为 10kΩ±1kΩ，最大允许电压为 DC 20V
5	频率设定公共端	频率设定信号（端子 2 或 4）及端子 AM 的公共端。不要接大地	—

3. 继电器输出

表 1-4 所示为继电器输出端子功能，用于指示变频器因保护功能动作时的继电器输出。其触点容量为 AC 230V、0.3A（功率因数=0.4）或 DC 30V、0.3A。

表 1-4 继电器输出端子功能

端 子	名 称	功能说明
A、B、C	继电器输出（异常输出）	变频器因保护功能动作时的继电器输出。异常时：B-C 间不导通（A-C 间导通）。正常时：B-C 间导通（A-C 间不导通）

4. 集电极开路输出

表 1-5 所示为集电极开路输出端子功能，其规格为：允许负载 DC 24V（最大为 DC 27V）、0.1A，ON 时最大电压降为 3.4V；低电平表示集电极开路输出用的晶体管处于 ON 状态（导通状态），高电平表示处于 OFF 状态（不导通状态）。

表 1-5 集电极开路输出端子功能

端 子	名 称	功 能 说 明
RUN	变频器正在运行	变频器输出频率为启动频率（初始值为 0.5Hz）或以上时为低电平，变频器停止或正在直流制动时为高电平
FU	频率检测	输出频率在任意设定的检测频率以上时为低电平，未达到任意设定的检测频率时为高电平
SE	集电极开路输出	端子 RUN、FU 的公共端

5. 模拟电压输出

表 1-6 所示为模拟电压输出端子功能。

表 1-6 模拟电压输出端子功能

端 子	名 称	功 能 说 明
AM	模拟电压输出	可以从多种监视项目中选一种作为模拟量输出。当变频器正在复位时没有输出，其输出信号与监视项目的数量成比例，默认为输出频率

1.2.4 漏型与源型电路

三菱 E700 变频器的多功能输入端子可以选择漏型逻辑，也可以选择源型逻辑。图 1-24 所示为漏型与源型跳线，其中，SINK 为漏型，SOURCE 为源型。输入信号出厂设定为漏型

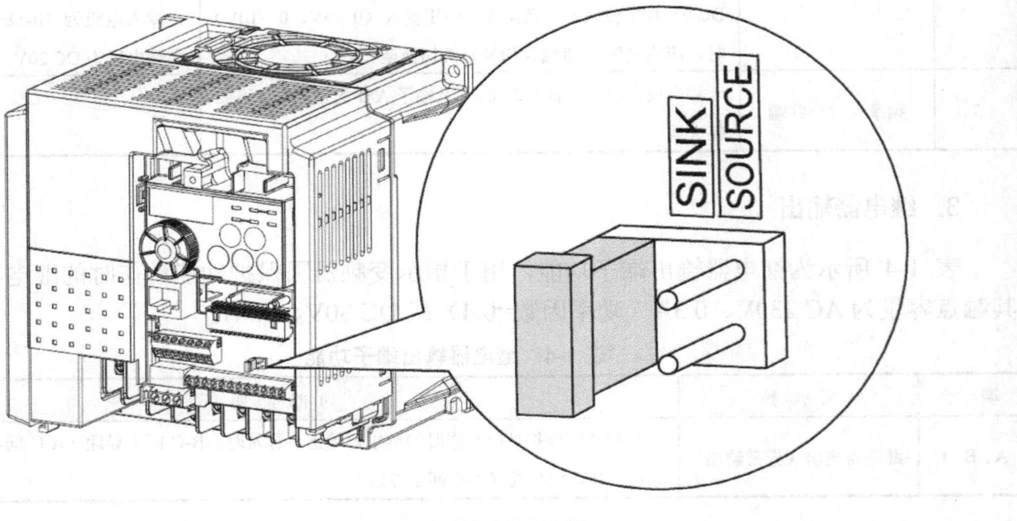

图 1-24 漏型与源型跳线

逻辑（SINK）。为了切换控制逻辑，需要切换控制端子上方的连接器。使用镊子或尖嘴钳将漏型逻辑（SINK）上的连接器转换至源型逻辑（SOURCE）上。连接器的转换须在未通电的情况下进行。

如图 1-25 所示，漏型逻辑指信号输入端子中有电流流出时信号为 ON 的逻辑。SD 是接点输入信号的公共端子。

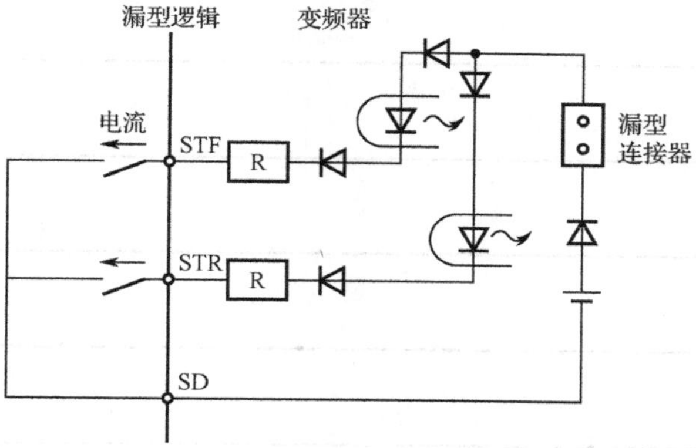

图 1-25　漏型逻辑

如图 1-26 所示，源型逻辑指信号输入端子中有电流流入时信号为 ON 的逻辑。PC 是接点输入信号的公共端子。

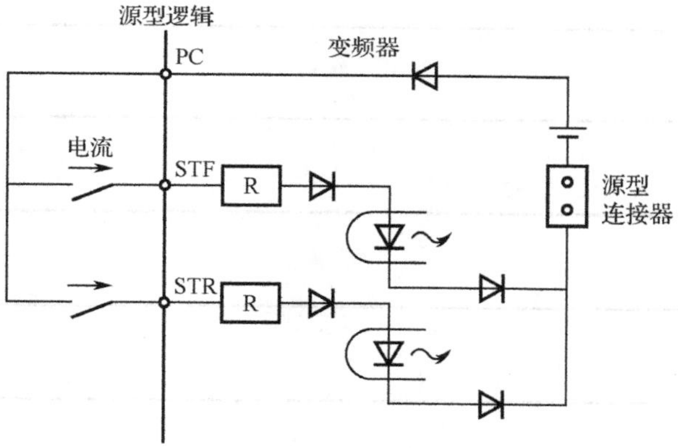

图 1-26　源型逻辑

Note

【学习任务 1-1】 在三菱 E700 变频器输入侧/输出侧增加接触器

观看微课

任务描述

现有一台三菱 E700 变频器用于某安全设备上，控制要求如下：

（1）当外部“切除电源”OFF 按钮动作时，变频器必须断电，上电则通过“投入电源”ON 按钮实现。在正常运行时，都是通过“运行”或“停止”按钮来启停电动机的。

（2）若要求在变频器损坏的情况下用工频方式来启动电动机，则应该如何设计电路。

学习步骤

1. 输入侧接触器电路设计

按照图 1-27 所示的接线要求，先按下 ON 按钮使 KM 接触器吸合，再按下“运行”按钮，使 KA 动作，从而使变频器开始运行。

2. 输出侧接触器电路设计

当电动机采用两种供电方式，即工频 50Hz 供电（接触器 KM1）和变频器输出供电（接触器 KM2）时，若在两种供电方式之间进行切换，则应确保 KM1 和 KM2 采取了电气和机械互锁，如图 1-28 所示。

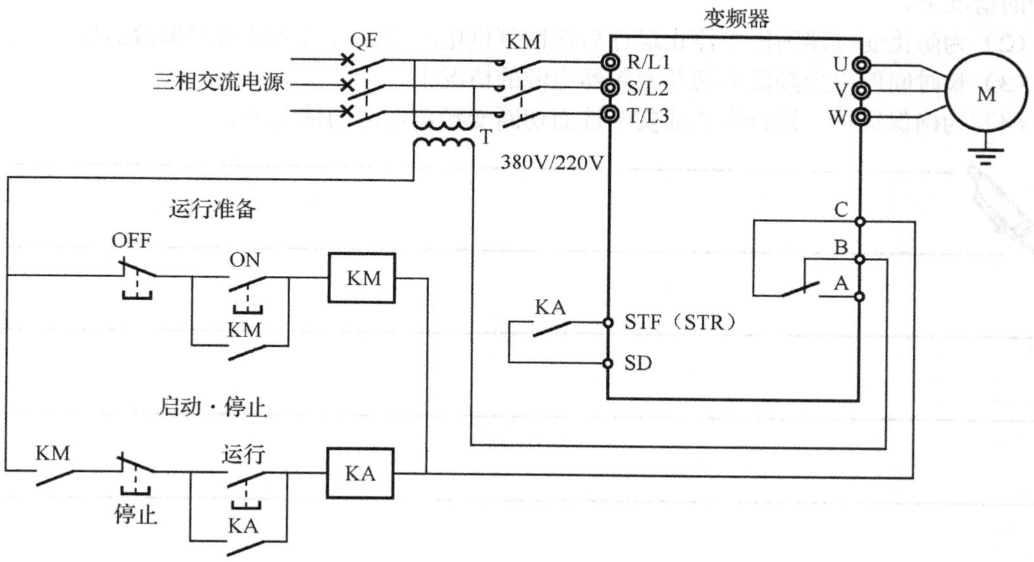

图 1-27　变频器输入侧接触器电路设计

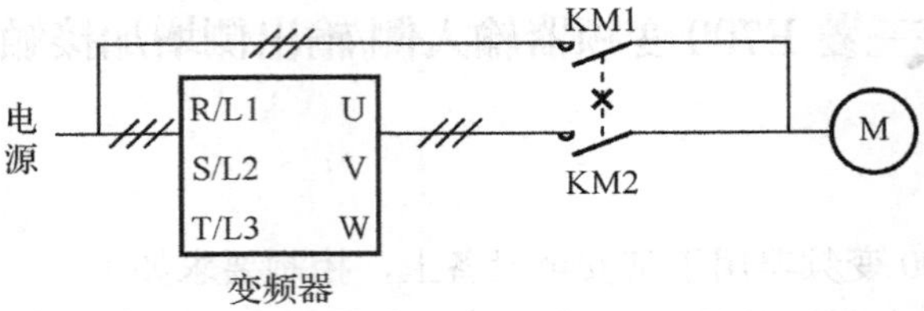

图 1-28　变频器输出侧接触器电路设计

3. 学习总结

变频器和电动机间的电磁接触器必须在变频器和电动机都停止时才能切换。变频器在运行过程中进行 OFF→ON 切换时，变频器的过电流保护装置将会动作。当为了切换至外部电源而安装电磁接触器时，须在变频器和电动机都停止后再切换。除了误接线，在工频供电 KM1 与变频器输出供电 KM2 之间切换时，有时会因切换时的电弧或顺控错误时造成的振荡而损坏变频器。

由于电源接通时浪涌电流的反复入侵会导致变频器主回路模块的寿命（开关寿命为 100 万次左右）缩短，因此应避免通过输入侧接触器频繁开关变频器。可以通过变频器启动控制用端子（STF、STR）来使变频器运行或停止。

在下列使用目的下，建议在变频器输入侧设置接触器。

（1）在变频器保护功能动作或驱动装置异常（紧急停止操作等）而需要把变频器与电源断开的情况下。

（2）为防止变频器因停电停止运行后在恢复供电时自然再启动而引起事故的情况下。

（3）长时间停止变频器而切断变频器电源的情况下。

（4）为确保维护、检查作业的安全性而切断变频器电源的情况下。

Note

1.3 三菱 E700 变频器的参数设置与运行模式

1.3.1 参数设置

三菱 E700 变频器的参数以 Pr.为前缀，根据运行条件设定各参数，表 1-7 列出了使用目的和对应的参数编号。表中并未列出全部参数编号，相关资料请参考本书所配数字资源。

表 1-7 使用目的和对应的参数编号

使用目的		参数编号
关于控制模式	变更控制方法	Pr.80、Pr.81、Pr.800
调整电动机的输出转矩（电流）	手动转矩提升	Pr.0、Pr.46
	先进磁通矢量控制	Pr.80、Pr.81、Pr.89、Pr.800
	通用磁通矢量控制	Pr.80、Pr.81、Pr.800
	转差补偿	Pr.245～Pr.247
	失速防止动作	Pr.22、Pr.23、Pr.48、Pr.66、Pr.156、Pr.157、Pr.277
通过端子（接点输入）设定频率	通过多段速设定运行	Pr.4～Pr.6、Pr.24～Pr.27、Pr.232～Pr.239
	点动运行	Pr.15、Pr.16
	遥控设定功能	Pr.59
加减速时间、加减速曲线的调整	加减速时间的设定	Pr.7、Pr.8、Pr.20、Pr.21、Pr.44、Pr.45、Pr.147
	启动频率	Pr.13、Pr.571
	加减速曲线	Pr.29
	自动设定最短的加减速时间（自动加减速）	Pr.61～Pr.63、Pr.292、Pr.293
	再生回避功能	Pr.665、Pr.882、Pr.883、Pr.885、Pr.886
电动机的选择和保护	电动机的过热保护（电子过电流保护）	Pr.9、Pr.51
	使用恒转矩电动机（适用电动机）	Pr.71、Pr.450
	离线自动调谐	Pr.71、Pr.82～Pr.84、Pr.90～Pr.94、Pr.96、Pr.859
外部端子的功能分配和控制	输入端子的功能分配	Pr.178～Pr.184
	启动信号选择	Pr.250
	输出停止信号（MRS）的逻辑选择	Pr.17
	输出端子的功能分配	Pr.190～Pr.192
	输出频率的检测（SU、FU 信号）	Pr.41～Pr.43
	输出电流的检测（Y12 信号） 零电流的检测（Y13 信号）	Pr.150～Pr.153
	远程输出功能（REM 信号）	Pr.495～Pr.497

1.3.2 操作面板的设置方法

如图 1-29 所示为三菱 E700 变频器的操作面板，具体功能说明如下。

观看微课

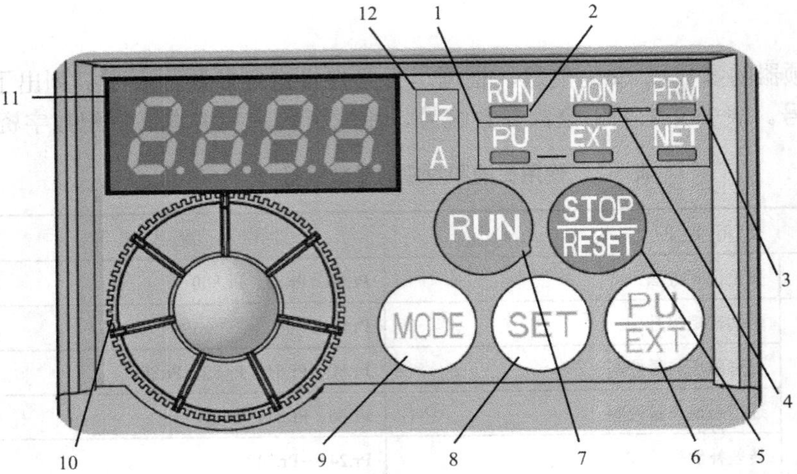

1—运行模式显示；2—运行状态显示；3—参数设定模式显示；4—监视器显示；5—停止运行按钮；6—运行模式切换按钮；7—启动按钮；8—设定按钮；9—模式切换按钮；10—M 旋钮；11—监视器；12—单位显示

图 1-29　三菱 E700 变频器的操作面板

（1）运行模式显示。

PU：PU 运行模式时亮灯。

EXT：外部运行模式时亮灯，初始状态下默认为外部运行模式。

NET：网络运行模式时亮灯。

在外部/PU 组合运行模式 1、2 时，PU、EXT 同时亮灯。

需要注意的是，当操作面板无指令权时，上述运行模式显示全部熄灭。

（2）运行状态显示。

亮灯：正转运行中。

缓慢闪烁（1.4s 循环）：反转运行中。

快速闪烁（0.2s 循环）：按 RUN 按钮或输入启动指令都无法运行时；有启动指令，但频率指令在启动频率以下时；输入了 MRS 信号时。

（3）参数设定模式显示：当处于参数设定模式时，PRM 亮灯。

（4）监视器显示：当处于监视模式时，MON 亮灯。

（5）停止运行按钮：用于停止变频器运转；在保护功能（严重故障）生效时进行报警复位。

（6）运行模式切换按钮：用于切换 PU 和外部运行模式。使用外部运行模式（通过另接的频率设定旋钮和启动信号启动运行）时，按此按钮，使表示外部运行模式的 EXT 处于亮灯状态。

（7）启动按钮：通过 Pr.40 中正反转的参数设定，可以选择启动按钮动作时电动机的旋转方向。

（8）设定按钮：确定各设定值，如在运行中按下此按钮，则监视器按“运行频率”→“输出电流”→“输出电压”的顺序出现。

（9）模式切换按钮：用于切换设定模式。和 PU/EXT 按钮同时按下也可用来切换运行模式，如长按此按钮 2s，则可以锁定操作。

（10）M 旋钮：用于变更频率、参数的设定值。旋转该旋钮可显示以下内容：监视模式时的设定频率、校正时的当前设定值、错误历史模式时的顺序。

（11）监视器（4 位 LED）：显示频率、参数编号等。

（12）单位显示：显示频率时 Hz 灯亮（显示设定频率监视时闪烁），显示电流时 A 灯亮。显示上述以外的内容时，Hz、A 灯一起熄灭。

1.3.3 运行模式选择

观看微课

Pr.79 用于选择变频器的运行模式，它可以任意变更通过外部指令信号执行的运行（外部运行）、通过操作面板及 PU（FR-PU07/FR-PU04-CH）执行的运行（PU 运行）、PU 运行与外部运行组合的运行（外部/PU 组合运行）、网络运行（使用 RS-485 通信或通信选件时）。表 1-8 为 Pr.79 参数设定范围、内容与 LED 显示，通过该参数可以同时设定频率指令和启动指令。

表 1-8 Pr.79 参数设定范围、内容与 LED 显示

<table>
<tr><th>设定范围</th><th colspan="2">内容</th><th>LED 显示
▭：灭灯
▭：亮灯</th></tr>
<tr><td>0</td><td colspan="2">外部/PU 切换模式，接通电源时为外部运行模式，通过 PU/EXT 按钮可以切换 PU 与外部运行模式</td><td>外部运行模式
EXT
PU 运行模式
PU</td></tr>
<tr><td>1</td><td colspan="2">固定为 PU 运行模式</td><td>PU</td></tr>
<tr><td>2</td><td colspan="2">固定为外部运行模式，可以在外部、网络运行模式间切换运行</td><td>外部运行模式
EXT
网络运行模式
NET</td></tr>
<tr><td rowspan="3">3</td><td colspan="2">外部/PU 组合运行模式 1</td><td rowspan="3">PU EXT</td></tr>
<tr><td>频率指令</td><td>启动指令</td></tr>
<tr><td>用操作面板、PU（FR-PU07/FR-PU04-CH）设定或外部信号输入（多段速设定，端子 4-5 间（AU 信号 ON 时有效））</td><td>外部信号输入（端子 STF、STR）</td></tr>
</table>

续表

<table>
<tr><th>设定范围</th><th colspan="2">内容</th><th>LED 显示
▭：灭灯
▭：亮灯</th></tr>
<tr><td rowspan="3">4</td><td colspan="2">外部/PU 组合运行模式 2</td><td rowspan="3">PU EXT</td></tr>
<tr><td>频率指令</td><td>启动指令</td></tr>
<tr><td>外部信号输入
（端子 2、4、JOG、多段速选择等）</td><td>通过操作面板上的RUN按钮、PU（FR-PU07/ FR-PU04- CH）的FWD、REV按钮来输入</td></tr>
<tr><td>6</td><td colspan="2">切换模式，可以在保持运行状态的同时，进行 PU 运行、外部运行、网络运行的切换</td><td>PU 运行模式
PU
外部运行模式
EXT
网络运行模式
NET</td></tr>
<tr><td>7</td><td colspan="2">外部运行模式（PU 运行互锁）
X12 信号 ON，可切换到 PU 运行模式（外部运行中输出停止）
X12 信号 OFF，禁止切换到 PU 运行模式</td><td>PU 运行模式
PU
外部运行模式
EXT</td></tr>
</table>

在图 1-30 所示的 E700 变频器中，使用控制电路端子在外部设置电位器和开关来进行操

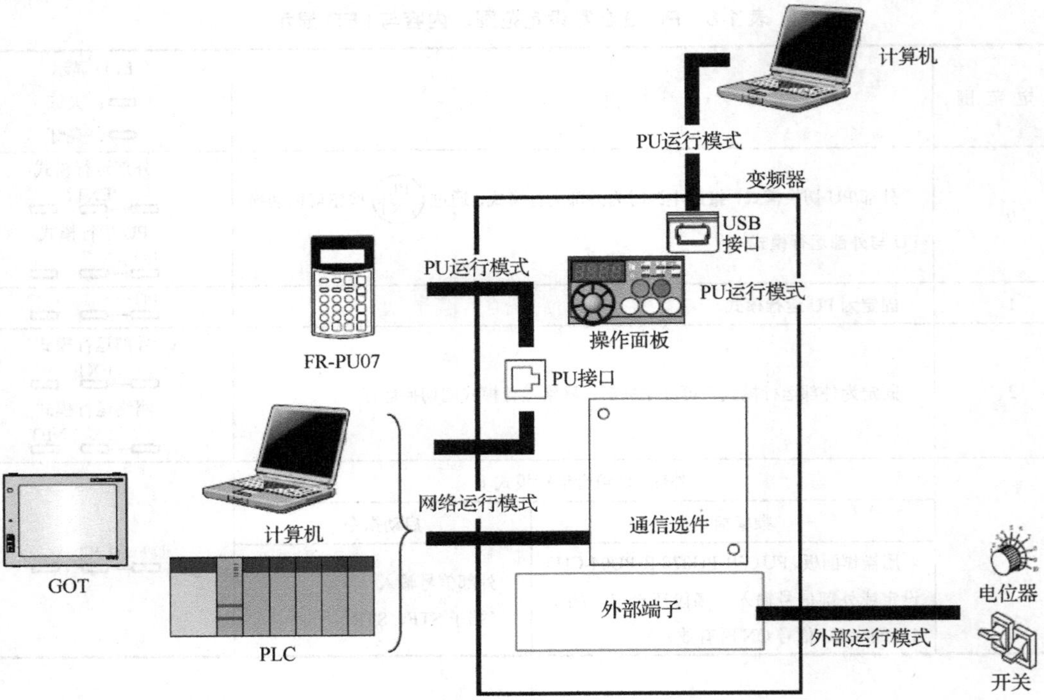

图 1-30　E700 变频器的运行模式示意图

作的是“外部运行模式”，使用操作面板及参数单元输入启动指令、设定频率的是“PU 运行模式”，通过 PU 接口进行 RS-485 通信或使用通信选件的是“网络运行模式”。

外部/ PU 组合运行模式有“3”“4”两个设定值，启动方法根据设定值的不同而改变。在初始设定状态下，对于任何运行模式，均可以通过操作面板或参数单元的 STOP/RESET 按钮停止变频器运行。

运行模式的切换方法可以通过设定参数 Pr.340 实现，如图 1-31 所示为 Pr.340=0 或 1 时的切换方法，而图 1-32 所示为 Pr.340=10 时的切换方法。

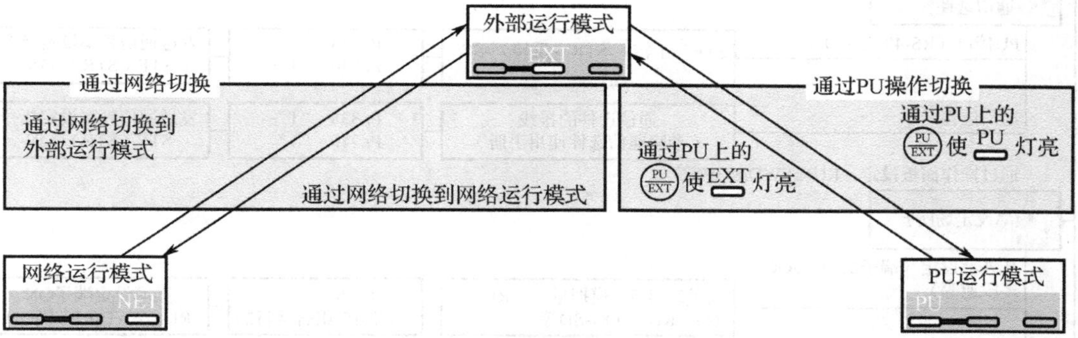

图 1-31 Pr.340=0 或 1 时的切换方法

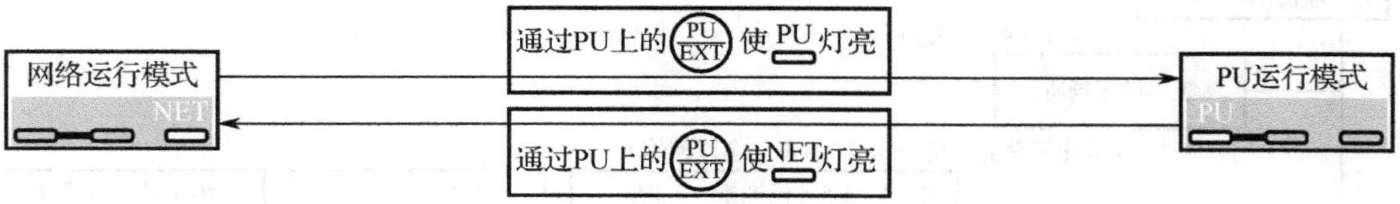

图 1-32 Pr.340=10 时的切换方法

E700 变频器的运行模式选择流程如图 1-33 所示。

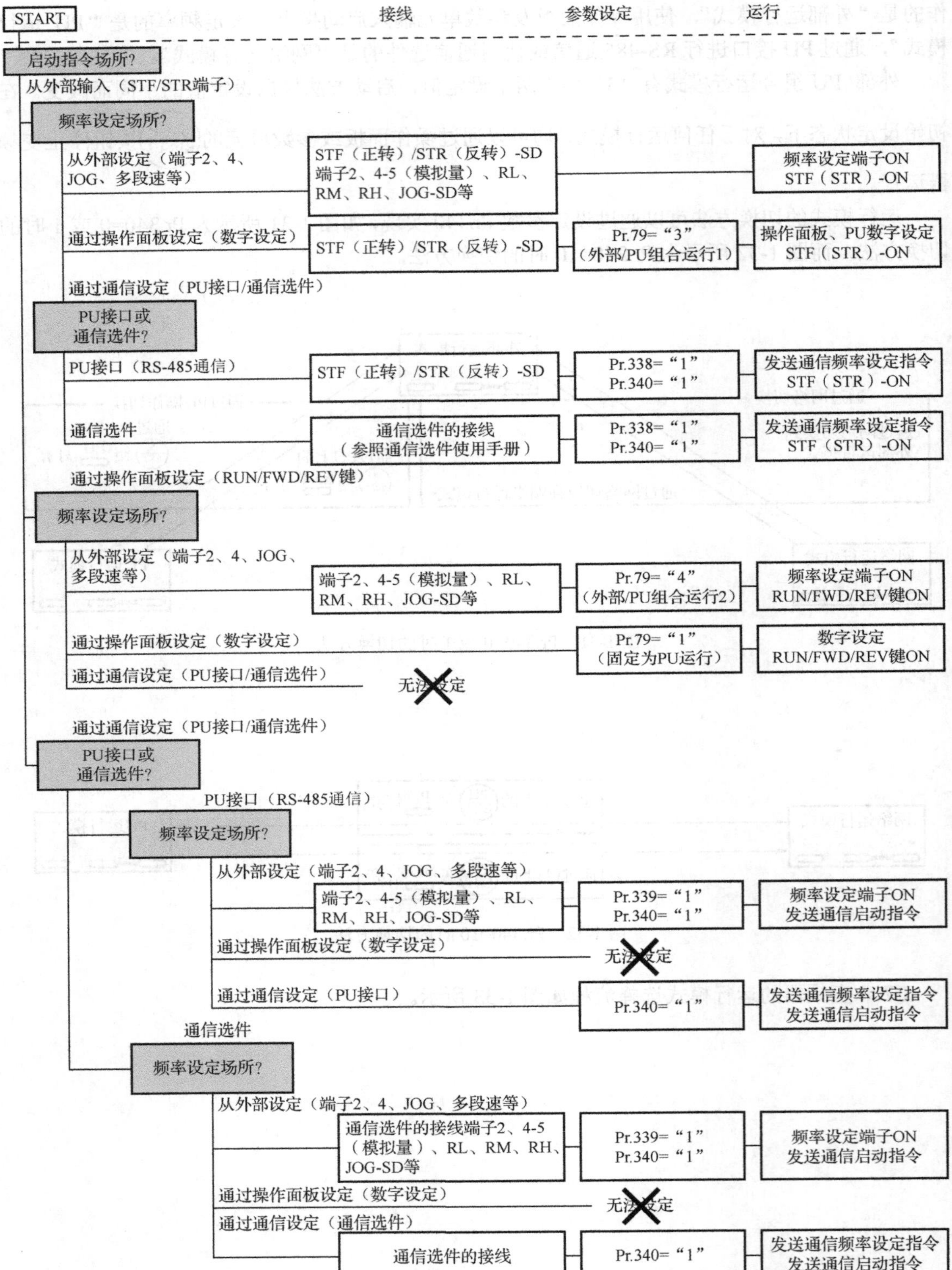

图 1-33　E700 变频器的运行模式选择流程

【学习任务 1-2】 用三菱 E700 变频器控制电动机正反转

观看微课

任务描述

对三菱 E700 变频器进行接线，并设置参数实现如下功能。

（1）正确设置变频器输出的额定频率、额定电压、额定电流、额定功率和额定转速。

（2）通过外部端子控制电动机启动/停止、正转/反转，按下按钮 S1 电动机正转，按下按钮 S2 电动机反转。

（3）运用操作面板改变电动机的点动运行频率和加减速时间。

学习步骤

（1）检查器材是否齐全。

（2）按照图 1-34 所示的变频器外部接线图完成变频器的接线，认真检查，确保接线正确无误。

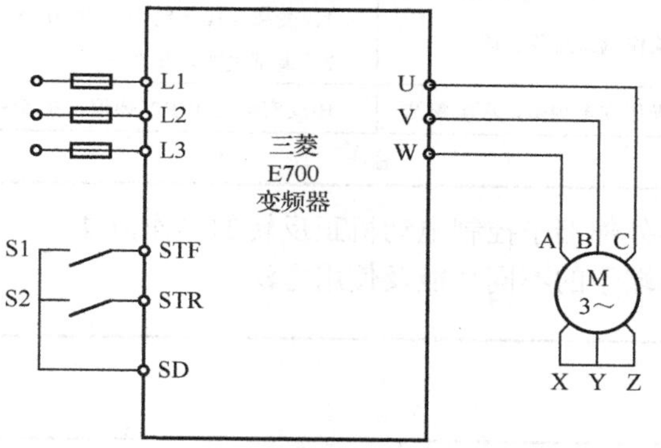

图 1-34　变频器外部接线图

（3）闭合电源开关，按照表 1-9 正确设置变频器参数。

表 1-9　参数功能表

序　号	变频器参数	出　厂　值	设　定　值	功 能 说 明
1	Pr. 1	50	50	上限频率（ 50Hz ）
2	Pr. 2	0	0	下限频率（0Hz）
3	Pr. 7	5	10	加速时间（10s）
4	Pr. 8	5	10	减速时间（10s）
5	Pr. 9	0	0.35	电子过电流保护（0.35A）
6	Pr. 160	9999	0	扩张功能显示选择
7	Pr. 79	0	3	操作模式选择
8	Pr. 178	60	60	STF 正向启动信号
9	Pr. 179	61	61	STR 反向启动信号
10	Pr. 161	1	1	频率设定/键盘锁定操作选择

（4）按如下步骤进行操作。

① 用旋钮设定变频器运行频率。

② 闭合开关 S1，观察并记录电动机的运转情况。

③ 断开开关 S1，闭合开关 S2，观察并记录电动机的运转情况。

④ 改变 Pr.7、Pr.8 的值，重复步骤①～③，观察电动机的运转状态有什么变化。

（5）学习总结。

① 成绩评价如表 1-10 所示，该表可以作为变频器实训操作日常考核评分模板（后续学习任务可以参照表 1-10 进行）。

表 1-10　成绩评价

序　号	主要内容	考核要求	评分标准	配分	扣分	得分
1	接线	能正确使用工具和仪表，按照电路图正确接线	1. 接线不规范，每处扣 5～10 分 2. 接线错误，扣 20 分	30		
2	参数设置	能根据任务要求正确设置变频器参数	1. 参数设置不全，每处扣 5 分 2. 参数设置错误，每处扣 5 分	30		
3	操作调试	操作调试过程正确	1. 变频器操作错误，扣 10 分 2. 调试失败，扣 20 分	20		
4	安全文明生产	操作安全规范、环境整洁	违反安全文明生产规程，扣 5～10 分	20		
总计						

② 总结使用变频器外部端子控制电动机正反转的操作方法。

③ 总结变频器外部端子的不同功能及使用方法。

Note

【学习任务 1-3】 三菱 E700 变频器的组合运行与多段速控制

观看微课

任务描述

对三菱 E700 变频器进行合理接线，并满足如下控制要求。

（1）如图 1-35 所示，通过操作面板上的 M 旋钮来调节电动机的运行频率，并通过外部端子 STF/STR 来控制电动机的正反转启动。

（2）如图 1-36 所示，通过开关 S1 来启动和停止电动机，并以 SB1、SB2、SB3 的组合来设定三段频率调节电动机的运行速度（Pr.4～Pr.6、Pr.24～Pr.27）。

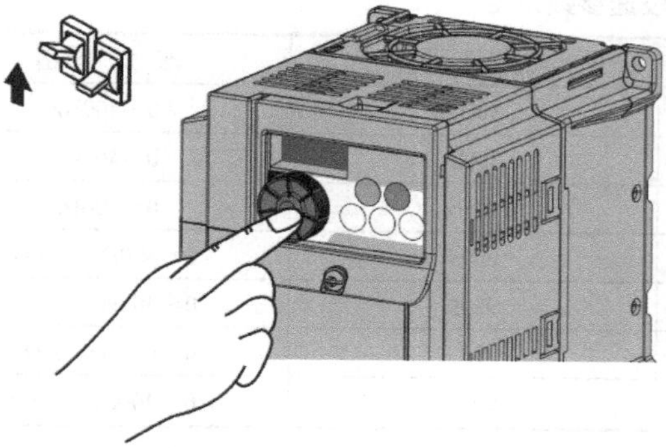

图 1-35　通过 M 旋钮调节电动机的运行频率

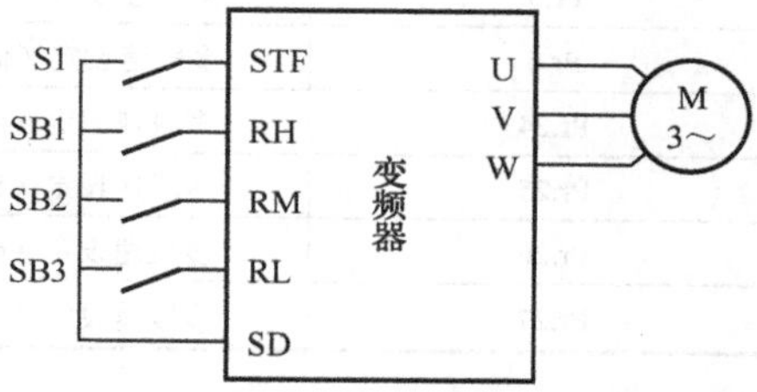

图 1-36　用外部端子控制变频器

学习步骤

（1）检查器材是否齐全。

（2）接线并设置变频器参数。按照图 1-37 接线，即启动命令由外部端子 STF/STR 发出，频率命令由 M 旋钮设定。将变频器参数根据要求填入表 1-11 中。

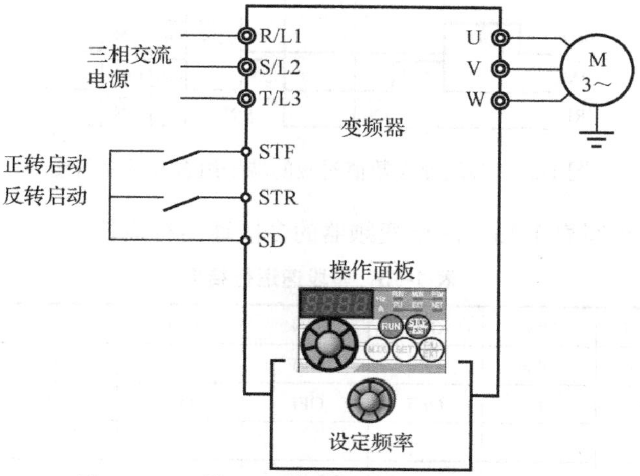

图 1-37　三菱 E700 变频器的组合运行接线图

表 1-11　参数功能表

序　号	变频器参数	出　厂　值	设　定　值	功 能 说 明

（3）多段速操作的参数设置。多段速操作时，先按照表 1-12 进行参数设定，其中 9999 表示未选择该功能。图 1-38 为多段速参数值对应的端子组合和频率曲线。

表 1-12　多段速参数设定

参 数 编 号	名　　称	初 始 值	设 定 范 围
Pr.4	多段速设定（高速）	50Hz	0～400Hz
Pr.5	多段速设定（中速）	30Hz	0～400Hz
Pr.6	多段速设定（低速）	10Hz	0～400Hz
Pr.24	多段速设定（4 速）	9999	0～400Hz、9999
Pr.25	多段速设定（5 速）	9999	0～400Hz、9999
Pr.26	多段速设定（6 速）	9999	0～400Hz、9999
Pr.27	多段速设定（7 速）	9999	0～400Hz、9999

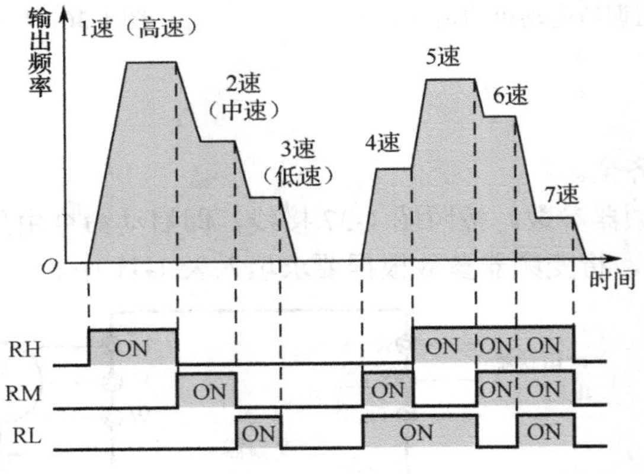

图 1-38　多段速参数值对应的端子组合和频率曲线

（4）学习总结。填写表 1-13，总结变频器的多段速运行规律。

表 1-13　多段速运行结果

RH 状态	OFF	OFF	OFF	ON	OFF	ON	ON	ON
RM 状态	OFF	OFF	ON	OFF	ON	OFF	ON	ON
RL 状态	OFF	ON	OFF	OFF	ON	ON	OFF	ON
设定频率								
对应 Pr.值								
实际运行频率								

【学习任务 1-4】 三菱 E700 变频器的十五段速控制

观看微课

任务描述

对三菱 E700 变频器进行合理接线，并满足如下控制要求。

通过外部端子控制电动机多段速运行，开关 S1 用于启动变频器，开关 S2、S3、S4、S5 按不同的方式组合，可选择 15 种不同的输出频率。

学习步骤

（1）检查器材是否齐全。

（2）接线。按照图 1-39 所示的变频器外部接线图完成变频器的接线，并认真检查，确保接线正确无误。

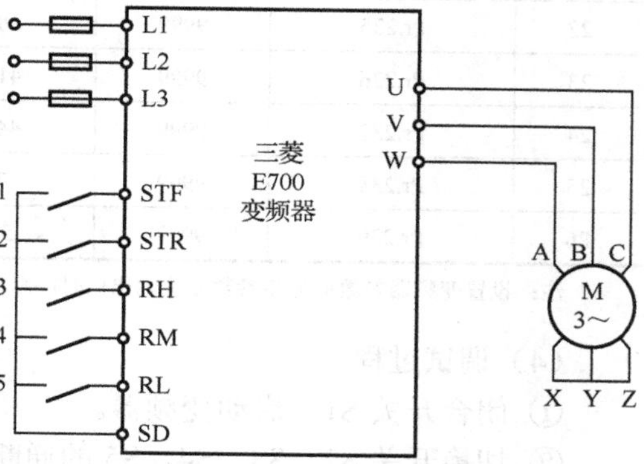

图 1-39 变频器外部接线图

（3）接通电源，按照表 1-14 正确设置变频器参数。

表 1-14 参数功能表

序 号	变频器参数	出 厂 值	设 定 值	功 能 说 明
1	Pr.1	120	50	上限频率（50Hz）
2	Pr.2	0	0	下限频率（0Hz）
3	Pr.7	5	5	加速时间（5s）
4	Pr.8	5	5	减速时间（5s）
5	Pr.9	0	1.0	电子过电流保护（1.0）
6	Pr.160	9999	0	扩张功能显示选择
7	Pr.79	0	3	操作模式选择
8	Pr.179	61	8	8：15 速选择 STR 端子
9	Pr.180	0	0	0：低速运行指令 RL 端子
10	Pr.181	1	1	1：中速运行指令 RM 端子
11	Pr.182	2	2	2：高速运行指令 RH 端子
12	Pr.4	50	50	固定频率 1
13	Pr.5	30	30	固定频率 2
14	Pr.6	10	10	固定频率 3
15	Pr.24	9999	18	固定频率 4
16	Pr.25	9999	20	固定频率 5
17	Pr.26	9999	23	固定频率 6
18	Pr.27	9999	26	固定频率 7

续表

序　号	变频器参数	出　厂　值	设　定　值	功 能 说 明
19	Pr.232	9999	29	固定频率 8
20	Pr.233	9999	32	固定频率 9
21	Pr.234	9999	35	固定频率 10
22	Pr.235	9999	38	固定频率 11
23	Pr.236	9999	41	固定频率 12
24	Pr.237	9999	44	固定频率 13
25	Pr.238	9999	47	固定频率 14
26	Pr.239	9999	5	固定频率 15

注：设置变频器参数前先将参数复位为出厂时的默认设定值。

（4）调试过程。

① 闭合开关 S1，启动变频器。

② 切换开关 S2、S3、S4、S5 的通断，观察并记录变频器的输出频率。

（5）学习总结。将记录结果整理后填入表 1-15 中。

表 1-15　十五段速的输出频率与开关组合

S5	S4	S3	S2	输 出 频 率
OFF	OFF	OFF	OFF	
ON	OFF	OFF	OFF	
OFF	ON	OFF	OFF	
OFF	OFF	ON	OFF	
ON	ON	OFF	OFF	
ON	OFF	ON	OFF	
OFF	ON	ON	OFF	
ON	ON	ON	OFF	
OFF	OFF	OFF	ON	
ON	OFF	OFF	ON	
OFF	ON	OFF	ON	
ON	ON	OFF	ON	
OFF	OFF	ON	ON	
ON	OFF	ON	ON	
OFF	ON	ON	ON	
ON	ON	ON	ON	

【学习任务 1-5】 外部模拟量方式的变频调速控制

观看微课

任务描述

对三菱 E700 变频器进行合理接线，并满足如下控制要求。

（1）通过操作面板控制电动机启动/停止。

（2）通过调节电位器改变输入电压来控制变频器的输出频率。

学习步骤

（1）检查器材是否齐全。

（2）接线。按照图 1-40 所示的变频器外部接线图完成变频器的接线，并认真检查，确保接线正确无误。

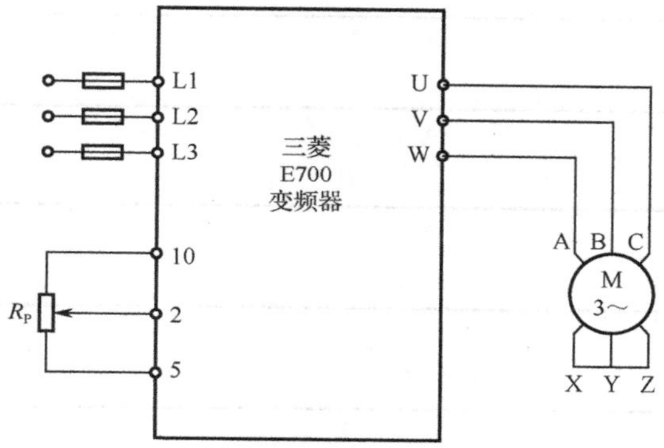

图 1-40　变频器外部接线图

（3）参数设置与调试。接通电源，按照表 1-16 正确设置变频器参数。

表 1-16　参数功能表

序　　号	变频器参数	出　厂　值	设　定　值	功 能 说 明
1	Pr.1	50	50	上限频率（50Hz）
2	Pr.2	0	0	下限频率（0Hz）
3	Pr.7	5	5	加速时间（5s）
4	Pr.8	5	5	减速时间（5s）
5	Pr.9	0	0.35	电子过电流保护（0.35A）
6	Pr.160	9999	0	扩张功能显示选择
7	Pr.79	0	4	操作模式选择
8	Pr.73	1	1	0～5V 输入

① 按下操作面板上的(RUN)按钮，启动变频器。

② 调节输入电压，观察并记录电动机的运转情况。

③ 按下操作面板上的 STOP/RESET 按钮，停止变频器。

（4）学习思考。

① 尝试使用变频器外部端子控制电动机点动运行的操作方法。

② 尝试通过电压控制电动机运行频率的方法。

③ 尝试通过电流控制电动机运行频率的方法。

Note

【学习任务 1-6】 三菱 E700 变频器模拟量输入跳线的设置

观看微课

任务描述

对三菱 E700 变频器进行模拟量输入跳线的设置。

学习步骤

1. 了解端子 2 和端子 4 的区别

如表 1-17 所示，模拟量输入所使用的端子 2 可以选择 0～5V 或 0～10V；而模拟量输入所使用的端子 4 可以选择电压输入（0～5V、0～10V）或电流输入（4～20mA）。变更输入规格时，需要变更 Pr.267 和电压/电流输入切换开关。

表 1-17　模拟量输入端子 2 和端子 4 的设定范围

参数编号	名　称	初始值	设定值	电压/电流输入切换开关	输入信号类型	可逆运行
Pr.73	端子 2 输入选择	1	0	无	端子 2 输入 0～10V	无
			1	无	端子 2 输入 0～5V	
			10	无	端子 2 输入 0～10V	有
			11	无	端子 2 输入 0～5V	
Pr.267	端子 4 输入选择	0	0	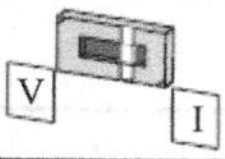 V I	端子 4 输入 4～20mA	跟 Pr.73 相关
			1	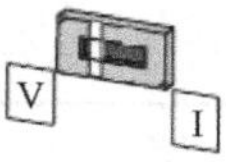 V I	端子 4 输入 0～5V	
			2		端子 4 输入 0～10V	

2. 设置 V/I 跳线

如图 1-41 所示，端子 4 的额定规格随电压/电流输入切换开关的设定而变化。电压输入时：输入电阻为 10kΩ±1kΩ，最大允许电压为 DC 20V。电流输入时：输入电阻为 233Ω±5Ω，最大允许电流为 30mA。

3. 学习总结

正确设定 Pr.267 和电压/电流输入切换开关，并输入与设定相符的模拟量信号。要使端子 4 有效，应将 AU 信号设置为 ON。

将 Pr.73 参数设定为可逆运行后，端子 2 没有模拟量输入（仅输入启动信号）时会反转运行；端子 4 在 0～4mA 时反转，在 4～20mA 时正转。

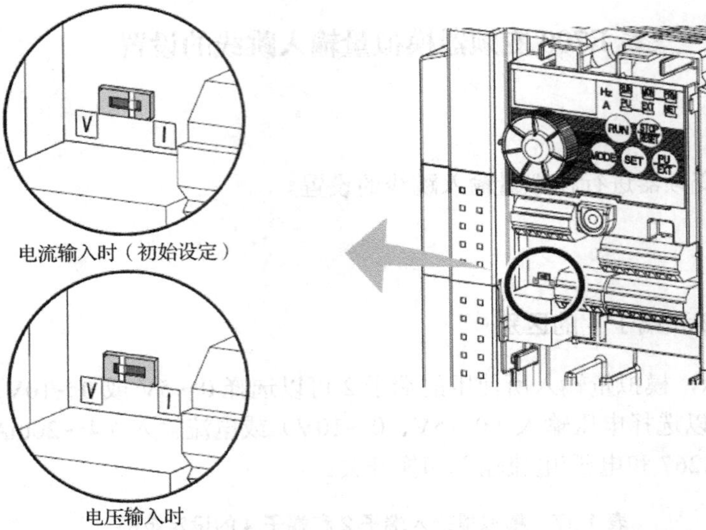

图 1-41　电压/电流输入切换开关

Q：对 E700 变频器的端子 4 进行接线时，经常会出现故障信号“E.AIE”，如何处理？

A：“E.AIE”意味着变频器模拟量输入异常，即端子 4 设定为电流输入，但输入了 30mA 以上的电流或有 7.5V 以上的电压输入。

处理方法：确认 Pr.267 端子 4 是否选择了合适的值。如果为电压输入，则必须将 V/I 跳线设置在 V 侧（即电压侧）。

思考与练习

1.1 简述变压变频原理。

1.2 变频器常见的频率指令主要有________给定、________给定、________给定、________给定和________给定等。

1.3 变频器的启动指令有________、________和________3 种。

1.4 判断下列说法的正误，正确的在后面的括号中画“√”，错误的画“×”。

（1）普通三相感应电动机具有开放的磁通。（ ）

（2）三相变频器在输出频率为 5Hz 时，其输出电压为 380V。（ ）

（3）当电动势值较高时，可以忽略定子电阻和漏磁感抗压降。（ ）

（4）变频器频率给定选择操作面板时，精度较低。（ ）

（5）模拟量输入信号包括 0～100V 输入电压。（ ）

（6）变频器运行工况可以选择频率与模拟量给定成反比关系。（ ）

（7）正反转死区时间可以设置一个等待时间。（ ）

（8）变频器的主电路输入端子可以接三相四线制电源。（ ）

（9）为提高变频器输入功率因数，可以在“P1”和“+”之间增加交流电抗器。（ ）

（10）在变频器安装和配线的过程时，可以断电后直接操作。（ ）

1.5 简述在何种情况下变频器输入侧可以设置交流接触器。

1.6 变频器的集电极开路输出如何外接直流继电器？

1.7 对三菱 E700 变频器进行接线，并设置参数实现如下 4 种模式：

（1）频率指令为外部电位器，启动指令为外部开关信号，如图 1-42（a）所示；

（2）频率指令为操作面板，启动指令为操作面板，如图 1-42（b）所示；

（3）频率指令为操作面板，启动指令为外部开关信号，如图 1-42（c）所示；

（4）频率指令为外部电位器，启动指令为操作面板，如图 1-42（d）所示。

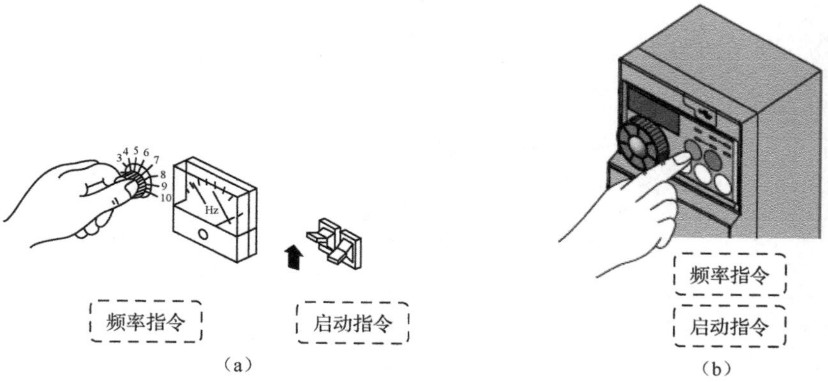

图 1-42 题 1.7 图

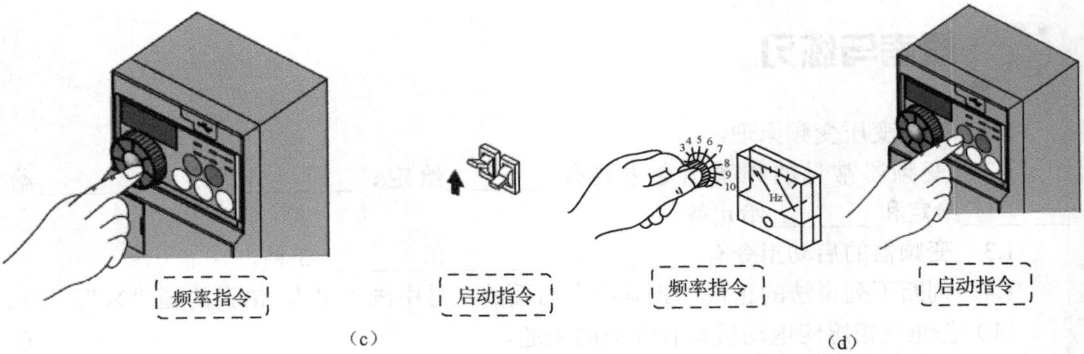

图 1-42　题 1.7 图（续）

第2章

变频器的电路结构

导读

根据构成变频器主电路的电力电子器件的不同，变频器可分为晶体管变频器、GTO（Gate Turn-off Thyristor，门极关断晶闸管）变频器、斩波 PAM（Pulse Amplitude Modulation，脉幅调制）变频器和双 PWM（Pulse Width Modulation，脉宽调制）变频器等多种类型。在不同原理的电力电子器件中，IGBT（Insulated Gate Bipolar Transistor，绝缘栅双极型晶体管）是在变频器大力发展过程中应用最广泛的器件，其次便是 IPM（Intelligent Power Module，智能功率模块）。在变频器电路中，开关电源提供整机的控制用电，是变频器工作的先决条件；而驱动电路用于驱动变频器工作，起着至关重要的作用。随着技术的不断发展，变频器电路本身也经历了从插脚式元器件电路到光耦驱动电路，再到全新的智能集成电路的发展过程。

2.1 主电路结构

2.1.1 通用变频器电路概述

变频器应用了强弱电混合技术，既要进行巨大的电能转换，又要进行信息的收集、转换和传输，因此通用变频器分为功率转换和弱电控制两大部分，即俗称的主电路部分与控制电路部分。

如图 2-1 所示，变频器的主电路部分要解决与高压大电流有关的技术问题和新型电力电子器件的应用技术问题，这里采用整流、逆变控制方式；变频器的控制电路部分要解决基于现代控制理论的控制策略和智能控制策略的软硬件开发问题，这里 DSP（Digital Signal Processor，数字信号处理器）采用全数字控制技术。

2.1.2 通用变频器的主电路

观看微课

1. 概述

通用变频器一般采用交直交的方式，其主电路包括整流、制动、逆变等部分。在图 2-2 中，T1～T6 是主开关器件，VD1～VD6 是全桥整流电路中的二极管；VD7～VD12 这 6 个二极

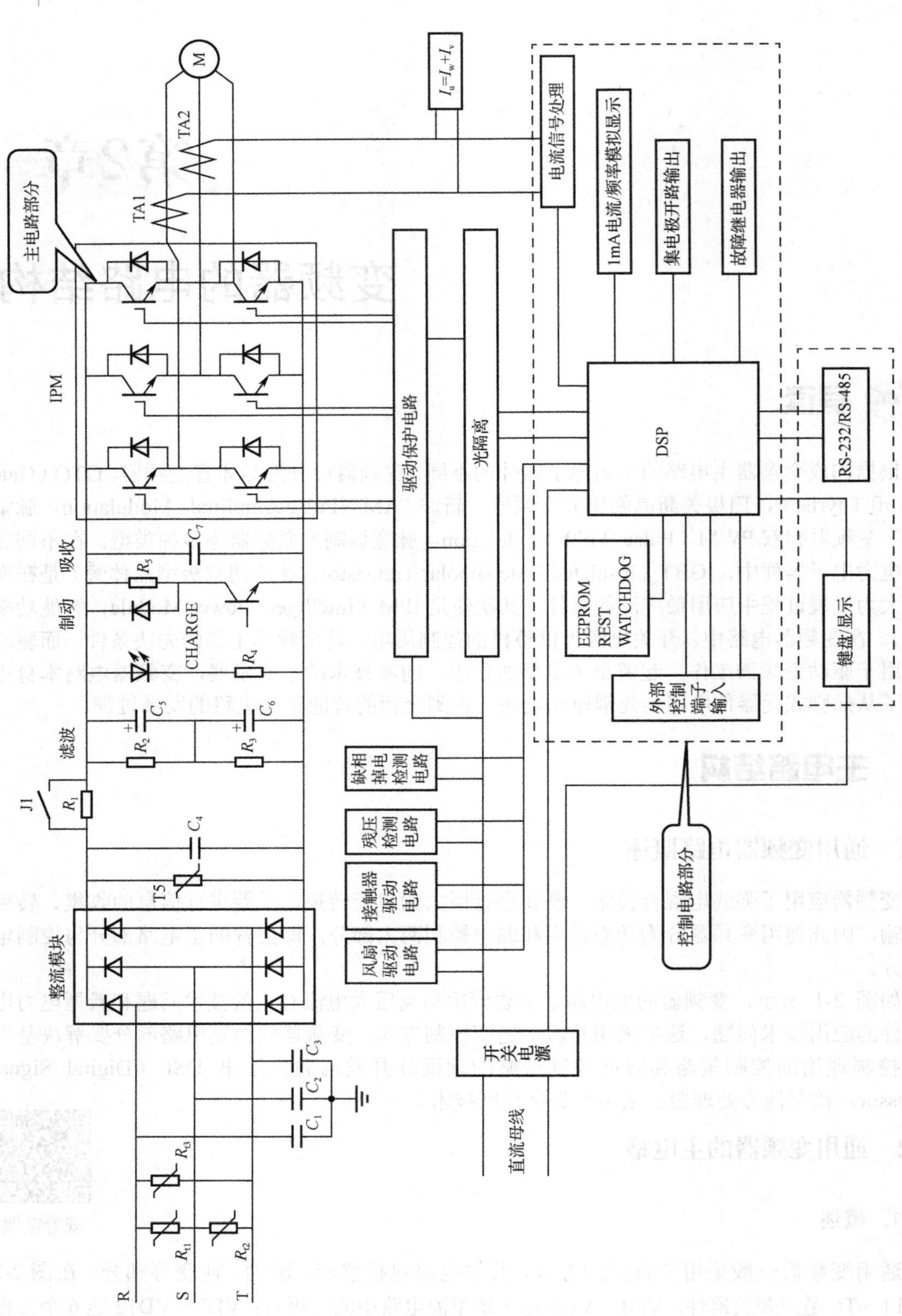

图2-1　通用变频器的电路结构

管为续流二极管，其作用是消除晶体管开关过程中出现的尖峰电压，并将能量反馈给电源；L 为平波电抗器，其作用是抑制整流桥输出侧输出的直流电流的脉动，使之平滑。IGBT T1～T6 的开关状态由注入栅极的电流控制信号来确定。

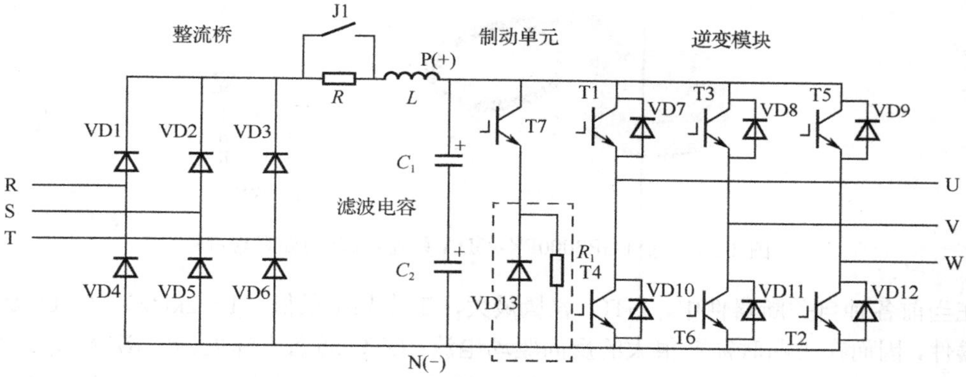

（a）主电路

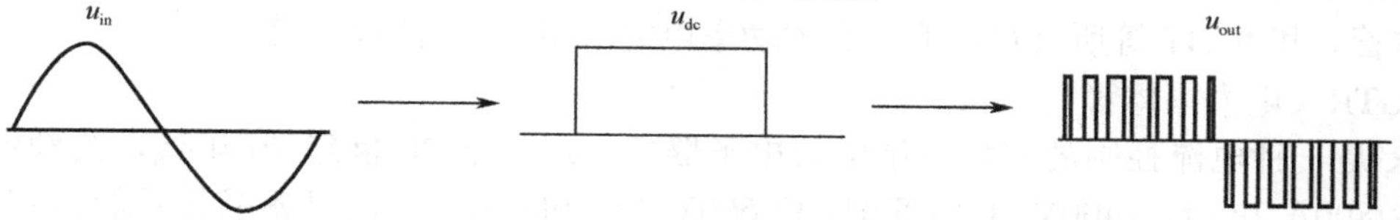

（b）电压转换过程

图 2-2　通用变频器的主电路及电压转换过程

1）整流部分

整流部分通常又被称为电网侧变流部分，其作用是将三相或单相交流电整流成直流电。常见的低压整流部分是由二极管构成的三相桥式不可控电路或由晶闸管构成的三相桥式可控电路。

2）直流环节

由于逆变器的负载是异步电动机，属于感性负载，因此在中间直流部分与电动机之间总会有无功功率的交换，这种无功能量的交换一般需要中间直流环节的储能元件（如电容或电感）来缓冲。

3）逆变部分

逆变部分通常又被称为负载侧变流部分，它通过不同的拓扑结构实现逆变元件的规律性关断和导通，从而得到任意频率的三相交流电输出。常见的逆变部分是由 6 个半导体主开关器件组成的三相桥式逆变电路。

4）制动或回馈环节

由于制动形成的再生能量在电动机侧容易聚集到变频器的直流环节造成直流母线电压的泵升，因此需及时通过制动环节将能量以热能形式释放或者通过回馈环节转换到交流电网中去。

2. 全控型电力电子器件

1）GTO（可关断晶闸管）

1964 年，美国第一次试制成功了 500V/10A 的 GTO。自 20 世纪 70 年代中期开始，GTO

的研制取得突破，相继出现了1300V/600A、2500V/1000A、4500V/2400A的产品，目前已达到9kV/25kA/800Hz及6kV/6kA/1kHz的水平。如图2-3所示为三菱FGR3000FX-90DA系列GTO的外观与符号，其通态平均电流为780A，能承受4500V电压。

（a）外观

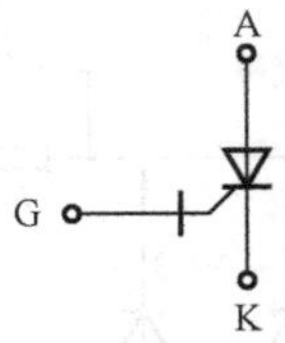

（b）符号

图2-3　三菱FGR3000FX-90DA系列GTO的外观与符号

在当前各种自关断器件中，GTO容量最大，工作频率最低（1～2kHz）。GTO是电流控制型器件，因而在关断时需要很大的反向驱动电流；GTO通态压降大、d*V*/d*T*及d*i*/d*t*耐量低，需要庞大的吸收电路。目前，GTO虽然在低于2000V的某些领域内已被GTR（Giant Transistor，电力晶体管）和IGBT等所代替，但它在大功率电力牵引中仍有明显优势。

2）GTR（电力晶体管）

GTR是一种电流控制的双极双结电力电子器件，产生于20世纪70年代，其额定值已达1800V/800A/2kHz、1400V/600A/5kHz和600V/3A/100kHz。它既具备晶体管的固有特性，又增大了功率容量，因此由它组成的电路灵活、开关损耗小、开关时间短，在电源、电动机控制、通用逆变器等中等容量、中等频率的电路中应用广泛。GTR的缺点是驱动电流较大、耐浪涌电流能力差、易受二次击穿而损坏。在开关电源和UPS（Uninterrupted Power Supply，不间断电源）内，GTR正逐步被功率MOSFET（Metal-Oxide-Semiconductor Field Effect Transistor，金属-氧化物-半导体场效应晶体管）和IGBT所代替。如图2-4所示为富士1D600A-030 GTR的外观。

图2-4　富士1D600A-030 GTR的外观

3）功率MOSFET（功率场效应晶体管）

功率MOSFET是一种电压控制型单极晶体管，它是通过栅极电压来控制漏极电流的，因而它的一个显著特点是驱动电路简单、驱动功率小。功率MOSFET的缺点是电流容量小、耐压低、通态压降大，不适宜应用于大功率装置。如图 2-5 所示为三菱 FM200TU-07A 系列 MOSFET 的外观与工作原理。

（a）外观

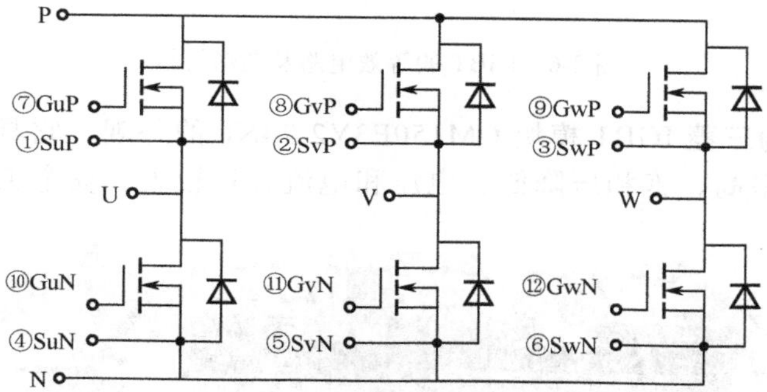

（b）工作原理

图 2-5　三菱 FM200TU-07A 系列 MOSFET 的外观与工作原理

3. 复合型电力电子器件

1）IGBT（绝缘栅双极型晶体管）

IGBT 是由美国 GE 公司和 RCA 公司于 1983 年首先研制的，当时容量仅为 500V/20A。到了 20 世纪 90 年代初，IGBT 已开发完成第二代产品。目前，第三代智能 IGBT 已经出现，科学家们正着手研究第四代沟槽栅结构的 IGBT。IGBT 可视为双极型 GTR 与功率 MOSFET 的复合。通过施加正向门极电压形成沟道，提供晶体管基极电流使 IGBT 导通；反之，若提供反向门极电压则可消除沟道，使 IGBT 因流过反向门极电流而关断。IGBT 集 GTR 通态压降小、载流密度大、耐压高和功率 MOSFET 驱动功率小、开关速度快、输入阻抗高、热稳定性好的优点于一身，因此备受人们青睐。

如图 2-6 所示为 IGBT 的等效电路及图形符号，由此可知，IGBT 相当于一个由 MOSFET 驱动的 PNP 型晶体管，其中 R_N 为晶体管基区内的调制电阻。

IGBT 的驱动原理与功率 MOSFET 基本相同，它是一个场控器件，其通断由栅射极电压 U_{GE} 决定。具体特性如下：

① 导通：当 U_{GE} 大于开启电压时，MOSFET 内形成沟道，为晶体管提供基极电流，IGBT

导通；

② 导通压降：电导调制效应使电阻 R_N 减小，从而使通态压降变小；

③ 关断：当在栅射极间施加反向电压或不加信号时，MOSFET 内的沟道消失，晶体管的基极电流被切断，IGBT 关断。

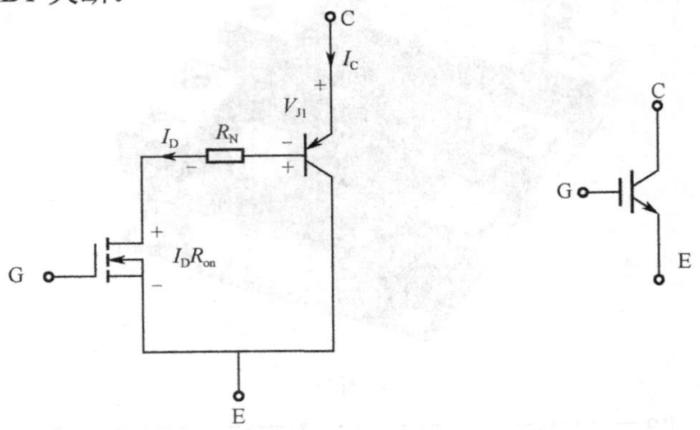

图 2-6　IGBT 的等效电路及图形符号

如图 2-7 所示为三菱 IGBT 模块 CM150E3Y2-24NF 的外观，它具有输入阻抗高、驱动功率小、开关频率高、饱和压降低、电压和电流容量较大、安全工作频率宽等优点。

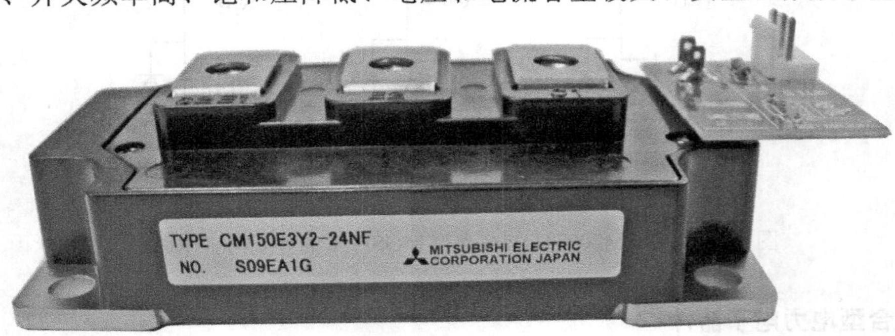

图 2-7　三菱 IGBT 模块 CM150E3Y2-24NF 的外观

如图 2-8 所示为西门子 BSM 100 GAL 120 DN2 系列 IGBT 的外观。

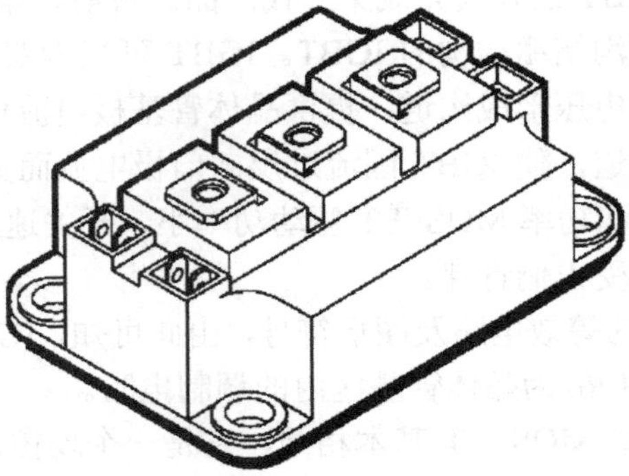

图 2-8　西门子 BSM 100 GAL 120 DN2 系列 IGBT 的外观

2）MOS 控制晶闸管

MOS 控制晶闸管（MOS Controlled Thyristor，MCT）最早由美国 GE 公司研制，是由 MOSFET 与晶闸管复合而成的新型器件。每个 MCT 器件由成千上万个 MCT 元组成，而每个 MCT 元又由一个 PNPN 晶闸管、一个控制 MCT 导通的 MOSFET 和一个控制 MCT 关断的 MOSFET 组成。MCT 既具备功率 MOSFET 输入阻抗高、驱动功率小、开关速度快的特性，又兼有晶闸管高电压、大电流、低压降的优点。如图 2-9 所示为 HARRIS 公司的 MCT3D65P100F2 系列 MCT 的外观与工作原理。

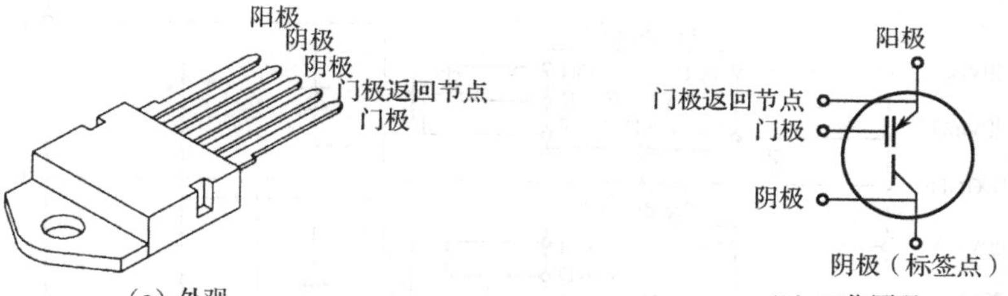

（a）外观　　（b）工作原理

图 2-9　HARRIS 公司的 MCT3D65P100F2 系列 MCT 的外观与工作原理

3）功率集成电路

功率集成电路（Power Integrated Circuit，PIC）指将功率器件及其驱动电路、保护电路、接口电路等外围电路集成在一个或几个芯片上。一般认为，PIC 的额定功率应大于 1W。PIC 可以分为高压集成电路（High-Voltage Integrated Circuit，HVIC）、智能功率集成电路（Smart Power Integrated Circuit，SPIC）和 IPM。这里以最常用的 IPM 为例进行介绍。

IPM 除了集成功率器件和驱动电路，还集成了过电压、过电流、过热等故障检测电路，并可将检测信号传送至 CPU，以保证 IPM 自身在任何情况下不受损坏。当前，IPM 中的功率器件一般选用 IGBT。IPM 由于体积小、可靠性高、使用方便，深受用户喜爱。IPM 主要用于交流电动机控制、家用电器等。如图 2-10 所示为富士 6MBP15RH060 系列 IPM 的外观与工作原理。

Q：在这么多不同原理的电力电子器件中，哪一种是变频器在大力发展过程中应用最广泛的器件呢？

A：相比较而言，IGBT 的开关速度低于功率 MOSFET，却明显高于 GTR；IGBT 的通态压降与 GTR 相近，但比功率 MOSFET 低得多；IGBT 的电流、电压等级与 GTR 接近，但比功率 MOSFET 高。目前，IGBT 的研制水平已达 4500V/1000A。由于 IGBT 具有上述特点，在中等功率容量的 UPS、开关电源及交流电动机控制用 PWM 逆变器中，IGBT 已逐步替代 GTR，成为核心器件。

IGBT 在发展过程中，除了在单品上提高耐压能力和开关频率、降低损耗，最重要的就是开发具有集成保护功能的智能产品，即 IPM。IPM 内部集成了功率器件 IGBT、检测电路及驱动电路，使得变频器主电路的结构更为简单，集成度的提高使变频器的体积有条件向小型化方向发展。同时，简易化的功率驱动电路使得工程师们可以有更多的时间专注于控制算法研究。

（a）外观

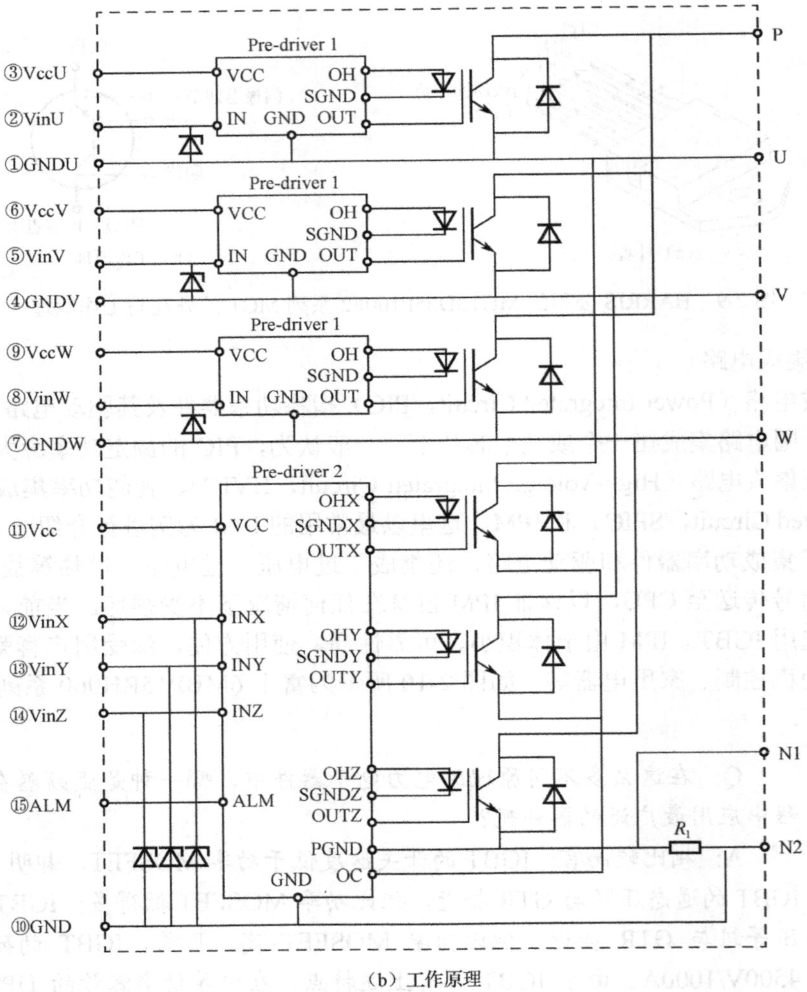

（b）工作原理

图 2-10　富士 6MBP15RH060 系列 IPM 的外观与工作原理

2.2 PWM 控制电路

2.2.1 PWM 控制原理

如图 2-11 所示，当冲量相等而形状不同的窄脉冲加在具有惯性的环节上时，其效果基本相同。其中，冲量是指窄脉冲的面积，效果基本相同是指输出响应波形基本相同。在各种窄脉冲中，PWM 脉冲的实现方式比较容易，可以通过对一系列脉冲的宽度进行调制来等效地获得所需要的波形（含形状和幅值）。

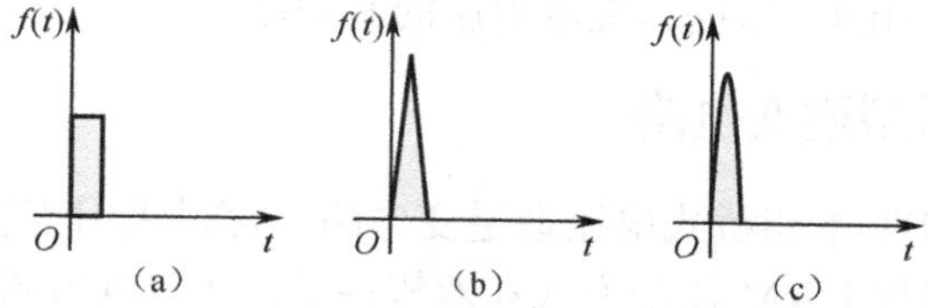

图 2-11 形状不同而冲量相等的各种窄脉冲

将 PWM 控制原理应用于变频器控制电路，就是期望其逆变输出一个正弦波脉宽调制波形，即先把一个正弦半波分成 N 等份［图 2-12（a）］，然后把每一等份的正弦曲线与横轴所包围的面积都用与此面积相等的等高矩形脉冲来代替，矩形脉冲的中点与正弦波每一等份的中点重合［图 2-12（b）］。这样，由 N 个等幅不等宽的矩形脉冲所组成的波形为正弦波的半周等效。同样，正弦波的负半周也可以用相同的方法来等效。这一系列脉冲波形就是所期望的变频器逆变输出的 SPWM（Sinusoidal PWM，正弦波脉宽调制）波形。

由于各脉冲的幅值相等，所以变频器逆变回路可由恒定的直流电源供电，也就是说，这种交-直-交变频器中的整流回路采用不可控的二极管整流器就可以了。逆变器输出脉冲的幅值就是整流器的输出电压。当逆变器各开关器件都在理想状态下工作时，驱动相应开关器件的信号应为与触发信号形状相似的一系列脉冲波形。从理论上讲，这一系列脉冲波形的宽度可以严格地用计算方法求得，作为控制逆变器中各开关器件通断的依据。但较为实用的方法是引用通信技术中的“调制”这一概念，以所期望的波形（在这里是正弦波）作为调制波，而受它调制的信号称为载波。

如图 2-13 所示，在 SPWM 中常用等腰三角波作为载波，因为等腰三角波是上下宽度线性对称变化的波形，当它与任何一个光滑的曲线相交时，在交点时刻控制开关器件的通断，即可得到一组等幅而脉冲宽度正比于该曲线函数值的矩形脉冲，这正是 SPWM 所需要的结果。这一系列脉冲波形的宽度可以严格地用计算方法求得，作为控制逆变器中各开关器件通断的依据。

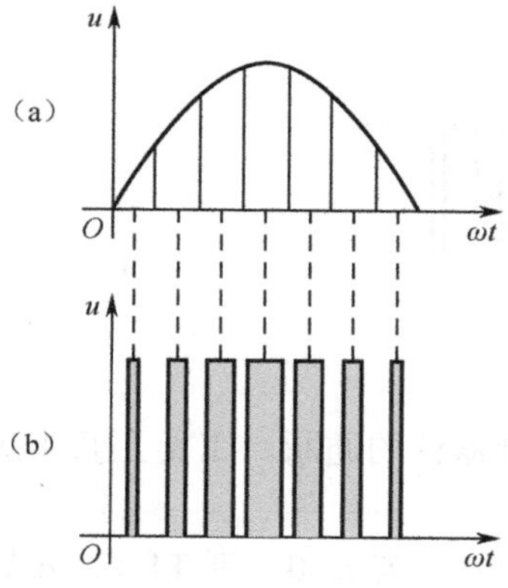

图 2-12 PWM 控制原理示意图

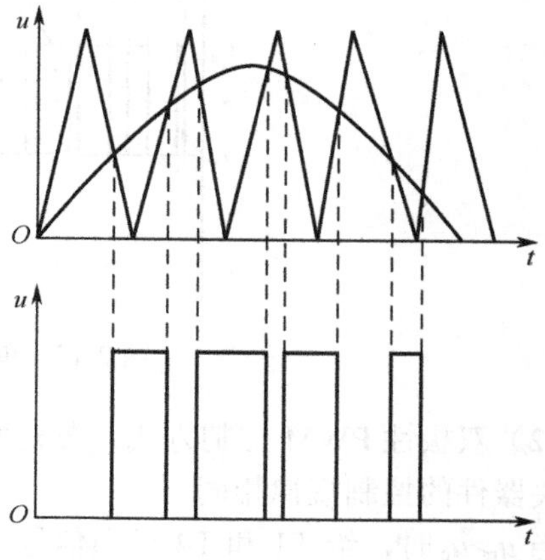

图 2-13 等腰三角波作为载波的调制

调制度 m 定义为调制信号峰值 U_{1m} 与三角载波信号峰值 $U_{\Delta m}$ 之比，即

$$m = U_{1m}/U_{\Delta m} \tag{2-1}$$

在理想情况下，m 值可在 0～1 之间变化，以调节变换器输出电压的大小。实际上，m 总是小于 1，一般取 m=0.8～0.9，以提高直流电压的利用率。

2.2.2 IGBT 桥式电压型逆变电路

如图 2-14 所示为 IGBT 单相桥式电压型逆变电路，可以采用等腰三角波作为载波进行调制，其控制方式分为单极性 PWM 控制方式和双极性 PWM 控制方式两种。

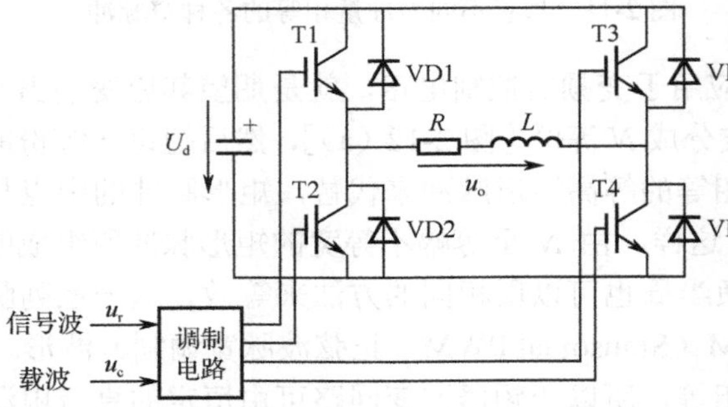

图 2-14　IGBT 单相桥式电压型逆变电路

（1）单极性 PWM 控制方式：在 u_r 和 u_c 的交点时刻控制 IGBT 的通断，如图 2-15 所示为单极性 PWM 控制方式波形。在 u_r 正半周，T1 保持导通，T2 保持关断。当 $u_r>u_c$ 时，T4 导通，T3 关断，$u_o=U_d$。当 $u_r<u_c$ 时，T4 关断，T3 导通，u_o=0。在 u_r 负半周，情况与上述恰好相反。

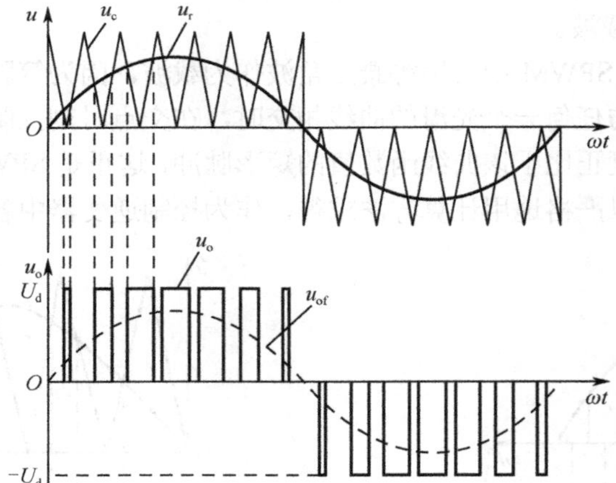

图 2-15　单极性 PWM 控制方式波形

（2）双极性 PWM 控制方式：在 u_r 和 u_c 的交点时刻控制器件的通断。在 u_r 正负半周，对各开关器件的控制规律相同。

当 $u_r>u_c$ 时，给 T1 和 T4 导通信号，给 T2 和 T3 关断信号。若 $i_o>0$，则 T1 和 T4 导通；若 $i_o<0$，则 VD1 和 VD4 导通，$u_o=U_d$。

当 $u_r<u_c$ 时，给 T2 和 T3 导通信号，给 T1 和 T4 关断信号。若 $i_o<0$，则 T2 和 T3 导通；若 $i_o>0$，则 VD2 和 VD3 导通，$u_o=-U_d$。如图 2-16 所示为双极性 PWM 控制方式波形。

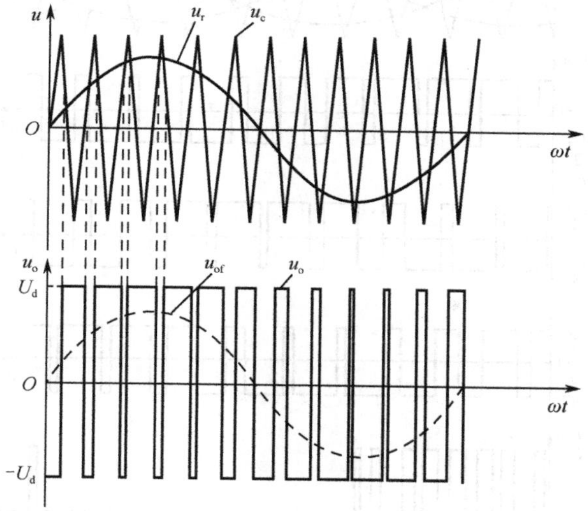

图 2-16 双极性 PWM 控制方式波形

如图 2-17 所示为 IGBT 三相桥式电压型逆变电路，三相 PWM 控制采用公用三角波载波 u_c，三相的调制信号 u_{rU}、u_{rV} 和 u_{rW} 依次相差 120°。

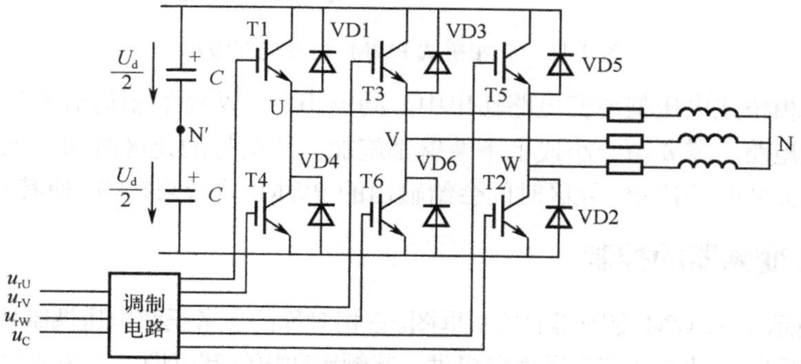

图 2-17 IGBT 三相桥式电压型逆变电路

这里以 U 相的控制规律为例说明如下：

当 $u_{rU}>u_c$ 时，给 T1 导通信号，给 T4 关断信号，$u_{UN'}=U_d/2$；

当 $u_{rU}<u_c$ 时，给 T4 导通信号，给 T1 关断信号，$u_{UN'}=-U_d/2$；

当给 T1（T4）加导通信号时，可能是 T1（T4）导通，也可能是 VD1（VD4）导通。

从上面可以得出，$u_{UN'}$、$u_{VN'}$ 和 $u_{WN'}$ 的 PWM 波形只有 $\pm U_d/2$ 两种电平。u_{UV} 波形可由 $u_{UN'}-u_{VN'}$ 得出，当 T1 和 T6 导通时，$u_{UV}=U_d$；当 T3 和 T4 导通时，$u_{UV}=-U_d$；当 T1 和 T3 或 T4 和 T6 导通时，$u_{UV}=0$。

因此，输出线电压 PWM 波由 $\pm U_d$ 和 0 三种电平构成，而负载相电压 PWM 波由（±2/3）U_d、（±1/3）U_d 和 0 共 5 种电平组成，如图 2-18 所示。

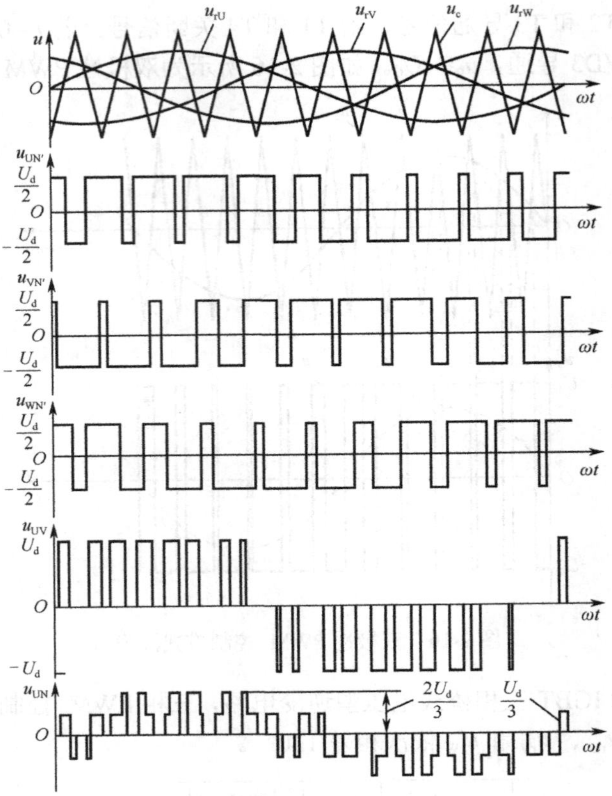

图 2-18　三相桥式 PWM 逆变电路波形

在 IGBT 三相桥式电压型逆变电路输出中，同一相上下两臂的驱动信号互补，为防止上下两臂直通而造成短路，需要留一小段上下两臂都施加关断信号的死区时间。死区时间的长短主要由开关器件的关断时间决定。死区时间会给输出的 PWM 波带来影响，使其略微偏离正弦波。

2.2.3　SPWM 变频器的控制

如图 2-19 所示是 SPWM 变频器的控制框图。三相对称的参考正弦电压调制信号U_{ra}、U_{rb}、U_{rc}由来自变频器主板 DSP 的参考信号发生器提供，其频率和幅值都可调，三角载波信号U_t由三角波发生器提供，各相公用，它分别与每一相调制信号进行比较，产生 SPWM 脉冲波序列U_a、U_b和U_c。

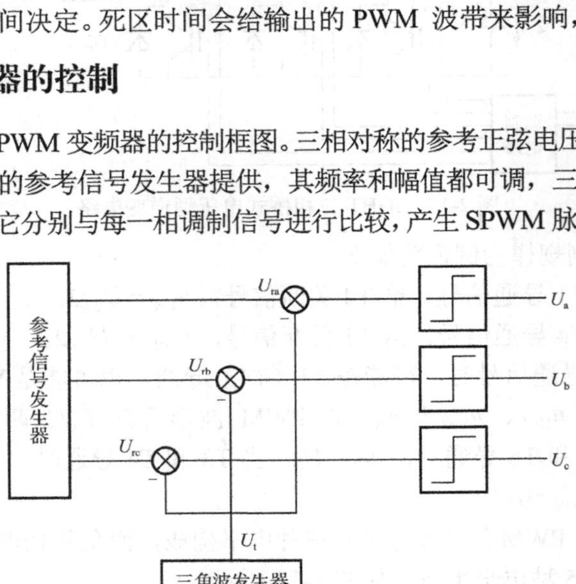

图 2-19　SPWM 变频器的控制框图

2.2.4 典型变频器的主电路

根据构成变频器的电力电子器件的不同，变频器的主回路分为 4 种典型构成方式，分别是晶体管变频器、GTO 变频器、斩波 PAM 变频器和双 PWM 变频器。

1. 晶体管变频器

电力电子器件技术的发展使得晶体管的生产工艺技术不断得到改进，现已经能生产额定电压为 1000V、额定电流为 300A、容量为几百千伏安的电力晶体管。现在的晶体管电力电子器件以耐压高、电流大、电流放大倍数高、驱动和保护性能良好为特征，在变频调速技术中扮演着越来越重要的角色，已经逐步取代了以晶闸管为开关器件的晶闸管变频器。

以图 2-2 为例，变频器主电路各组成部分及其功能如下所述。

1）整流桥

整流桥由 6 个整流二极管组成，将电源由三相交流全波整流成直流。若电源的进线电压为 U_L，则三相全波整流后平均直流电压 U_D 的大小为

$$U_D=1.35U_L \tag{2-2}$$

我国三相电源的线电压为 380V，故全波整流后的平均电压为 $U_D=1.35U_L=1.35\times380V=513V$。

2）滤波电容

滤波电容 C_1 和 C_2 的作用：滤平全波整流后的电压纹波；当负载变化时，使直流电压保持平稳。

3）缓冲电阻 R 和触点开关 J1

在变频器接通电源的瞬间，滤波电容 C_1 和 C_2 上的充电电流比较大，过大的冲击电流可能导致三相整流桥损坏。为了保护整流桥，在变频器刚接通电源的一段时间里，电路内串入缓冲电阻 R，以限制电容 C_1、C_2 上的充电电流。当滤波电容 C_1、C_2 充电电压达到一定程度时，令触点开关 J1 接通，将 R 短路掉。

4）逆变模块

逆变模块由 6 个 IGBT 和 6 个续流二极管组成，通过控制 IGBT 的开关顺序和开关时间，将直流电变成频率可变、电压可变的交流电，其电压波形为 PWM 波。

晶体管变频器的优点包括以下几点：不需要换流回路，可以做到体积小、效率高；一旦发生过电流或短路，可自动关断基极控制电流，实现逆变器回路的自关断；可实现高功率因数运行。

现在的晶体管变频器趋向于采用第三代 IPM 系列产品，这类产品采用第三代 IGBT 来代替传统的功率 MOSFET 和双极型达林顿管，并配以功能完善的控制电路和保护电路，从而构成一种理想的高频软开关模块。

2. GTO 变频器

GTO 与通常所说的晶闸管略有不同。当门极注入反向控制电流后，晶闸管可自行关断，但通常来说晶闸管要关断须使流通电流小于关断电流，这就要求必须有换流回路。而 GTO 不需要有换流回路。GTO 与 GTR 相比，有耐压更高、容量更大、可流通电流大的特点，对于

大容量变频器，开关元件采用 GTO 的较多。

GTO 变频器的主电路如图 2-20 所示。图中，VD1～VD6 组成三相全桥整流电路，P(+)、N(−)两点的电压为全波直流脉动电压。L_1 为电抗器，用于抑制主电路中直流电流的纹波因数，即抑制脉动。C 为大容值滤波电容，其作用是平滑整流桥输出的脉动电压。L_2 为限流电抗器，当负载短路电流导致流经 GTO 开关器件的电流迅速大幅度增加时，L_2 限制电流不超过关断电流，以保证 GTO 能随时受控关断。VD7 为续流二极管，用于抑制 GTO 关断时两端的电压，为 L_2 提供放电回路。每路 GTO 都并联了二极管、电容、电阻，其作用是吸收浪涌电流并保护 GTO 不受过电压损伤。6 个 GTO 元件（T1～T6）的承受电压与流通电流都一样，彼此之间有固定的相位差，其门极电压及电流由控制回路给出。

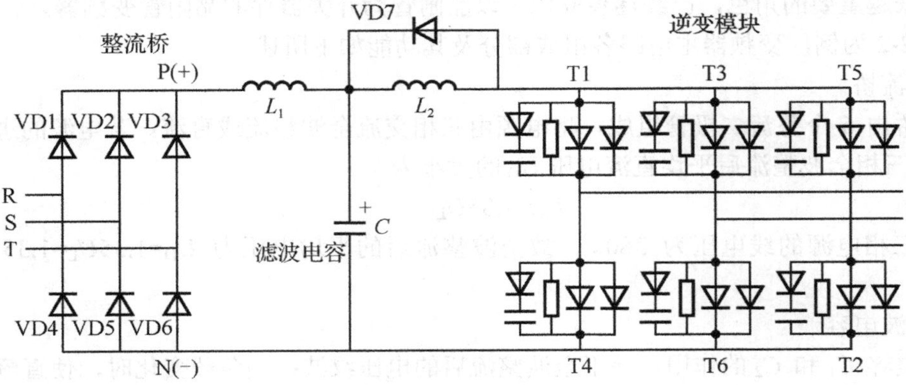

图 2-20　GTO 变频器的主电路

GTO 变频器适用于高耐压、大电流和大容量的场合。由于 GTO 可实现自关断，因此主电路简单，这一点使整个变频器装置更加小型化，在控制性能上高于晶闸管变频器。

3. 斩波 PAM 变频器

在 PWM 控制方式中，对应一个正弦波，开关器件的开关频率约为几十赫兹，对于一些高速或超高速运行的电动机，它所要求的变频器输出频率非常高，此时若采用 PWM 调制方式，其开关器件的开关频率可能高达几千甚至几万赫兹，因此，这样高的开关频率对于 PWM 调制不再适合。如图 2-21 所示为采用斩波 PAM 控制方式的变频器，其输出交流电压的大小通过调节直流电压幅值来实现。

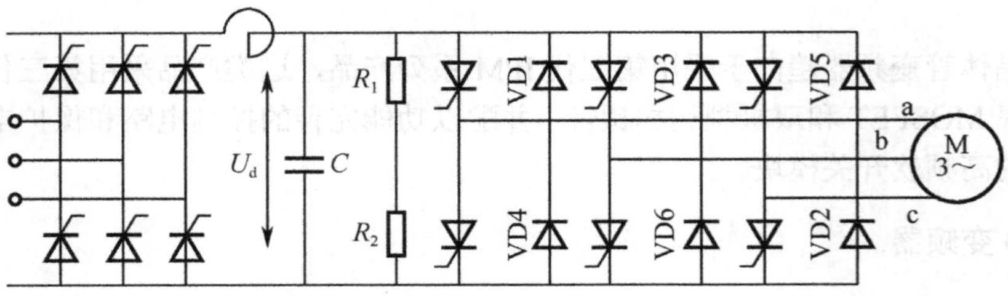

图 2-21　斩波 PAM 变频器

4. 双 PWM 变频器

交-直-交电压型变频器的主电路输入侧一般由三相桥式不可控整流器向中间直流环节的滤波电容充电，然后通过 PWM 控制下的逆变器输出给交流电动机。虽然这样的电路成本低、结构简单、可靠性高，但是由于采用三相桥式不可控整流器，所以存在功率因数低、电网侧有谐波污染及无法实现能量再生利用等缺点。而如果在整流电路中采用自关断器件进行 PWM 控制，则可以使电网侧的输入电流接近正弦波，并且功率因数达到 1，彻底解决对电网的污染问题。双 PWM 控制的变频器如图 2-22 所示。

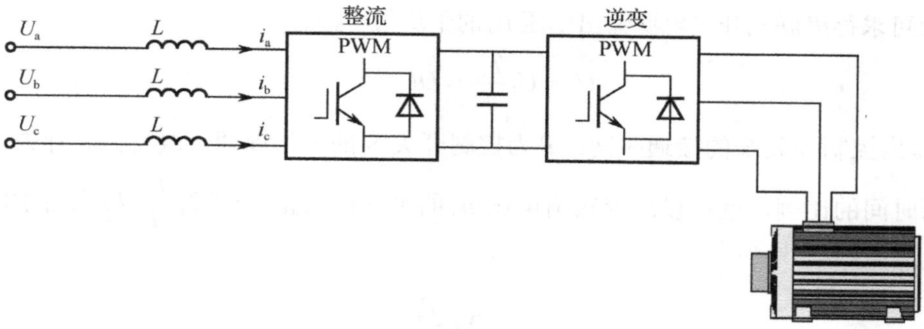

图 2-22 双 PWM 控制的变频器

双 PWM 控制变频器的工作原理如下：①当电动机处于拖动状态时，能量先由交流电网经整流器向中间滤波电容充电，再经逆变器的 PWM 控制将能量传送给电动机；②当电动机处于减速运行状态时，由于负载惯性作用电动机进入发电状态，其再生能量经逆变器中的开关器件和续流二极管向中间滤波电容充电，使中间直流电压升高，此时整流器中的开关器件在 PWM 控制下将能量馈入交流电网，完成能量的双向流动。同时，由于 PWM 整流器的闭环控制作用，电网电流与电压同频同相位，既提高了系统的功率因数，又消除了电网侧的谐波污染。

双 PWM 控制技术打破了过去变频器的标准结构，采用 PWM 整流器和 PWM 逆变器提高了系统功率因数，并且实现了电动机的四象限运行，这给变频器技术增添了新的生机，促进了高质量能量回馈技术的发展。

2.3 开关电源电路

开关电源通过控制电路使电子开关器件（如晶体管、场效应管、晶闸管等）不停地接通和关断，让电子开关器件对输入电压进行脉冲调制，从而实现 DC/AC、DC/DC 电压转换，以及输出电压可调和自动稳压。根据开关器件在电路中连接方式的不同，开关电源大体上可分为串联式开关电源、并联式开关电源和变压器式开关电源 3 类。

2.3.1 串联式开关电源

如图 2-23（a）所示是串联式开关电源的工作原理图，图 2-23（a）中 U_i 是开关电源的工作电压，即直流输入电压；S 是控制开关；R 是负载。当控制开关 S 接通时，开关电源向负载 R 输出一个脉冲宽度为 T_{on}、幅值为 U_i 的脉冲电压 U_p；当控制开关 S 关断时，相当于开关电源向负载 R 输出一个脉冲宽度为 T_{off}、幅值为 0 的脉冲电压。通过控制开关 S 不停地接通和关断，在负载两端就可以得到一个脉冲调制的输出电压 U_o。

如图 2-23（b）所示是串联式开关电源输出电压的波形，从图中可以看出，输出电压 u_o 是一个脉冲调制方波，脉冲幅值 U_p 等于输入电压 U_i，脉冲宽度等于控制开关 S 的接通时间 T_{on}，由此可求得串联式开关电源输出电压 u_o 的平均值 U_a 为

$$U_a = U_i \frac{T_{on}}{T} = DU_i \tag{2-3}$$

式中，T_{on} 为控制开关 S 的接通时间；T 为控制开关 S 的工作周期。改变控制开关 S 接通时间与关断时间的比例，就可以改变输出电压 u_o 的平均值 U_a。一般将 $\frac{T_{on}}{T}$ 称为占空比，用 D 来表示，即

$$D = \frac{T_{on}}{T} \tag{2-4}$$

或者

$$D = \frac{T_{on}}{T_{on} + T_{off}} \tag{2-5}$$

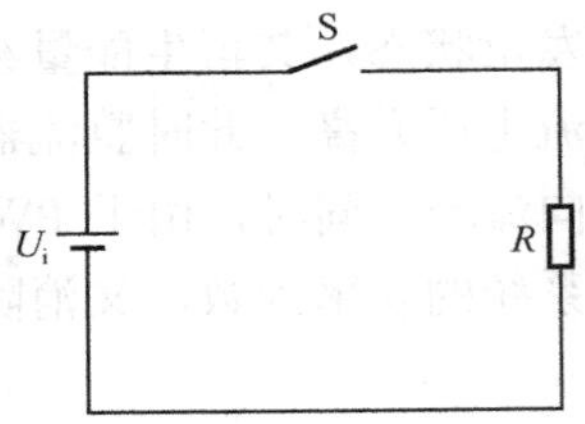

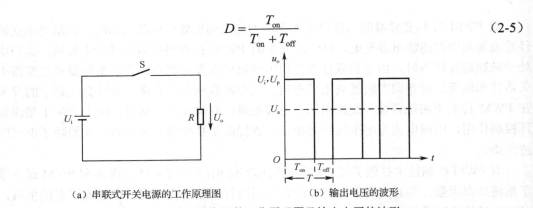

（a）串联式开关电源的工作原理图

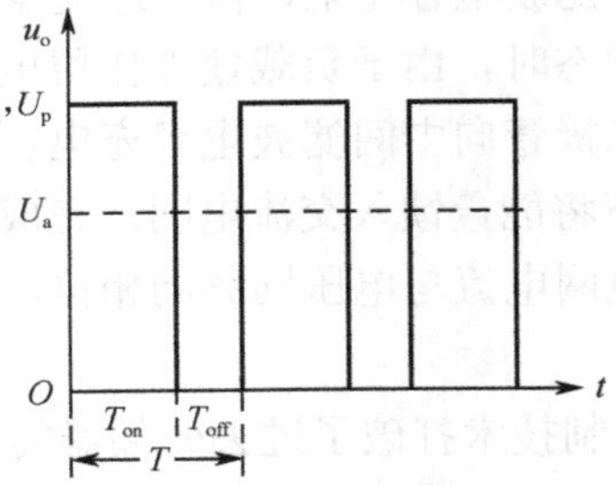

（b）输出电压的波形

图 2-23　串联式开关电源的工作原理图及输出电压的波形

串联式开关电源输出电压 u_o 的幅值 U_p 等于输入电压 U_i，其输出电压 u_o 的平均值 U_a 总是小于输入电压 U_i，因此，串联式开关电源属于降压型开关电源。

串联式开关电源也称为斩波器，由于它工作原理简单，工作效率很高，因此其在输出功率控制方面应用很广。例如，电动摩托车速度控制器及灯光亮度控制器等都属于串联式开关电源的应用。如果串联式开关电源只用于功率输出控制，则电压输出可以不接整流滤波电路，而直接给负载提供功率输出；但如果用于稳压输出，则必须先经过整流滤波电路。

串联式开关电源的缺点是输入与输出共用一个地，因此，容易产生电磁干扰和底板带电，当输入电压为市电整流输出电压时，容易引起触电，对人身不安全。

2.3.2 变压器式开关电源

如图 2-24 所示是典型的变压器式开关电源工作原理图，它由变压器、整流电路、采样电路、比较电路、PWM 电路和开关管组成。这种类型的开关电源一般应用在通用变频器中。

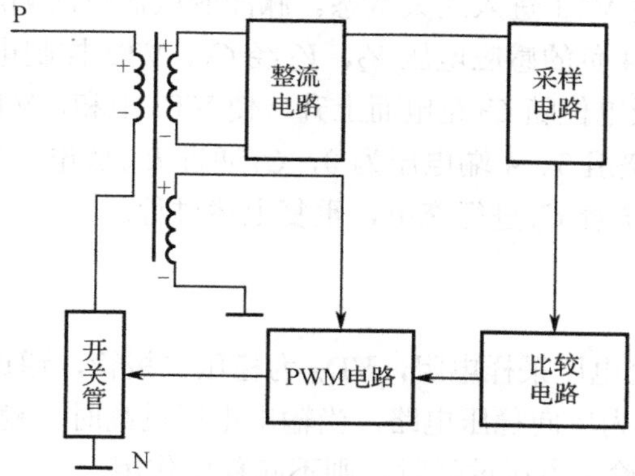

图 2-24　典型的变压器式开关电源工作原理图

变压器式开关电源的工作过程如下：将 P 端直流高压加到脉冲变压器一次绕组的一端；将开关管先串接到脉冲变压器一次绕组的另一端，再接到直流高压 N 端。通过开关管周期地导通和截止，将一次侧直流电压转换成矩形波，由脉冲变压器耦合到二次绕组，再经整流滤波后获得相应的直流输出电压。随后对输出电压进行采样和比较，再去控制 PWM 电路，以改变脉冲宽度的方式使得输出电压稳定。

如图 2-25 所示为一典型的变压器式开关电源应用实例，它包括自激振荡电路、稳压电路和直流电压输出电路等。

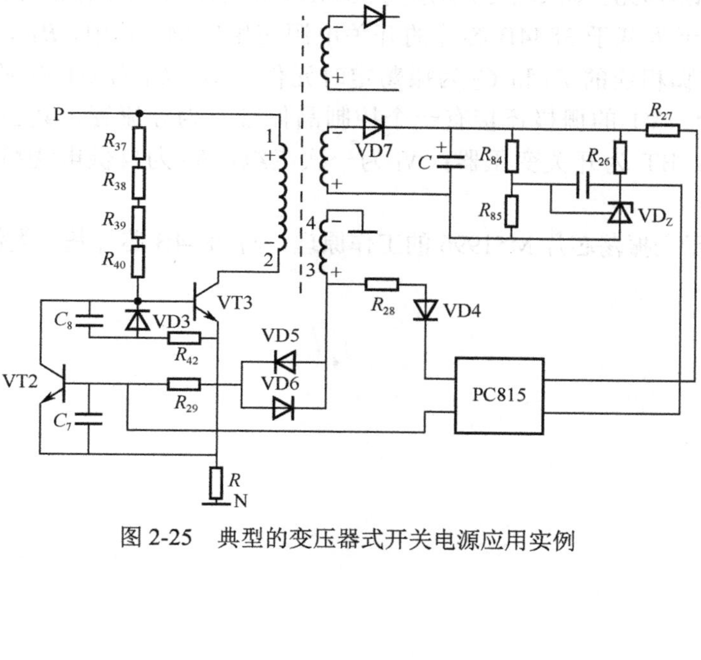

图 2-25　典型的变压器式开关电源应用实例

1. 自激振荡电路

自激振荡电路由开关管 VT3、脉冲变压器一次绕组、晶体管 VT2 及其他的元器件组成。当变频器接通电源后，主回路产生的直流电压通过电阻 R_{37}～R_{40} 对电容 C_8 充电，VT3 控制极电压随 C_8 充电而上升，使 VT3 进入放大状态。脉冲变压器一次侧产生上正下负的电压 V_1，同时，二次绕组产生 3 正 4 负的感应电压 V_2，V_2 经 C_8、VT3 控制电压提升而饱和。V_2 经 R_{29} 对 C_7 进行充电，VT2 基极电位随 C_7 充电而上升，使 VT2 饱和，VT3 随之截止。脉冲变压器一次绕组电流为 0，二次绕组 3、4 端电压为 0，C_7 通过 R_{29} 放电，导致 VT2 截止。此时，直流电压又通过 R_{37}～R_{40} 对电容 C_8 进行充电，重复上述过程。

2. 稳压电路

R_{85} 和 R_{84} 为输出直流电压采样电阻，VD_Z 为稳压二极管，通过光耦 PC815 控制晶体管 VT2 的导通。该稳压电路为单向稳压电路，当输出电压过高时，稳压电路将输出直流电压稳定在规定的电压值上；当输出电压过低时，则不起稳压作用。

3. 直流电压输出电路

在脉冲变压器的二次绕组端接上整流二极管和滤波电容，就组成了直流电压输出电路。

注意：由于开关电路中的脉冲信号频率较高，故整流二极管应选用高频二极管。滤波电容的容量可比工频整流电路中的滤波电容的容量小一些。

2.3.3 振荡芯片

在开关电源的自激振荡电路中，除了用到分立元器件，还会用到振荡芯片，常见的振荡芯片有 3844B 和 M51996。如图 2-26 所示为 3844B 芯片的外观与工作原理。

如图 2-27 所示为基于 3844B 芯片的开关电源应用实例。其中，R_{40}、R_{41} 为起振电阻；与 U1 的 8、4 引脚相连的 R_4 和 C_3 为振荡定时元件；R_3、C_1 为 U1 内部放大器的反馈元件；V1 为开关管，V1 的栅极还接有一个控制晶体管，为分流管，其主要作用是分流开关管的栅极电压；BT 为开关变压器；N_1 为一次绕组；N_2 为自供电绕组或反馈绕组（也称二次绕组）。

如图 2-28 所示为振荡芯片 M51996 的工作原理，与 3844B 芯片基本类似。

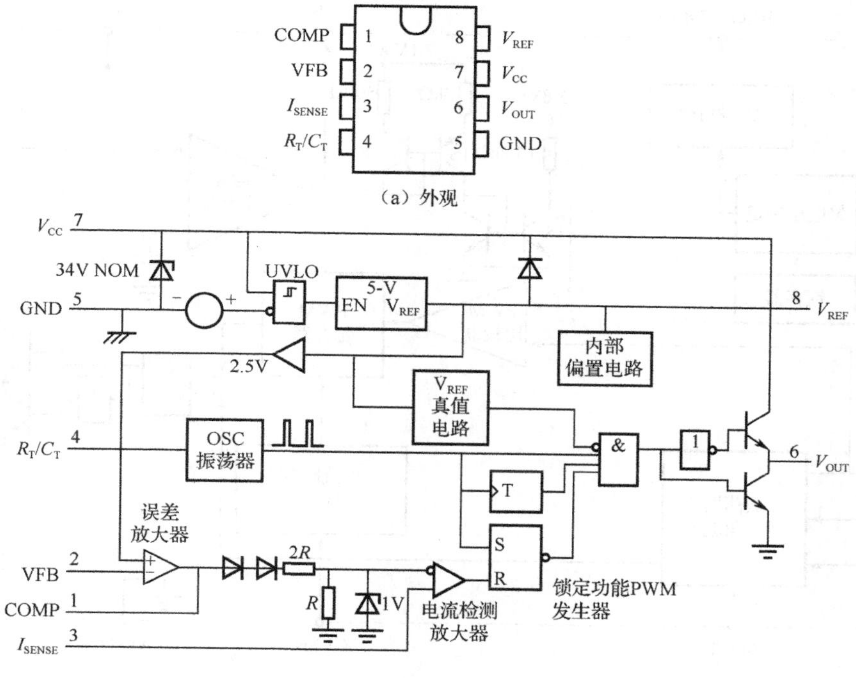

（a）外观

（b）工作原理

图 2-26 3844B 芯片的外观与工作原理

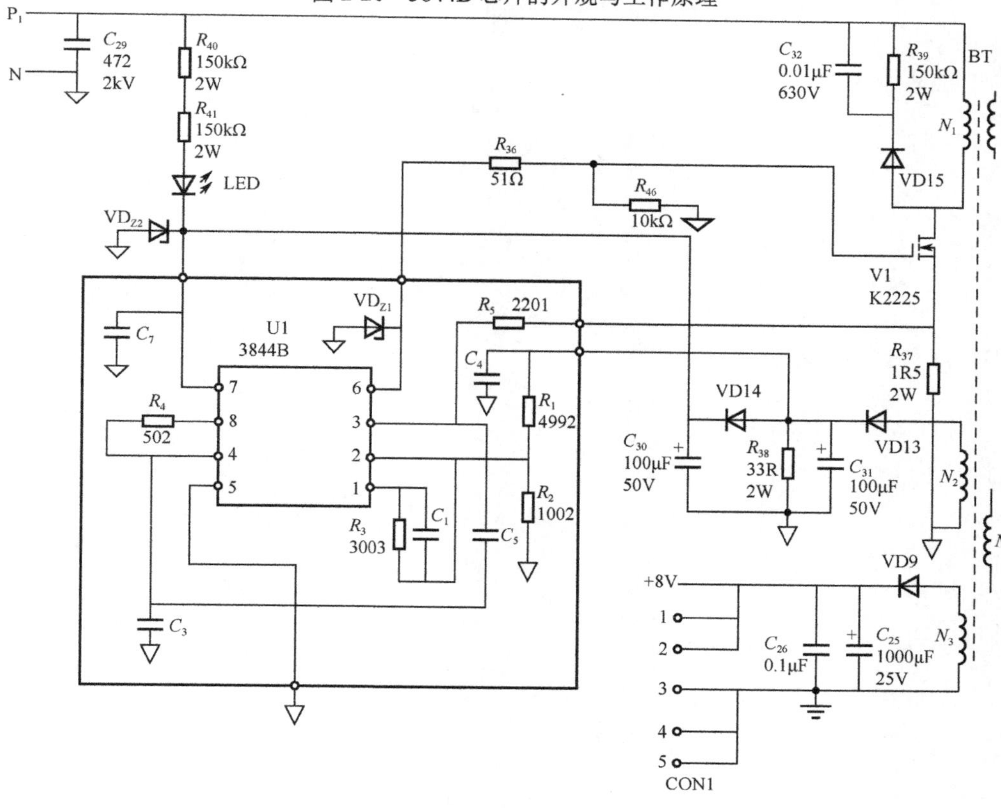

图 2-27 基于 3844B 芯片的开关电源应用实例

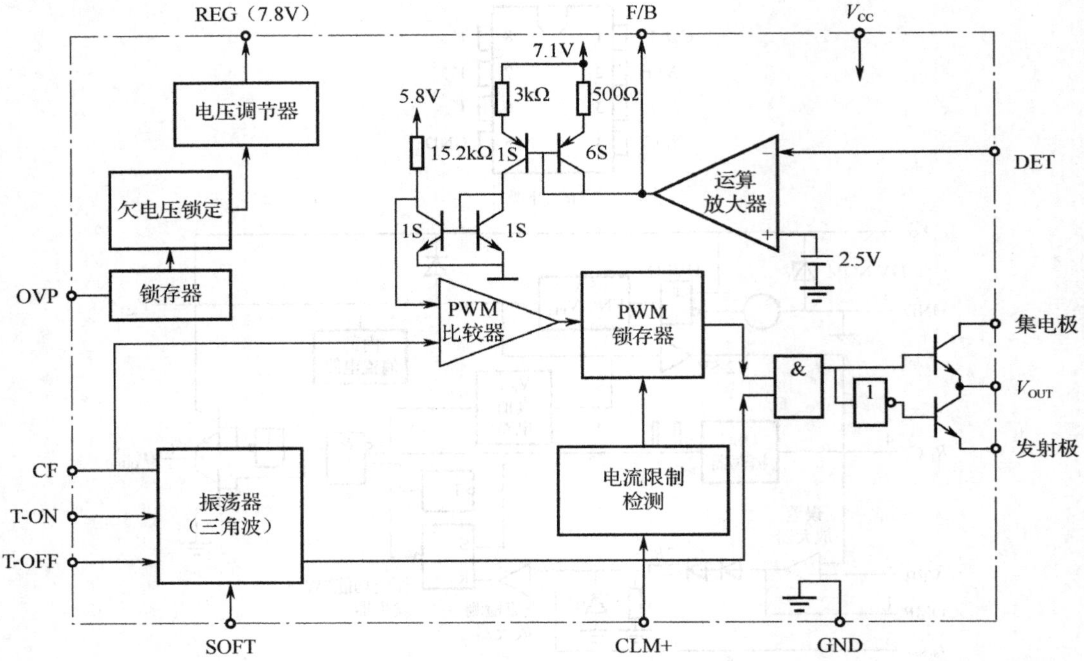

图 2-28　振荡芯片 M51996 的工作原理

【案例分析 2-1】 5.5kW 变频器开关电源电路

观看微课

案例描述

如图 2-29 所示为 5.5kW 变频器开关电源电路，请分析其工作原理。

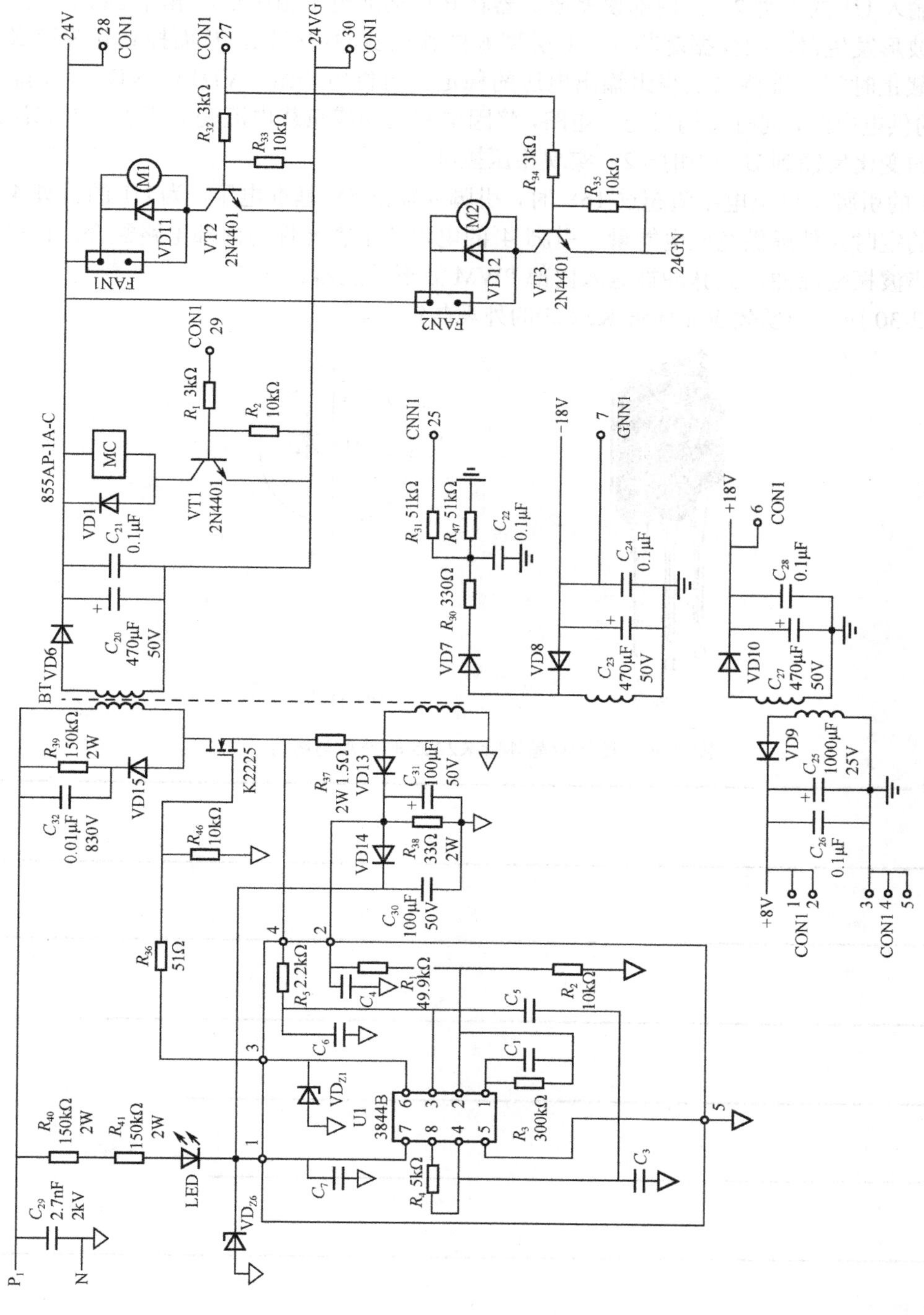

图2-29 5.5kW变频器开关电源电路

分析步骤

从图 2-29 中可以知道，电阻 R_{40}、R_{41} 和 LED 组成上电起振电路，为振荡芯片 U1（3844B）提供上电时的起振电流。在电路起振后，由自供电绕组、VD13、VD14、C_{30} 构成的整流滤波电路为 U1 提供工作电源。自供电绕组、VD13、C_{31} 整流滤波电路输出的电压同时也作为反馈电压信号输入 U1 的引脚 2，由内部误差放大器将其与基准电压相比较，输出控制电压控制内部 PWM 波形发生器，改变振荡芯片 U1 引脚 6 的输出脉冲占空比，从而控制开关管 K2225 的导通与截止时间，维持二次绕组输出电压的稳定。自供电绕组、VD13、VD14、C_{30}、C_{31} 既是 U1 的供电电源，同时又构成稳压电路，将因电网波动或负载电流变动所引起的二次绕组输出电压的变化反馈到 U1 的引脚 2，实现稳压控制。

当 U1 的引脚 7 供电电压值超过 16V 时，引脚 8 输出 5V 基准电压，为 U1 的引脚 4 外接振荡电路的定时元件提供充放电能量。引脚 4 的电阻、电容元件与内部电路配合，在引脚 4 上产生锯齿波振荡脉冲，该脉冲被送入内部 PWM 波形发生器。

如图 2-30 所示为场效应晶体管 K2225 的外观与符号。

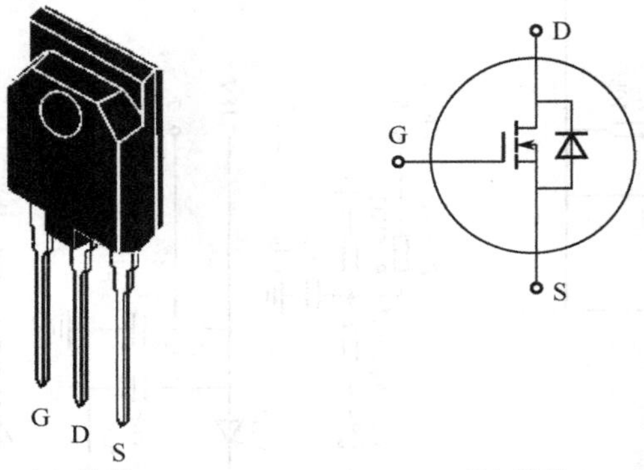

（a）外观　　（b）符号

图 2-30　场效应晶体管 K2225 的外观与符号

Note

【案例分析 2-2】 1.5kW 变频器开关电源电路

案例描述

如图 2-31 所示为 1.5kW 变频器开关电源电路，与图 2-29 所示电路相比，取用主电路直流电源的方式有所不同。一般情况下，开关电源的输入电源直接取自 530V 电压（即 P、N 两端），而本案例取用了直流回路中一个储能电容两端的电压（如图 2-31 中的 C_{A2}），即取用一半的直流电压作为输入电源。请分析其工作原理。

分析步骤

本案例取用一半的直流电压作为输入电源，使得开关电源电路本身对元器件的耐压等级要求降低了，尤其是对电源开关管的耐压要求和对开关变压器的绝缘要求降低了，电路的安全系数有所提高。

从图 2-31 中可以看出，开关变压器的一次侧振荡开关电路主要由专用振荡芯片 3844B、开关管（场效应晶体管 M1 K2225）及其他元件构成。主电路 a 点的电压经变压器的一次绕组接入开关管 M1 的漏极，形成工作电流的通路；同时经过 R_{86}、R_{66}～R_{70} 等电阻降压进入 U1 的引脚 7，提供本电路的起振电流和电压。电路起振后，开关管流过一次绕组的电流在自供电绕组中产生感应电压，经 VD12、C_{19} 等元器件整流滤波，为 U1 提供工作电源；由 M1 源极上串联的 3 个电流采样电阻将电流信号转换为电压信号，输入至 U1 的引脚 3；反馈电压输入信号来自驱动电源的一个绕组，经 R_{A1}～R_{A3} 进入 U1 的引脚 2，此处的反馈电压来源与其他变频器开关电源的反馈电压来源有所不同。

此外，引脚 1、8 之间有个输出电压过冲抑制电路，即输出电压限幅电路，由 R_{A11}、R_{A10} 和 VT1 组成，在工作期间，当由于某种原因导致反馈电压过低时，经引脚 1、2 内部放大器处理后，引脚 1 将输出过高的误差电压，由后级电路控制开关管的导通时间变长，使得输出电压大幅上升。当反馈电压升高到一定幅值时，VT1 导通，将 U1 内部放大器的输出限幅，从而避免输出电压过冲。

Note

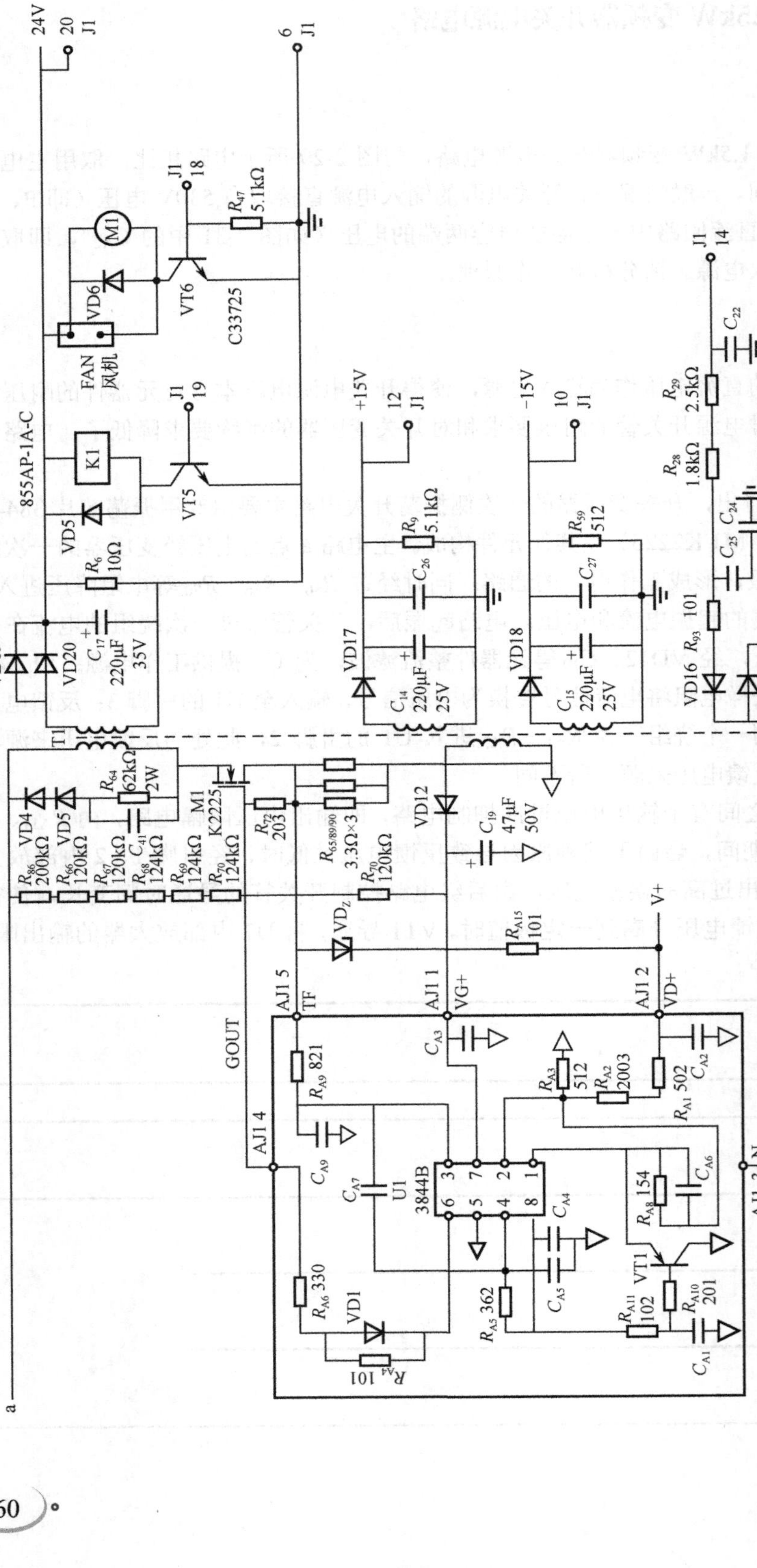

图2-31　1.5kW变频器开关电源电路

2.4 驱动电路

变频器驱动电路的工作原理图如图 2-32 所示，它将主控电路中 CPU 产生的 6 个 PWM 信号经光耦隔离和放大后，作为逆变模块的驱动信号。

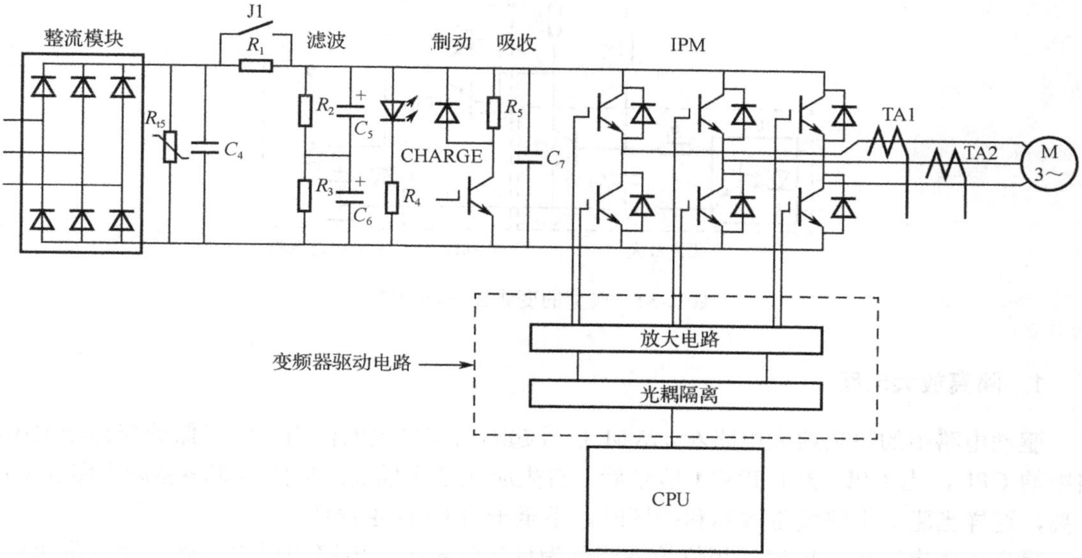

图 2-32 变频器驱动电路工作原理图

如图 2-33 所示为典型的 IGBT 驱动结构，它由隔离放大电路、驱动放大电路和驱动电路电源组成。

图 2-33 典型的 IGBT 驱动结构

2.4.1 分立式元器件驱动电路

变频器对驱动电路的要求因换流器件的不同而有所变化。如图 2-34 所示为一典型的变频器驱动电路，它包括隔离放大电路、驱动放大电路和驱动电路电源 3 部分。

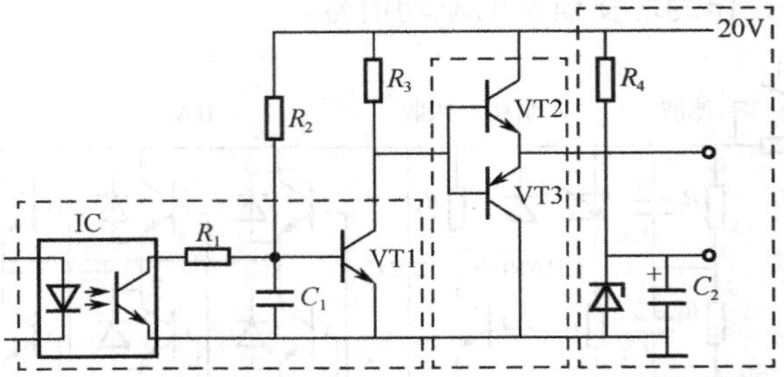

图 2-34 典型的变频器驱动电路

1. 隔离放大电路

驱动电路中的隔离放大电路对 PWM 信号起隔离与放大的作用。为了保护变频器主控电路中的 CPU，当 CPU 送出 PWM 信号后，首先应通过光耦隔离集成电路将驱动电路和 CPU 隔离，这样当驱动电路发生故障和损坏时，不至于将 CPU 也损坏。

隔离放大电路可根据信号相位的需要分为反相隔离放大电路和同相隔离放大电路两种，具体如图 2-35 所示。隔离放大电路中的光耦容易损坏，它损坏后，主控 CPU 所产生的 PWM 信号将被隔断，驱动电路中自然就没有驱动信号输出了。

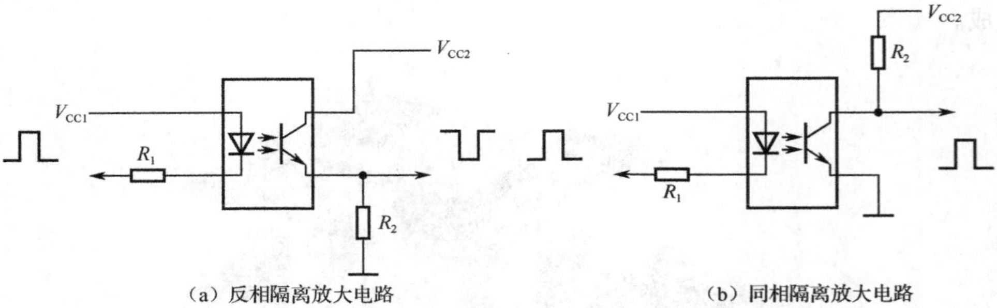

（a）反相隔离放大电路　　（b）同相隔离放大电路

图 2-35 隔离放大电路的原理图

2. 驱动放大电路

驱动放大电路将光耦隔离后的信号进行功率放大，使之具有一定的驱动能力。这种电路一般采用双管互补放大的电路形式，对于要求大驱动功率的变频器，驱动放大电路采用二级驱动放大。为了保证 IGBT 所获得的驱动信号幅值在安全范围内，驱动电路的输出端应串联 2 个极性相反的稳压二极管。

驱动放大电路中容易损坏的器件是晶体管，当驱动放大电路发生损坏时，若输出信号保持低电平，则相对应的换流元件处于截止状态，不能起到换流作用；若输出信号保持高电平，则相对应的换流元件处于导通状态，当同桥臂的另一个换流元件也处于导通状态时，该桥臂就处于短路状态，这将烧毁该桥臂的逆变模块。

3. 驱动电路电源

如图2-36所示为典型的驱动电路电源，它的作用是为光耦隔离集成电路的输出部分和驱动放大电路提供电源。

注意：驱动电路的输出不在 U_p 与 0V 之间，而是在 U_p 与 U_w 之间。当驱动信号为低电平时，驱动输出电压为负值（约为$-U_w$），以保证可靠截止，这提高了驱动电路的抗干扰能力。

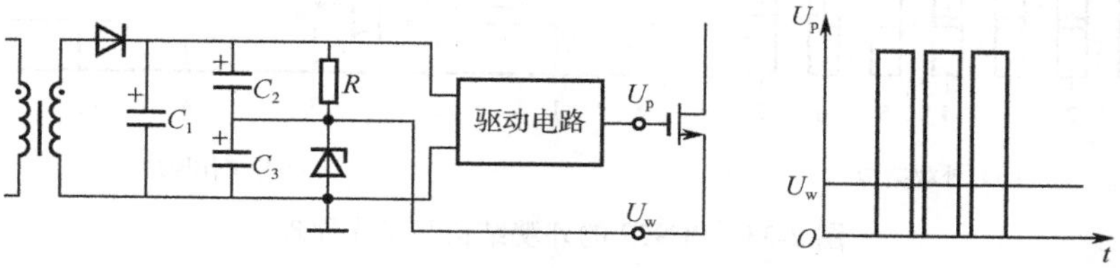

图2-36 典型的驱动电路电源

Q：如果光耦隔离集成电路损坏了，应该怎么处理？

A：若光耦隔离集成电路有输入信号，但无输出信号，则说明光耦隔离集成电路已经损坏，这通常是由老化、自然损坏等原因造成的，更换是唯一的解决办法。

光耦是驱动电路中常用的器件之一，它分为两种：一种为非线性光耦（如4N系列光耦），另一种为线性光耦（如TLP181、PC817A-C系列光耦）。非线性光耦的电流传输特性曲线是非线性的，这类光耦适用于传输开关信号，不适用于传输模拟量。线性光耦的电流传输特性曲线接近直线，并且小信号时性能较好，能以线性特性进行隔离控制。变频器驱动电路电源中常用的光耦是线性光耦。如果使用非线性光耦，则可能使振荡波形变坏，严重时会出现寄生振荡。如图2-37所示为常用的TLP181光耦的外观结构与工作原理。

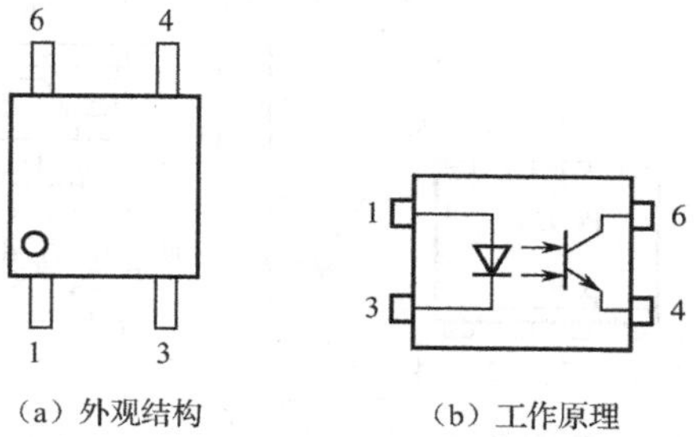

（a）外观结构 （b）工作原理

图2-37 TLP181光耦的外观结构与工作原理

2.4.2 集成芯片式驱动电路原理

1. PC929驱动

基于集成芯片的驱动电路目前应用较广。如图2-38所示是常用的PC929的外观结构与工作原理。

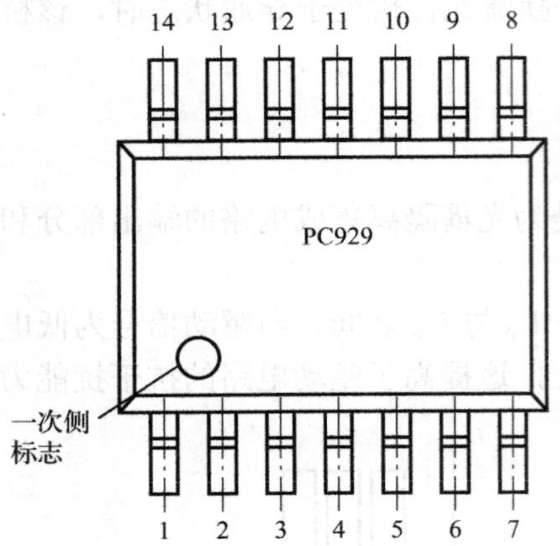

（a）外观结构

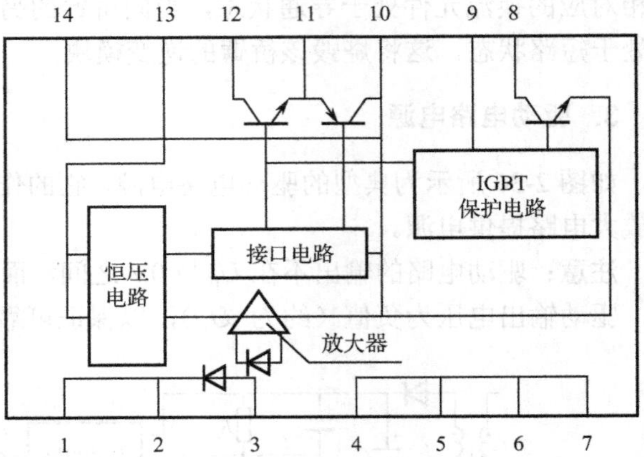

（b）工作原理

图 2-38　PC929 的外观结构与工作原理

PC929 的引脚 1、2、3 为信号输入端，内接光耦的输入发光二极管；引脚 4、5、6、7 为空引脚（NC）；引脚 8 为 OC 信号输出端；引脚 9 为过电流检测输入端；引脚 10、14 为输出侧电源 GND 端；引脚 11、12 为驱动信号输出端；引脚 13 为电源 V_{CC} 端。PC929 的最高供电电压为 35V，驱动电流输出峰值为 400mA，隔离电压为 4000V。

2. PC923 驱动

PC923 的外观结构与工作原理如图 2-39 所示。引脚 1、4 为空引脚（NC）；引脚 2、3 为脉冲输入端，其内部为一发光二极管，实际输入电路为一光耦，引脚 2 接+5V 受控电源，引脚 3 接由 CPU 传来的负向脉冲。在输出侧，引脚 8 为电源 V_{CC} 端，为内部放大器控制电路供电；引脚 5 为输出电路驱动的双三极管供电。在实际应用中，常将引脚 5、8 短接，有时也会在两引脚之间串入一个小阻值电阻，作为输出限流保护。引脚 6 为输出端，引脚 7 为 GND 端。

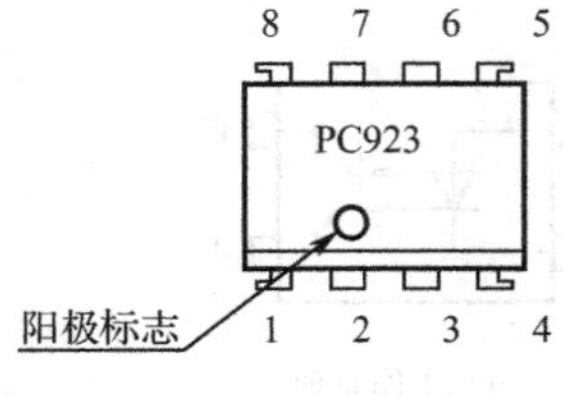

（a）外观结构

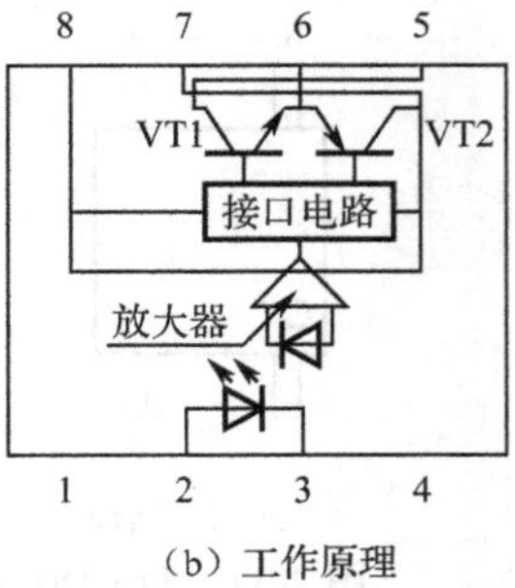

（b）工作原理

图 2-39　PC923 的外观结构与工作原理

因为 PC923 的驱动能力有限，所以对于大功率的变频器，必须要加后续功率放大器，以构成互补式电压跟随放大器，用放大了的逆变直流脉冲直接驱动 IGBT 模块。

思考与练习

2.1　简述通用变频器的电路结构。

2.2　画出串联式开关电源的工作原理图，并进行解释。

2.3　常见的低压整流部分是由________构成的________或由晶闸管构成的________。

2.4　脉冲变压器的二次绕组端接上________和________，就组成了直流电压输出电路。

2.5　在开关电源的自激振荡电路中，除了用到分立元器件，还会用到振荡芯片，常见的振荡芯片有________和________。

2.6　对调制度 m 如何定义？

2.7　判断下列说法的正误，正确的在后面的括号中画“√”，错误的画“×”。

（1）IGBT 具有饱和压降低、电压和电流容量小等优点。（　　）

（2）GTR 的缺点是驱动电流较大、耐浪涌电流能力差、易受二次击穿而损坏。（　　）

（3）整流电路采用 PWM 控制，可使电网侧的输入电流接近正弦波。（　　）

（4）逆变模块一般由 3 个 IGBT 和 3 个续流二极管组成。（　　）

（5）逆变器输出脉冲的幅值大于整流器的输出电压。（　　）

（6）驱动放大电路中最容易损坏的器件是晶体管。（　　）

（7）典型的变频器驱动电路包括隔离放大电路、驱动放大电路和驱动电源电路 3 部分。（　　）

2.8　典型的变压器式开关电源包括哪几部分？请画出其工作原理图。

第3章

变频调速系统的应用

导读

生产机械的种类繁多，性能和工艺要求各异，其转矩特性也不同，因此构建变频调速系统前首先要清楚电动机所带负载的性质，即负载特性，然后选择变频器和电动机。典型的负载有 3 种类型：恒转矩负载、平方降转矩负载和恒功率负载。针对不同的负载应选用不同类型的变频器。在变频调速系统中常采用一种闭环控制方式，即 PID 控制。在 PID 控制中，变频器通过改变输出频率，迅速准确地消除传动系统的偏差，由于在控制过程中的振荡和误差都比较小，故适用于对压力、温度、流量等的控制中。在高精度变频调速系统中，变频器通常会选择先进磁通矢量控制、通用磁通矢量控制、无速度传感器矢量控制等方式，此时需要建立电动机磁通模型。目前，新型通用变频器已经具备异步电动机参数自动调谐、自适应功能，带有这种功能的通用变频器在驱动异步电动机正常运转之前，可以自动地对异步电动机的参数进行调谐，然后存储在相应的参数组中，并根据调谐结果调整控制算法中的有关数值。

3.1 变频调速系统的基本特性

3.1.1 机械特性曲线

变频调速系统是由电动机带动机械负载以可以自由调节的速度进行旋转的运行系统。在该系统中，必须了解电动机的机械特性，同时也需要了解负载的机械特性，只有这样才能进行合理的变频调速配置，最终确保机械负载的正常工作。

如图 3-1 所示为电动机转速 n 与转矩 T 的关系曲线。其中，启动转矩为电动机在额定电压、额定频率作用下在启动瞬间所输出的转矩。启动时，若静态负载大于启动负载，则电动机无法运转。最大转矩为电动机在额定电压、额定频率作用下产生的最大输出转矩，若负载转矩大于最大转矩，则电动机将被堵转。额定转矩为电动机在额定电压、额定频率、额定转速下所输出的转矩。

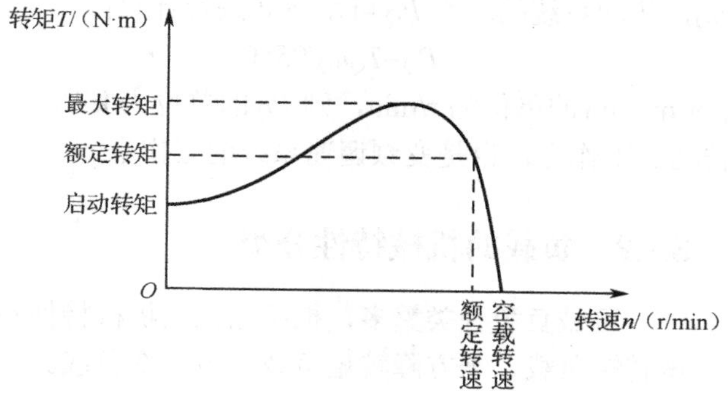

图 3-1　电动机转速 n 与转矩 T 的关系曲线

在变频调速系统中，共有两种机械特性，分别是电动机的机械特性和负载的机械特性。以异步电动机为例，电动机内产生的转矩是电流和磁场相互作用的结果，即电磁转矩。电磁转矩的大小与功率和转速的商成正比：

$$T_m=9550P/n \tag{3-1}$$

式中，T_m 为电磁转矩；P 为额定功率；n 为转速。

根据式（3-1），可以作出图 3-2 中的曲线 1。

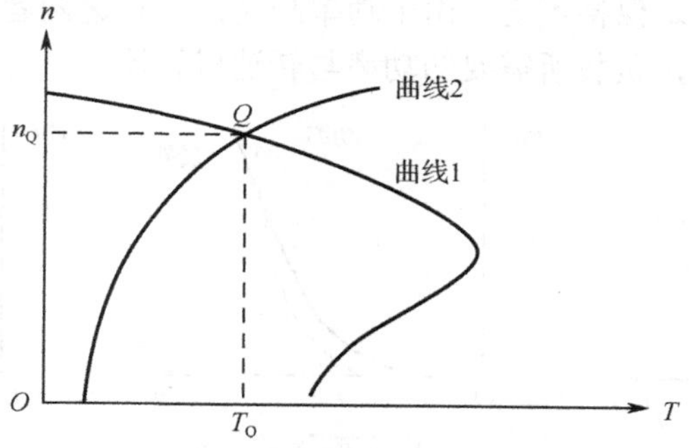

图 3-2　电动机传动系统的机械特性曲线

但是，作为传动机械设备的原动转矩应该是电动机轴上的输出转矩，即应是电磁转矩克服电动机内部的摩擦损耗和通风损耗后的结果。由于摩擦损耗和通风损耗都很小，为了简化分析过程，常粗略地把异步电动机机械特性中的转矩看作电动机轴上的输出转矩。

负载的机械特性用于描述机械负载的阻转矩和转速之间的关系。例如，鼓风机的阻转矩 T_L 与转速 n_L 的关系如下：

$$T_L=T_0+K_Tn_L^2 \tag{3-2}$$

式中，T_0 为损耗转矩，由传动机构及轴承等的摩擦损耗所致；K_T 为常数。

由式（3-2）得到的负载机械特性曲线如图 3-2 中的曲线 2 所示。为了简化分析过程，常粗略地将损耗转矩也计算在负载转矩中。

电动机传动系统的工作状态由电动机的机械特性和负载的机械特性共同决定，当动转矩（即电动机的转矩）与阻转矩（即负载的转矩）刚刚平衡时，电动机处于稳定运行状态。具体地说，当图 3-2 中的曲线 1 和曲线 2 处于交点 Q 时，电动机和负载的转矩处于平衡状态，这时的稳定运行速度为 n_Q，传动系统的功率 P_Q 可由下式进行计算：

$$P_Q=T_Q n_Q/9550 \tag{3-3}$$

式中，若 T_Q 的单位为 N·m，n_Q 的单位为 r/min，则 P_Q 的单位为 kW。

Q 点称为电动机传动的工作点，也是变频调速系统的工作点。

3.1.2 负载的机械特性分类

机械负载种类繁多，按照它们的机械特性不同可大致分为 3 类：恒转矩负载、平方降转矩负载和恒功率负载。

1. 恒转矩负载

对于传送带、搅拌机（图 3-3）、挤出机等摩擦负载，以及行车、升降机等势能负载，无论其速度变化与否，负载所需要的转矩基本上是一个恒定的数值，此类负载称为恒转矩负载，其机械特性曲线如图 3-4（a）所示。

例如，行车或吊机所吊起的重物，其在地球引力的作用下产生的重力是恒定不变的，所以无论升降速度大小，吊起重物所需要的转矩基本保持不变。由于功率与转矩、转速两者之积成正比，当转矩不变时，负载所需要的功率与转速成正比。

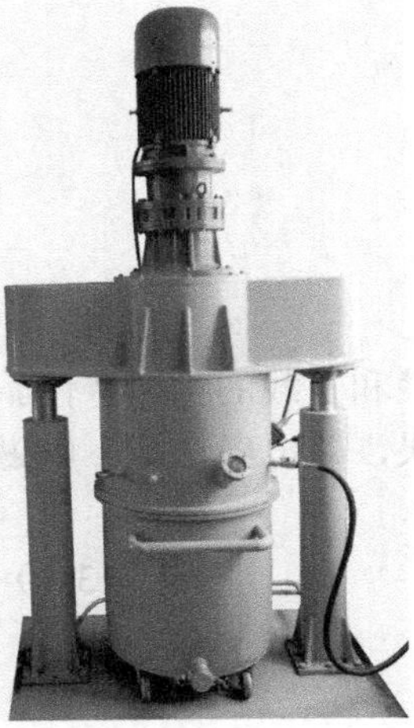

图 3-3 搅拌机

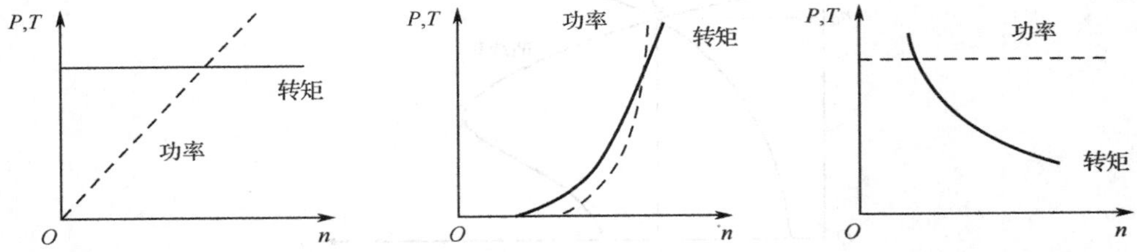

（a）恒转矩负载　（b）平方降转矩负载　（c）恒功率负载

图 3-4 不同类型负载的机械特性曲线

2. 平方降转矩负载

离心风机和离心泵（图 3-5）等流体机械，在低速时由于流体的流速低，所以负载只需很小的转矩就能运行。随着电动机转速的增加，气体或液体的流速加快，所需要的转矩大致与转速的平方成比例增加，这样的负载称为平方降转矩负载，其机械特性曲线如图 3-4（b）所示。

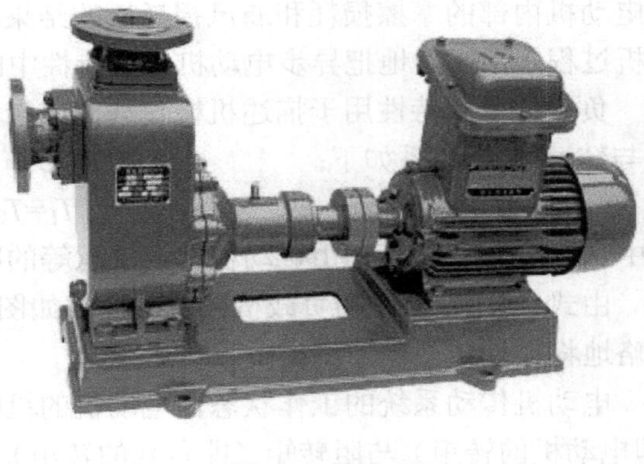

图 3-5 离心泵

由于这类负载所消耗的能量正比于转速的三次方，所以通过变频器控制流体机械的转速，与以往那种单纯依靠风门挡板或截流阀来调节流量的定速风机或定速泵相比，可以大大节省浪费在挡板、管壁上的能量，从而起到节能的作用。

3. 恒功率负载

机床（图 3-6）的主轴驱动、造纸机的中心卷取部分、卷扬机等负载的输出功率为恒值，与转速无关，这样的负载称为恒功率负载，其机械特性曲线如图 3-4（c）所示。

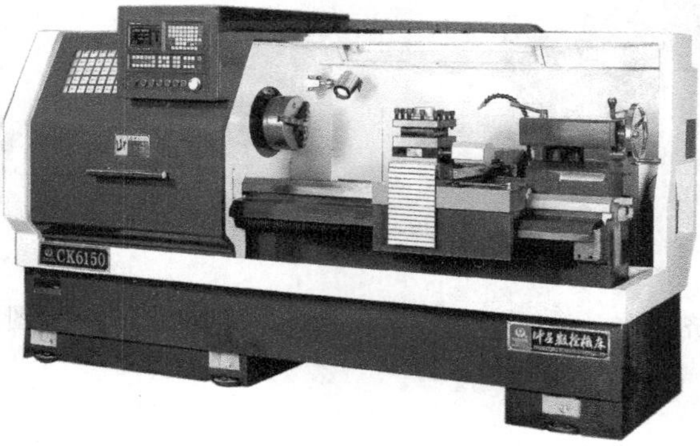

图 3-6 机床

3.1.3 负载的运行工艺分类

不同的工艺要求对机械设备提出了不同的工作状态和控制模式要求，归纳起来主要有以下几种。

1. 连续恒定负载

连续恒定负载是指负载在足够长的时间里连续运行，并且在运行期间转矩基本不变。“足够长的时间”是指在这段时间内电动机的温升足以达到稳定值。典型的例子就是恒速运行的风机。

2. 连续变动负载

连续变动负载是指负载在足够长的时间里连续运行，但在运行期间转矩是经常变动的。车床在车削工件时的工况及塑料挤出机（图 3-7）的主传动就是这类负载的典型代表。这类负载除了要满足温升方面的要求，还必须注意负载对过载能力的要求。

3. 断续负载

断续负载是指负载时而运行，时而停止。在运行期间，温升不足以达到稳定值；在停止期间，温升也不足以降至零。起重设备（图 3-8）、电梯等都属于这类负载。这类负载常允许电动机短时间过载，因此，在满足温升方面要求的同时，还必须有足够的过载能力。有时，过载能力可能是更主要的方面。

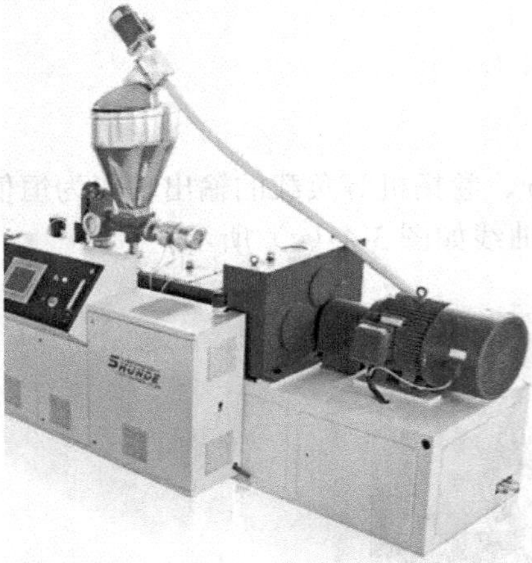

图 3-7　塑料挤出机

图 3-8　起重设备

4. 短时负载

短时负载是指负载每次运行的时间很短，在运行期间温升达不到稳定值；而每两次运行之间的间隔时间很长，足以使电动机的温升下降至零。水闸门的传动系统就属于这类负载。对于这类负载，电动机只要有足够的过载能力即可。

5. 冲击负载

加有冲击的负载称为冲击负载，以轧钢机的钢锭压入瞬间产生的冲击负载、冲压机冲压瞬间产生的冲击负载等最具代表性。对于这类机械，冲击负载的产生事先可以预测，容易处理。

然而，也有一些不可预测的冲击负载，如处理含有粉尘、粉体空气的风机，当管道中长期堆积的粉体硬块落入叶片上时，就是一种不可预测的冲击负载。

冲击负载会引起两个问题：①过电流跳闸；②速度的过渡变动。

对于冲击负载，国内通常使用 YH 系列高转差率三相异步电动机，它是 Y 系列电动机的派生系列，具有堵转转矩大、堵转电流小、转差率高和机械特性软等特点，尤其适用于不均匀冲击负载以及正、反转次数较多的工作场合，如锤击机、剪刀机、冲压机（图 3-9）和锻冶机等机械设备。

6. 脉动转矩负载

在往复式压缩机中利用曲轴将电动机的旋转运动转换为往返运动，转矩随着曲轴的角度变化而变化。在这种情况下，电动机的电流随着负载的变化而产生大的脉动。如图 3-10 所示，这类负载是一种周期性的曲轴类负载，它必须考虑到飞轮惯量，因为一旦采用加大飞轮的方法来平滑脉动转矩，加减速时间就会随之增加，否则减速时的回馈能量就会变大。

图 3-9 冲压机

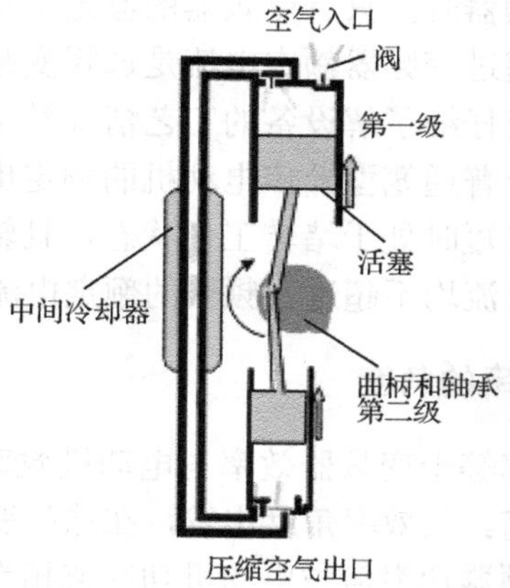

图 3-10 往复式压缩机工作示意图

7. 负负载

当负载要求电动机产生的转矩与电动机的转动方向相反时，此类负载就是负负载。负负载的类型通常有以下两种。

（1）由于速度控制需要而在四象限运行的机械设备。当起重机下放重物运转时，电动机向着被负载牵引的方向旋转，此时电动机产生的转矩是阻碍重物下放的，即与旋转方向相反。这类负载包括行车、吊机、电梯等升降机械和倾斜下坡的传送带输送机。

（2）由于转矩控制需要而在四象限运行的机械设备。在卷取片材状物料进行加工作业时，为了给加工物施加张力而设置的卷送转送装置就是负负载。这类负载包括造纸用的放卷和收卷设备、钢铁用的夹送辊、纺织用的卷染机等。

8. 大启动转矩负载

有些负载如搅拌机、挤出机、金属加工机床等，在启动初期必须克服很大的摩擦力才能启动，因此这类负载在很多情况下都被当作大启动转矩负载使用。

9. 大惯性负载

大惯性负载是指以离心分离机为代表的负载，其惯性大，不仅启动费力，而且停车费时。

3.1.4 变频器的容量选择

变频器的容量直接关系到变频调速系统的运行可靠性。在选择变频器的容量时存在很多误区，本节给出 3 种基本的容量选择方法，它们之间互为补充。

1. 从电流的角度

大多数变频器的容量可以从 3 个角度表述：额定电流、可配用电动机功率和额定容量。对于后两项，变频器生产厂家通常会根据所在国家或所在公司生产的标准电动机给出，但很难确切地表达变频器的负载能力。

选择变频器时，只有变频器的额定电流是一个反映半导体变频装置负载能力的关键量。负载电流不超过变频器额定电流是选择变频器容量的基本原则。需要着重指出的是，确定变频器容量前应仔细了解设备的工艺情况及电动机参数。例如，潜水电泵、绕线型电动机的额定电流要大于普通笼型异步电动机的额定电流，冶金工业常用的辊道用电动机不仅额定电流大，而且允许短时处于堵转工作状态，且辊道传动大多是多电动机传动，应保证在无故障状态下负载总电流均不超过变频器的额定电流。

2. 从效率的角度

系统效率等于变频器效率与电动机效率的乘积，只有两者都处在较高的效率下工作，系统效率才较高。从效率角度出发，在选择变频器容量时，要注意以下几点。

（1）变频器功率值与电动机功率值相当时最合适，有利于变频器在高的效率值下运行。

（2）当变频器的功率分级与电动机的功率分级不相同时，变频器的功率要尽可能地接近电动机的功率，但应略大于电动机的功率。

（3）当电动机处于频繁启动、制动工作或处于重载启动工作时，可选取大一级的变频器，以利于变频器长期安全地运行。

（4）经测试，电动机实际功率确实有富余，可以考虑选用功率小于电动机功率的变频器，但要注意瞬时峰值电流是否会造成过电流保护动作。

（5）当变频器与电动机功率不相同时，必须调整节能程序的设置，使其达到较高的节能效果。

变频器负载率β与效率η的关系曲线如图 3-11 所示。

可见：当β=50%时，η=94%；当β=100%时，η=96%。虽然β增大一倍，η仅变化 2%，但对于中大功率的电动机而言也是可观的。

3. 从计算功率的角度

连续运转的变频器必须同时满足以下 3 个计算公式：

（1）满足负载输出：

$$P_{CN} \geqslant P_M / \eta \tag{3-4}$$

（2）满足变频器容量：

$$P_{CN} \geqslant 1.732 k U_e I_e \times 10^{-3} \tag{3-5}$$

（3）满足电动机电流：

$$I_{CN} \geqslant k I_e \tag{3-6}$$

式中，P_{CN} 为变频器容量（kV·A）；P_M 为负载要求的电动机轴输出功率（kW）；U_e 为电动机额定电压（V）；I_e 为电动机额定电流（A）；η为电动机效率（通常约为 0.85）；k 为电流波形补偿系数（由于变频器的输出波形并不是完全的正弦波，而是含有高次谐波的成分，故其电流应有所增加，通常 k 为 1.05～1.1）。

如图 3-12 所示为一台变频器驱动 n 台电动机，这时可以采用式（3-6）来计算变频器的容量，并选取 k 为 1.1 左右。

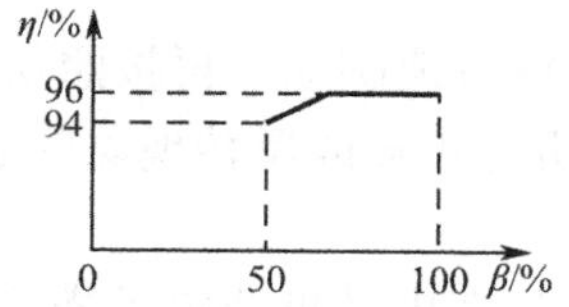

图 3-11 负载率与效率的关系曲线

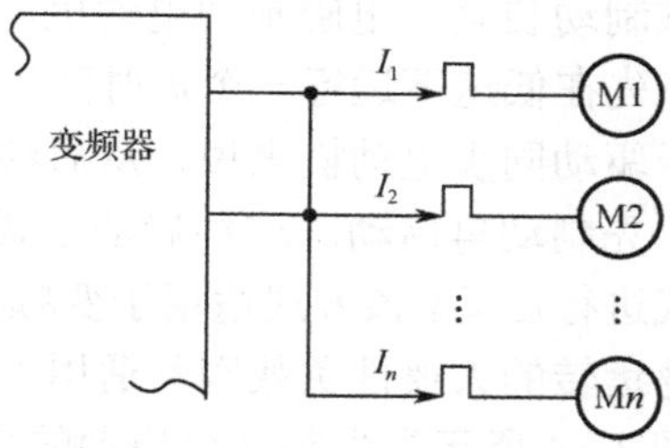

图 3-12 一台变频器驱动 *n* 台电动机

3.2 变频器的启动制动方式与适应负载能力

3.2.1 变频器的启动制动方式

变频器的启动制动方式是指变频器从停机状态到运行状态的启动方式、从运行状态到停机状态的停机方式，以及从某一运行频率到另一运行频率的加速或减速方式。

1. 启动运行方式

变频器在启动运行时通常有以下几种方式。

（1）从启动频率启动。变频器接到运行指令后，按照预先设定的启动频率和启动频率保持时间启动。该方式适用于一般的负载。

启动频率是指变频器启动时的初始频率，如图 3-13 所示的 f_s，它不受变频器下限频率的限制；启动频率保持时间是指变频器在启动过程中，在启动频率下保持运行的时间，如图 3-13 中的 t_1。

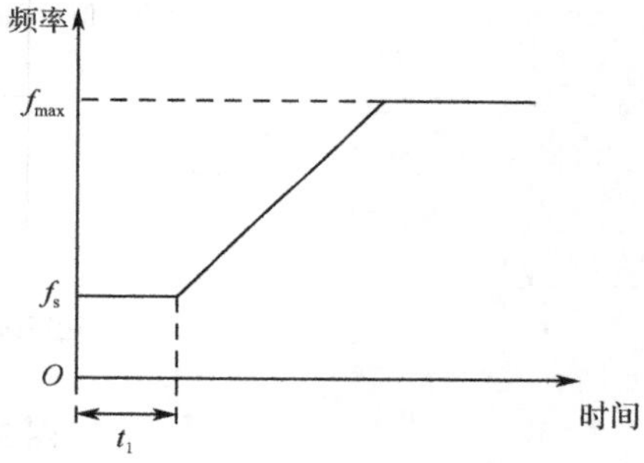

图 3-13 启动频率与启动时间示意图

电动机开始启动时，并不从 0Hz 开始加速，而是直接从某一频率开始加速。在开始加速的瞬间，变频器的输出频率便是上文所说的启动频率。部分生产设备需要设置启动频率。例如，有些负载在静止状态下的静摩擦力较大，难以从 0Hz 开始启动，设置了启动频率后，可以在启动瞬间有一点冲力，使传动系统容易启动。在有若干台水泵同时供水的系统中，由于管中已经存在一定的水压，后启动的水泵在频率很低的情况下将难以旋转起来，故需要电动机在一定的频率下直接启动。锥形电动机如果从 0Hz 开始逐渐升速，将导致定子和转子之间出现摩擦，而设置启动频率后，可以在启动时很快建立起足够的磁通，使转子和定子之间保持一定的气隙。

启动频率保持时间的设置对于下面几种情况比较适合：①对于惯性较大的负载，启动后先在较低的频率下持续一个短时间 t_1，然后加速运行到稳定频率；②齿轮箱的齿轮之间总是有间隙存在，启动时容易在齿轮之间发生撞击，如在较低的频率下持续一个短时间 t_1，则可以减缓齿轮之间的碰撞；③起重机械在起吊重物前，吊钩的钢丝绳通常处于松弛状态，启动频率保持一个短时间 t_1，可以使钢丝绳先拉紧后再上升；④有些机械在环境温度较低的情况下润滑油容易凝固，故要求先在低速下运行一个短时间 t_1，使润滑油稀释后再加速；⑤对于附有机械制动装置的电磁制动电动机，在磁抱闸松开过程中，为了减小闸皮和闸辊之间的摩擦，要求先在低速下运行一个短时间 t_1，待磁抱闸完全松开后再升速。

对于驱动同步电动机来说，从启动频率启动尤其适用。

（2）先制动再启动。这种启动方式是指先对电动机实施直流制动，再按照从启动频率启动的方式进行启动。该方式适用于变频器停机状态时电动机有正转或反转现象的小惯性负载，对于高速运转的大惯性负载则不适用。

如图 3-14 所示为先制动再启动的功能示意图，启动前先在电动机的定子绕组内通入直流电流，以保证电动机在零速状态下开始启动。如果电动机在启动前传动系统的转速不为零，而变频器的输出是从 0Hz 开始上升的，则在启动瞬间将引起电动机的过电流故障。

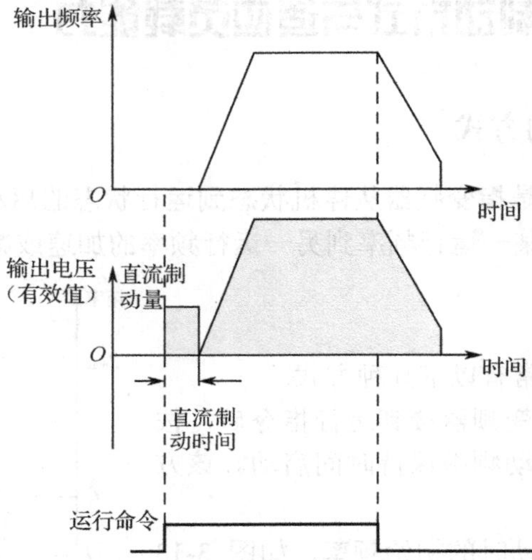

图 3-14　先制动再启动功能示意图

先制动再启动方式包含两个参数：直流制动量和直流制动时间，前者表示应向定子绕组施加多大的直流电压，后者表示进行直流制动的时间。

（3）转速跟踪再启动。在这种方式下，变频器能自动跟踪电动机的转速和方向，对旋转中的电动机实施平滑无冲击启动，因此，变频器的启动有一个相对缓慢的时间用于检测电动机的转速和方向。如图 3-15 所示为转速跟踪再启动的功能示意图。该方式适用于变频器停机状态时电动机有正转或反转现象的大惯性负载瞬时停电再启动情况。

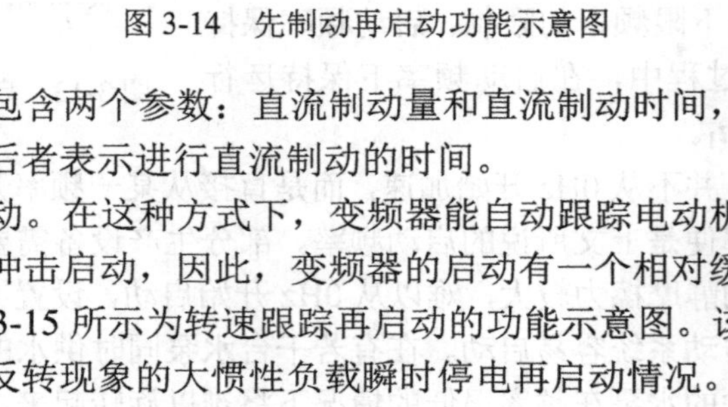

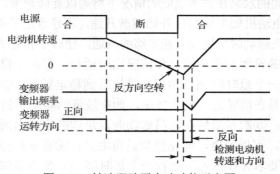

图 3-15　转速跟踪再启动功能示意图

2. 加减速方式

变频器从一个速度过渡到另一个速度的过程称为加减速。如果速度上升，则称为加速；如果速度下降，则称为减速。加减速方式主要有以下几种。

（1）直线加减速。变频器的输出频率按照恒定斜率递增或递减，大多数负载可以选用直线加减速方式。如图 3-16（a）所示，加速时间为 t_1，减速时间为 t_2。

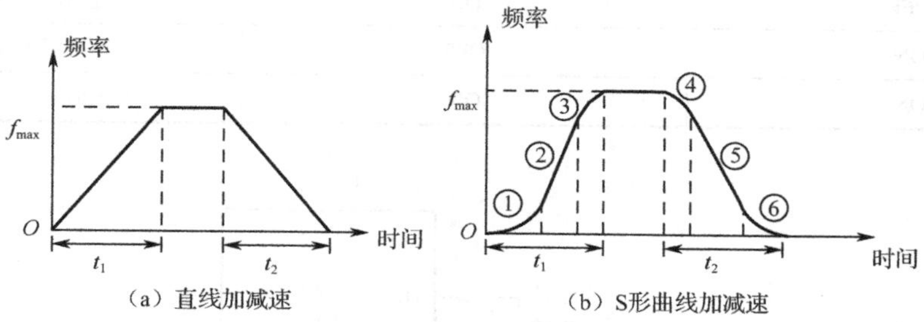

图 3-16　加减速方式

一般定义加速时间为变频器从零频加速到最大输出频率所需的时间，而减速时间则与之相反，为变频器从最大输出频率减至零频所需的时间。

注意：①在有些变频器的相关定义中，加减速时间不以最大输出频率 f_{max} 为基准，而是选取固定的频率（如 50Hz）；②加减速时间的单位可以根据不同的变频器型号选择 s 或 min；③一般大功率的变频器其加减速时间相对较长；④加减速时间必须根据负载要求适时调整，否则容易引起加速过电流和过电压、减速过电流和过电压故障。

（2）S 形曲线加减速。变频器的输出频率按照 S 形曲线递增或递减，如图 3-16（b）所示。将 S 形曲线加速过程划分为 3 个阶段的时间，S 形曲线加速起始段时间如图 3-16（b）中①所示，这里输出频率变化的斜率从零逐渐递增；S 形曲线加速上升段时间如图 3-16（b）中②所示，这里输出频率变化的斜率恒定；S 形曲线加速结束段时间如图 3-16（b）中③所示，这里输出频率变化的斜率逐渐递减到零。将每个阶段的时间按百分比分配，就可以得到一条完整的 S 形加速曲线。因此，只需要知道 3 个时间段中的任意 2 个，就可以得到完整的曲线。S 形曲线减速过程与加速过程正好相反。

S 形曲线加减速方式适用于输送易碎物品的传送机、电梯、搬运传递负载的传送带，以及其他需要平稳改变速度的场合。例如，电梯在开始启动及转入等速运行过程中，从考虑乘客舒适度的角度出发，应减缓速度的变化，故以采用 S 形曲线加速方式为宜。

（3）半 S 形加减速方式。它是 S 形曲线加减速的衍生方式。以 S 形曲线加速为例，在加速的起始段或结束段按线性方式加速；而在结束段或起始段按 S 形方式加速。因此，半 S 形加速方式要么只有①，要么只有③，其余均为线性，前者主要用于惯性较大的负载，后者主要用于如风机等具有较大惯性的二次方律负载。

（4）其他加减速方式。其他加减速方式包括倒 L 形加减速方式、U 形加减速方式等。

3. 加减速时间的切换

通过多功能输入端子的组合来实现不同加减速时间的选择（共计 4 种）。将多功能输入端子 DI3、DI4 定义为加减速时间端子 1、加减速时间端子 2，按照表 3-1 中的逻辑组合实现 4 种不同加减速时间的切换。加减速时间切换的外部接线图如图 3-17 所示。

表 3-1 加减速时间的切换

多功能输入端子 DI4	多功能输入端子 DI3	运转指令方式
OFF	OFF	加速时间 1/减速时间 1
OFF	ON	加速时间 2/减速时间 2
ON	OFF	加速时间 3/减速时间 3
ON	ON	加速时间 4/减速时间 4

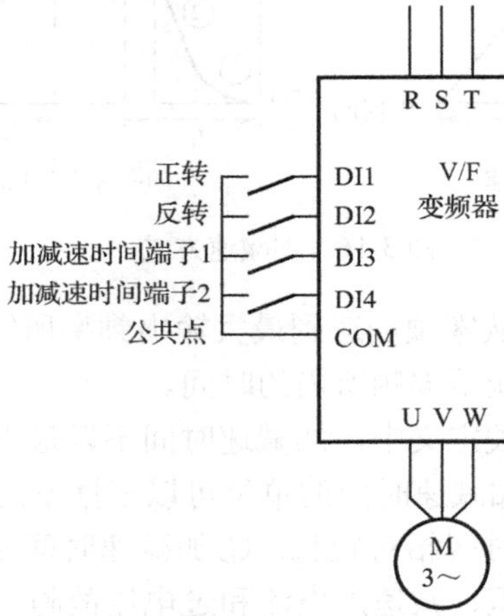

图 3-17 加减速时间切换的外部接线图

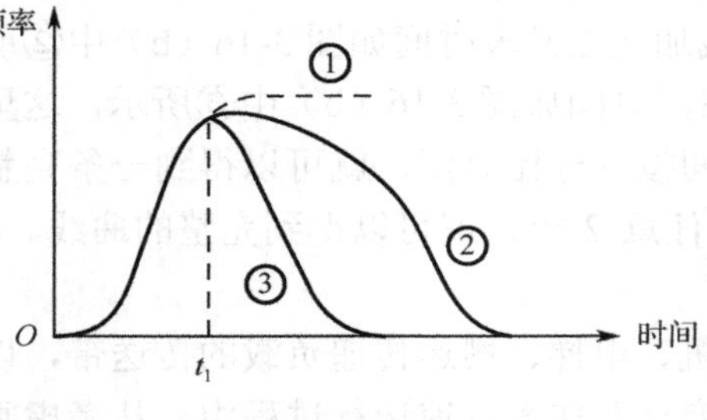

图 3-18 加减速的衔接功能

4. 加减速的衔接功能

在生产实践中，有时会遇到这样的情况：在传动系统加速的过程中，又得到减速或停机的指令，这时就出现了加速过程和减速过程的衔接问题。变频器对于在加速过程尚未结束的情况下得到停机指令时减速方式的处理如图 3-18 所示。

在图 3-18 所示的加减速曲线中，曲线①是在运行指令时间较长情况下的 S 形加速曲线；曲线②和曲线③是在加速过程尚未完成而运行指令已经结束时的减速曲线。用户可以根据生产机械的具体情况进行选择。

5. 加减速时间的最小极限功能

某些生产机械出于特殊的需要要求加减速时间越短越好，对此，有的变频器设置了加减速时间的最小极限功能。其基本含义如下所述。

（1）最快加速方式。在加速过程中，使加速电流保持在变频器允许的极限状态（I_A 不大于 150%I_N，I_A 是加速电流，I_N 是变频器的额定电流）下，从而使加速过程最小化。

（2）最快减速方式。在减速过程中，使直流回路的电压保持在变频器允许的极限状态（U_D不大于 95%U_{DH}，U_D是减速过程中的直流电压，U_{DH}是直流电压的上限值）下，从而使减速过程最小化。

（3）最优加速方式。在加速过程中，使加速电流保持在变频器额定电流的 120%（I_A不大于 120%I_N），使加速过程最优化。

（4）最优减速方式。在减速过程中，使直流回路的电压保持在上限值的 93%（U_D不大于 93%U_{DH}），使减速过程最优化。

其中，（3）和（4）统称为自动加减速方式，它能根据负载状况保持变频器的输出电流在自动限流水平之下或输出电压在自动限压水平之下，平稳地完成加减速过程。

6. 停机方式

变频器接收到停机命令后从运行状态转入停机状态，通常有以下几种方式。

（1）减速停机。变频器接到停机命令后，按照减速时间逐步减小输出频率，频率降为零后停机。该方式适用于大部分负载。

（2）自由停机。变频器接到停机命令后，立即中止输出，负载按照机械惯性自由停止。变频器通过停止输出来停机，这时电动机的电源被切断，传动系统处于自由制动状态。由于在这种停机方式下停机时间的长短由传动系统的惯性决定，故也称为惯性停机。

（3）带时间限制的自由停机。变频器接到停机命令后，切断变频器输出，负载自由滑行停止。这时，在运行待机时间 T 内，可忽略运行指令。运行待机时间 T 由停机指令输入时的输出频率和减速时间决定。

（4）减速停机加上直流制动。变频器接到停机命令后，按照减速时间逐步降低输出频率，当频率降至停机制动起始频率时，开始直流制动至完全停机，如图 3-19 所示。

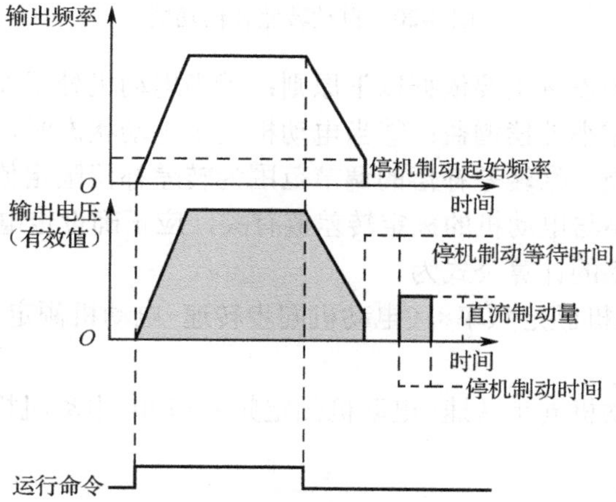

图 3-19 减速停机加上直流制动

直流制动是指在电动机定子中通入直流电流，以产生制动转矩。因为电动机停车后会产生一定的堵转转矩，所以直流制动可在一定程度上代替机械制动。但由于设备及电动机自身的机械能只能消耗在电动机内，同时直流电流也通入电动机定子中，所以使用直流制动时，电动机的温度会迅速升高，因而要避免长期、频繁地使用直流制动。直流制动是不控制电动机速度的，所以停机时间不受控，停机时间根据负载、转动惯量等的不同而不同。直流制动的制动转矩是很难实际计算出来的。使用同步电动机时，不能使用直流制动。

3.2.2 变频器的适应负载能力

变频器驱动负载的效果必须符合用户的要求和环境的需要，由于负载的多样性和环境的千变万化，变频器必须设置相应的参数来保证其能适应这些负载的要求。例如，要求风机水泵类负载能够长期自动节能运行；要求电动机静音运行以满足楼宇控制的需要；要求消除电动机或者机械设备之间的共振现象等。

1. 自动转差补偿功能

电动机负载转矩的变化将影响电动机的运行转差，导致电动机发生速度变化。通过转差补偿，根据电动机负载转矩自动调整变频器的输出频率，可减小电动机随负载变化而引起的转速变化，如图 3-20 所示。

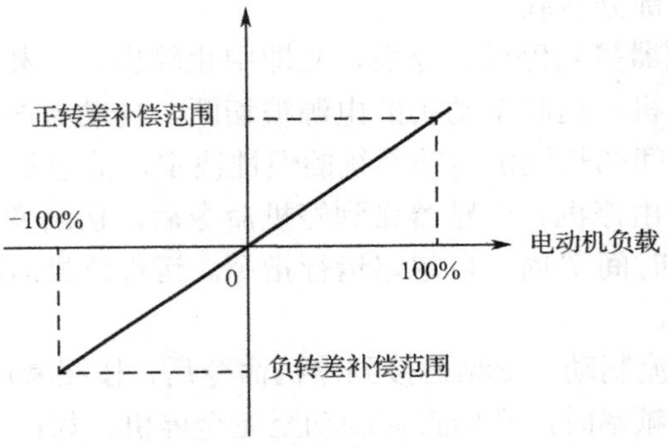

图 3-20 自动转差补偿功能

转差补偿功能参数的设置主要依据以下原则：①当电动机处于发电状态时，即实际转速高于给定转速时，逐步减小补偿增益；②当电动机处于电动状态时，即实际转速低于给定转速时，逐步提高补偿增益；③转差补偿的调节范围为转差补偿限定值与额定转差值的乘积；④自动转差补偿量的大小与电动机的额定转差值有关，应正确设定电动机的额定转差值。

电动机额定转差频率的计算公式为

额定转差频率=电动机额定频率×（电动机同步转速−电动机额定转速）÷电动机同步转速

式中，

电动机同步转速=电动机额定频率×120÷电动机极数

2. 载波频率的调整

变频器采用 PWM 控制方式，对于输出的电压脉冲波，其脉冲的上升沿和下降沿都是由正弦波和三角波的交点所决定的。在这里，正弦波称为调制波，三角波称为载波，三角波的频率就是载波频率。

在 PWM 电压脉冲波序列的作用下，电流波形是脉动的，脉动频率与载波频率一致，脉动电流将在电动机铁芯的硅钢片之间产生电磁力并引起振动，进而产生电磁噪声。当改变载波频率时，电磁噪声的音调也将发生变化，所以，将变频器调节载波频率的功能称为音调调节功能。

载波频率越高，线路之间以及线路与地之间分布电容的容抗就越小，由高频脉冲电压引起的漏电流就越大。

载波频率对其他设备的干扰主要是由高频电压和高频电流引起的。载波频率越高，则高频电压通过静电感应对其他设备产生的干扰就越严重；高频电流产生的高频磁场将通过电磁感应对其他设备的控制电路产生干扰；高频电磁场具有强大的辐射能量，极易使通信设备等产生扰动信号。

综上，可以总结出表 3-2 所示的载波频率特性。

表 3-2 载波频率特性

载波频率	降低	升高
电动机噪声	↑	↓
漏电流	↓	↑
干扰	↓	↑

在上述 3 个因素中，电动机噪声是最直接、最明显的，尤其是在楼宇控制中，为此有些变频器提供了“柔声载波频率”功能，即在变频器运行过程中，能自动地变换载波频率，使电磁噪声变成具有一定音调的较为柔和的声音；有些变频器提供了“电动机音调调节”功能，同样可以改变电动机运行时的音调。

如果在上述因素不对变频器造成任何影响的情况下，用户可以选择载波频率自动调整功能，此时变频器能够根据机内温度等自动调整载波频率，并在变频器实际最高工作载波频率（用户可以自行设定）内选择一个最优值。

3. 下垂控制

下垂控制是一种负转差补偿方式，专用于多台变频器驱动同一负载的场合，以使多台变频器达到负荷的均匀分配。当多台变频器驱动同一负载时，会因速度不同而造成负荷分配不均衡，使速度较快的变频器承受较重的负荷。有了下垂控制后，随着负荷的增加可以使电动机的转速下垂变化，最终实现负荷均匀分配。如图 3-21 所示是下垂控制动作后转矩与转速的关系。

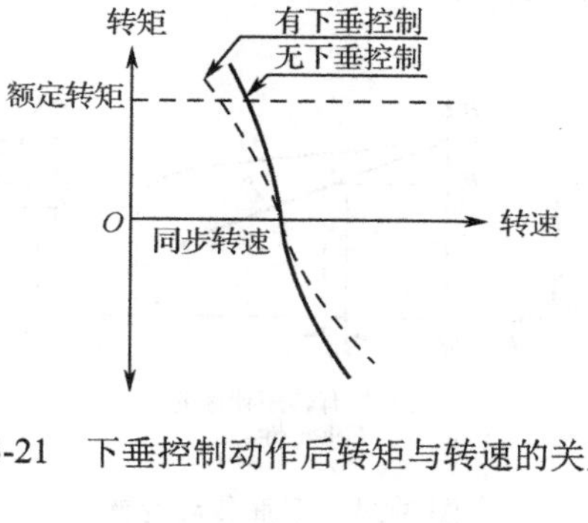

图 3-21 下垂控制动作后转矩与转速的关系

例如，桥式起重机的“大车”通常在两侧各设一台容量相同的电动机，两台电动机同时进行传动。在这种情况下，不仅要求两台电动机的转速同步，而且要求它们的负荷分配尽量均衡。解决这一问题的常用方法就是使电动机具有下垂特性。

假设电动机 M1 的转速偏高，为 n_1，而电动机 M2 的转速偏低，为 n_2，比较图 3-22（a）和图 3-22（b）可以看出：具有下垂特性时，两台电动机所承担负荷（T_1 和 T_2）之间的差异较小，易于自动协调两台电动机的转速和负荷分配。M1 的电磁转矩 T_1 较小，下垂特性可使其转速较快下降；M2 的电磁转矩 T_2 较大，下垂特性可使其转速较快上升。可见，下垂特性能够较容易地使两台电动机的转速趋于同步、负荷分配趋于均衡。

如图 3-23 所示为一条由 5 台变频器驱动 5 台电动机的传送带，当某台变频器的负荷较重时，该变频器就根据下垂控制功能设定的参数自动降低输出频率，以卸掉部分负荷。

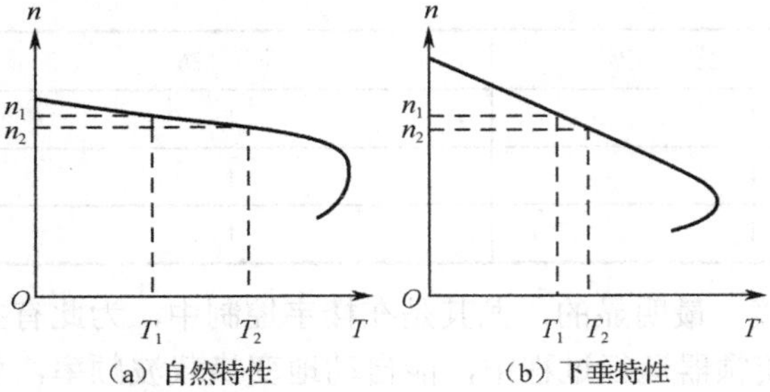

图 3-22　起重机的下垂控制

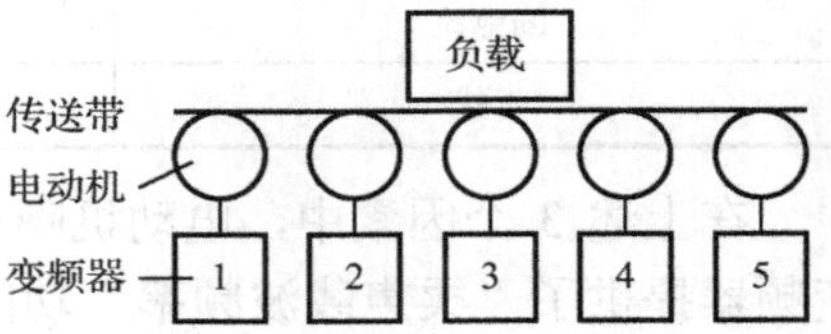

图 3-23　传送带下垂控制应用

对于下垂控制而言，用户必须设置以下参数。

（1）下垂频率变化率。不同机械对于下垂特性的“下垂度”的要求往往不同，为了满足用户的要求，变频器可以通过设置“下垂频率变化率”得到所要求的下垂特性曲线。

在实际调试中，可以观察由小到大逐渐调整下垂频率变化率时变频器转矩与转速的关系，直到达到负荷平衡为止。

（2）下垂死区。两台电动机在自动调整过程中可能出现转速上下波动的振荡现象，如图 3-24（a）所示，当使用下垂特性时，转速会在 n_1 和 n_2 之间上下波动。为了防止出现这种现象，有的变频器还具有设置“下垂死区”的功能。也就是说，允许两台电动机在一个小范围内有所差异。根据负载性质的不同，变频器可以预置两种死区：①转矩死区，即允许两台电动机在相同的转速下负荷的分配不完全均衡，可以存在较小的转矩差（ΔT），如图 3-24（b）所示。②转速死区，即允许两台电动机在转矩相同的情况下它们的转速不完全一致，可以存在转速差（Δn），如图 3-24（c）所示。

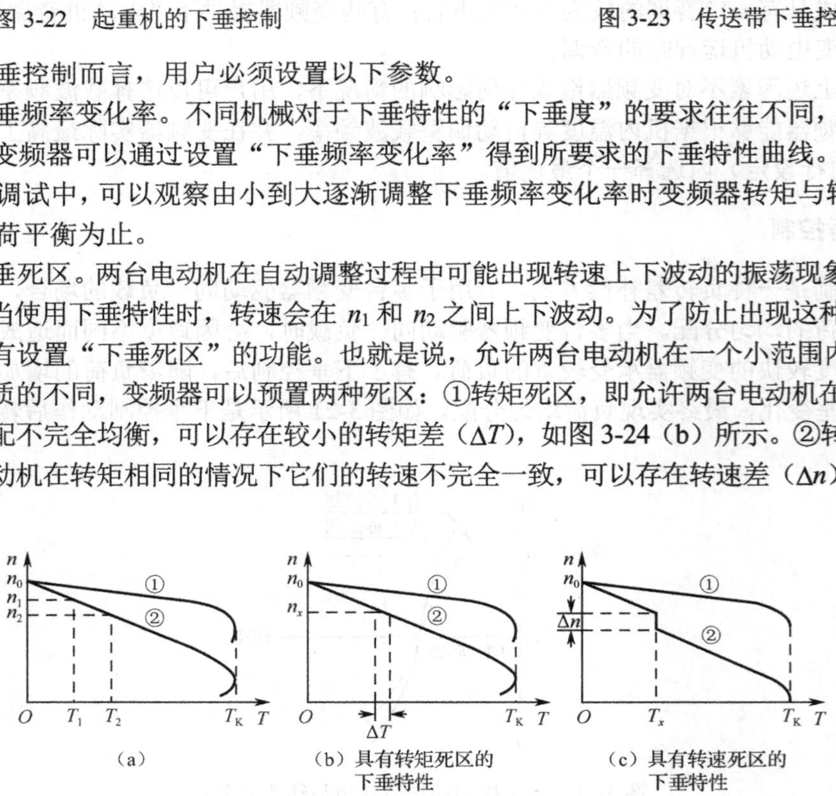

图 3-24　下垂参数设置

4. 共振预防

任何设备在运行过程中都或多或少地会产生振动，变频器也不例外。

为了预防共振，变频器设置有跳跃频率，其目的是使电动机传动系统避开可能引起共振的转速，或者说使变频器的输出频率跳过该频率区域。变频器的设定频率按照图 3-25 中的方式可以在某些频率点做跳跃运行，一般可以定义 3 个跳跃频率及对应的跳跃范围，如跳跃频率 f_1、f_2、f_3 及跳跃范围 1、跳跃范围 2、跳跃范围 3。

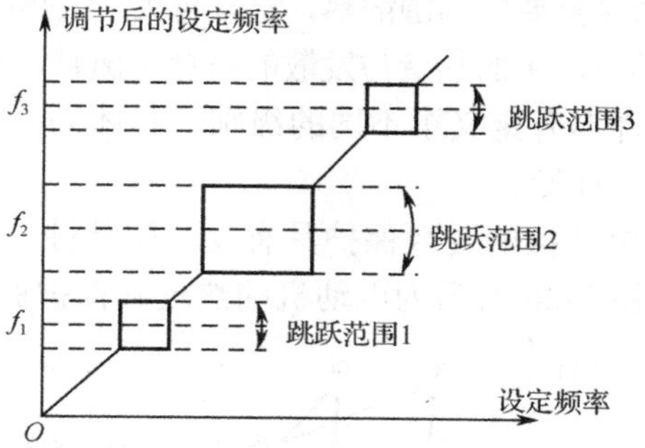

图 3-25　跳跃频率

对于共振预防必须给予足够的重视，尤其是在改造设备的过程中，在某些频率点很可能会出现共振，其原因是设备原来只在 50Hz 工频下运行，使用变频调速后，其频率在 0～50Hz 之间无级变化，因此在某些频率点上会出现共振。

另外，对于变频器带变压器负载的情况，也可能造成共振，此时变频器会发出异常声响，在这种情况下，变频器需要调节的参数是载波频率，而不是跳跃频率。

5. 过电压失速保护功能和自动限流功能

（1）过电压失速保护功能。变频器在减速运行过程中，由于负载惯性的影响，可能会出现电动机转速的实际下降率低于输出频率的下降率，此时电动机会回馈电能给变频器，造成变频器直流母线电压升高。如果不采取措施，则会出现过电压跳闸。

过电压失速保护功能在变频器减速运行的过程中检测母线电压，并与失速过电压点进行比较，如果超过失速过电压点，则变频器输出频率停止下降，直到检测到母线电压低于失速过电压点时，才继续实施减速运行。

（2）自动限流功能。自动限流功能是通过对负载电流的实时控制，自动限定其不超过设定的自动限流水平，以防止电流过冲而引起故障跳闸的。对于一些惯量较大或变化剧烈的负载，该功能尤其适用。

自动限流功能需定义的参数包括自动限流水平和限流时频率下降率。自动限流水平定义了自动限流动作的电流阈值，其设定范围是相对于变频器额定电流的百分比。限流时频率下降率定义了自动限流动作时对输出频率进行调整的速率。自动限流时，若频率下降率的数值设置过小，则不易摆脱自动限流状态而可能导致最终过载故障；若频率下降率的数值设置过大，则频率调整程度加剧，变频器长时间处于发电状态而可能导致过电压保护。

在自动限流动作时，输出频率可能会有所变化，所以对于恒速运行时输出频率较稳定的场合，不宜使用自动限流功能。

6. 电动机热过载

电动机热过载的基本特征是实际温升超过额定温升。因此，对电动机进行过载保护的目的就是确保电动机能够正常运行，不因过热而烧毁。

电动机在运行时其损耗功率必然要转换成热能，使电动机的温度升高。电动机的发热过程属于热平衡的过渡过程，其基本规律类似于常见的指数曲线上升（或下降）规律。其物理意义在于：由于电动机在温度升高的同时必然要向周围散热，温升越大，散热越快，故温升不能按线性规律上升，而是越升越慢。当电动机产生的热量与发散的热量平衡时，此时的温升为额定温升。

异步电动机按照最高允许温升定义了不同的级别，具体为：A 级 105℃、E 级 120℃、B 级 130℃、F 级 155℃、H 级 180℃。

（1）热过载保护曲线。电动机的过载保护具有反时限特性，即电动机的运行电流越大，保护动作的时间就越短。如图 3-26 所示为电动机的热过载保护曲线。

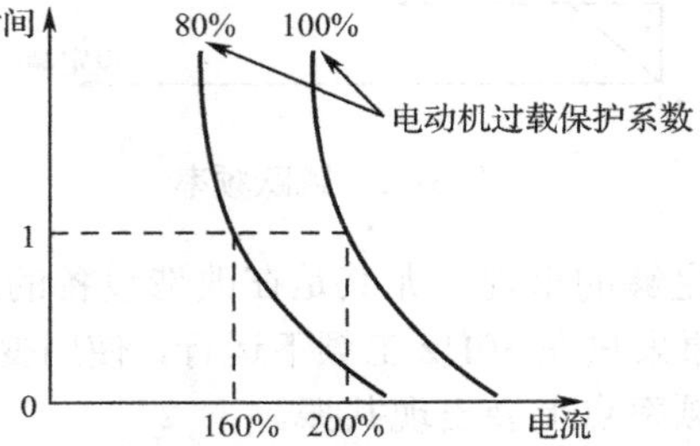

图 3-26 电动机的热过载保护曲线

电动机过载保护系数可由下面的公式确定：

电动机过载保护系数=允许最大负载电流÷变频器的额定输出电流×100% (3-7)

在一般情况下，定义允许最大负载电流为负载电动机的额定电流。

注意：对于一台变频器传动多台电动机的情况，该功能不一定有效。

（2）热过载报警参数。热过载报警是变频器适应负载的重要方式之一，它能在电动机温升超过设定值时马上切断输出频率，从而防止出现电动机烧毁现象。如图 3-27 所示为电动机热过载报警检出功能示意图。

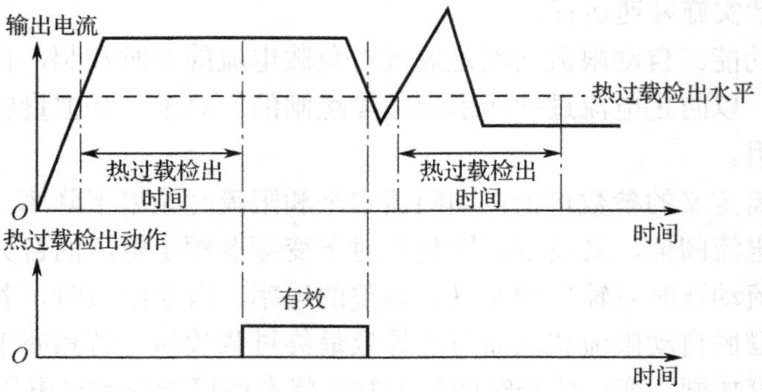

图 3-27 电动机热过载报警检出功能示意图

在图 3-27 中，热过载检出水平定义了热过载检出动作的电动机输出电流阈值，其设定范围是相对于额定电流的百分比；热过载检出时间定义了热过载检出必须经过热过载状态下有效的时间；热过载状态有效即变频器工作电流超过热过载检出水平，并且保持的时间超过热过载检出时间。

在一般情况下，热过载检出水平的设置应小于热过载保护水平，在热过载检出时间内，当工作电流小于热过载检出水平时，机内的热过载检出时间重新计时。

对于热过载报警检出功能，可以通过相关的参数进行设置：①热过载报警检出区域是一直有效还是仅在恒速运行时有效；②热过载报警动作是报警停机还是不报警且继续运行。

（3）变频电动机和普通电动机的过载。若选择普通电动机，则变频器会自动进行低速补偿，即把运行频率低于 30Hz 的电动机过载保护阈值下调。这个 30Hz 就是电动机过载功能的转折频率。在一般情况下，转折频率可按基本频率的 60%～70%来设置，同时应该根据负载的类型来设置转折频率时的过载系数及零频时的过载系数。

若选择变频电动机，则由于变频电动机采用强制风冷形式，电动机的散热不受转速影响，故不需要进行低速运行时的保护值调整。

7. 其他适应负载功能

为了适应不同负载和环境的需要，变频器通常还具有以下功能。

（1）自动节能运行。自动节能运行指电动机在空载或轻载运行过程中，通过检测负载电流适当地调整输出电压，达到节能的目的。

该功能对风机泵类负载尤其有效，它可以在保证电动机正常工作的同时，使变频器能准确地根据电动机的实际负荷为电动机提供最低的电量，从而在最大程度上节约电能。

（2）电动机稳定因子。变频器与电动机配合时，有时会产生电流振荡，修改电动机稳定因子可以抑制两者配合所产生的固有振荡。若恒定负载（如齿轮箱传动等）运行时输出电流反复变化，则在出厂参数的基础上调节该功能码的大小可以消除振荡，使电动机平稳运行。

（3）自动电压调节功能。当输入电压偏离额定值时，通过变频器的自动电压调节功能可以保持输出电压恒定。

（4）过调制功能。在长期低电压（额定电压的 15%以下）或者长期重载工作的情况下，变频器通过提高自身母线电压的利用率来提高输出电压，这就是过调制功能。过调制功能起作用时，输出电流谐波会略有增加。

（5）瞬停不停功能。瞬停不停功能用于定义在电压下降或者瞬时欠电压时变频器是否自动进行低电压补偿。该功能起作用时，可适当降低频率，通过负载回馈能量维持变频器不跳闸运行。

使用该功能时，还需定义电压补偿时的频率下降率。如果电压补偿时的频率下降率设置过大，则负载瞬时回馈能量也很大，可能引起过电压保护；如果频率下降率设置过小，则负载回馈能量也过小，就起不到低电压补偿的作用。因此，调整频率下降率参数时，应根据负载转矩惯量及负载轻重合理选择。

如图 3-28 所示为变频器在 40Hz 时瞬时掉电的瞬停不停功能示意图，在额定负载时进线电压瞬间中断，直流母线电压降到最低极限值。通过瞬停不停功能，变频器通过降低负载的频率以发电机模式来运行电动机，并以此提供能量给变频器。只要电动机具有足够的动能，电动机速度虽然下降了，但变频器仍会继续工作，一旦进线电压恢复，变频器可以立即投入运行。

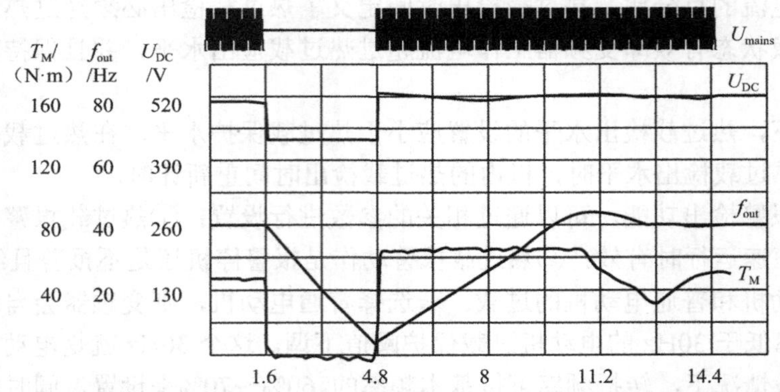

U_{DC}—变频器直流母线电压；U_{mains}—进线电压；T_M—电动机转矩；f_{out}—变频器的输出频率

图 3-28 变频器在 40Hz 时瞬时掉电的瞬停不停功能示意图

3.3 流体工艺的变频 PID 控制

3.3.1 流体及流体机械

流体是液体和气体的总称，它具有 3 个特点：①流动性，即抗剪、抗张能力都很小；②无固定形状，随容器的形状变化而变化；③在外力作用下，流体内部会发生相对运动。与此相关的就是常见的风机、水泵、压缩机等流体机械，它们都起着输送流体的作用。

如图 3-29 所示为轴流式（通）风机（两级叶轮）结构示意图。它由主轴、叶轮、动叶调节装置、进气箱、扩压器和电动机等主要部件组成。

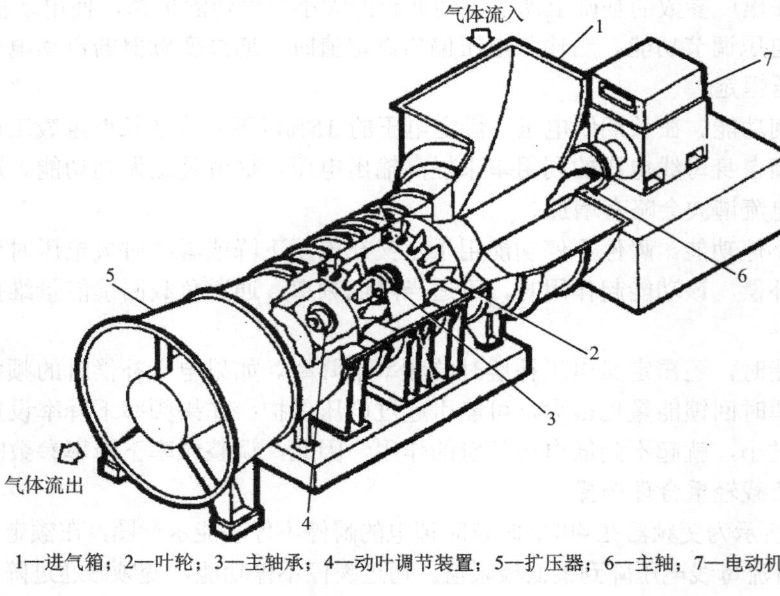

1—进气箱；2—叶轮；3—主轴承；4—动叶调节装置；5—扩压器；6—主轴；7—电动机

图 3-29 轴流式（通）风机（两级叶轮）结构示意图

3.3.2 流体 PID 控制的形式

PID 控制是过程控制中应用十分普遍的一种控制方式，它是使控制系统的被控物理量迅速而准确地无限接近于控制目标的基本手段。

PID 控制包含比例（Proportional）、积分（Integral）、微分（Differential）3 个环节，比例运算的目的是输出与偏差成比例关系的控制量；积分运算的目的是消除静差，只要偏差存在，积分作用就将控制量向使偏差消除的方向移动；比例运算和积分运算的作用是对控制结果进行修正，但响应较慢；微分运算的作用是根据偏差产生的速度对输出量进行修正，使控制过程尽快恢复到原来的控制状态，微分时间可以表示微分作用的强度。

与一般的以转速为控制对象的变频系统不同，涉及流体工艺的变频系统通常以流量、压力、温度、液位等工艺参数为控制量，实现恒量或变量控制，这就需要变频器工作于 PID 方式下，按照工艺参数的变化趋势来调节泵或风机的转速。

在大多数的流体工艺或流体设备的电气系统设计中，PID 控制算法是设计人员经常采用的恒压控制算法。常见的 PID 控制器的控制形式主要有 3 种：①硬件型，使用通用 PID 控制器；②软件型，使用离散形式的 PID 控制算法，在 PLC 上做 PID 功能块；③使用变频器内置 PID 控制功能，相对于前两者来说，这种形式称为内置型。

1. PID 控制器

现在的 PID 控制器多为数字型控制器，具有位控方式、数字 PID 控制方式及模糊控制方式，有的还具有自整定功能，富士 PXR 系列温度 PID 控制器（图 3-30）、欧陆 2200 系列 PID 控制器就属于此类型。此类 PID 控制器的输入、输出类型都可以通过设置参数来改变，考虑到抗干扰性，一般将输入和输出类型都设定为 4～20mA 电流类型。

如图 3-31 所示为由 PID 控制器构成的闭环压力调节系统框图，压力的给定值由 PID 面板设定，压力传感器将实际的压力变换为 4～20mA 的电流反馈信号，送入 PID 控制器的输入端；PID 控制器将输入的电流反馈信号经数字滤波、A/D 转换后变为数字信号，一方面作为实际压力值显示在面板上，另一方面与给定值进行差值运算；偏差值经数字 PID 控制器运算后输出一个数字结果，其结果又经 D/A 转换后，在 PID 控制器的输出端输出 4～20mA 的电流信号去调节变频器的频率，变频器再驱动水泵电动机，使压力上升。当给定值大于实际压力值时，PID 控制器输出最大值 20mA，压力迅速上升；当给定值刚小于实际压力值时，PID 控制器输出开始退出饱和状态，输出值减小，压力超调后也逐渐下降；最后，压力稳定在设定值处，变频器频率也稳定在某个频率附近。

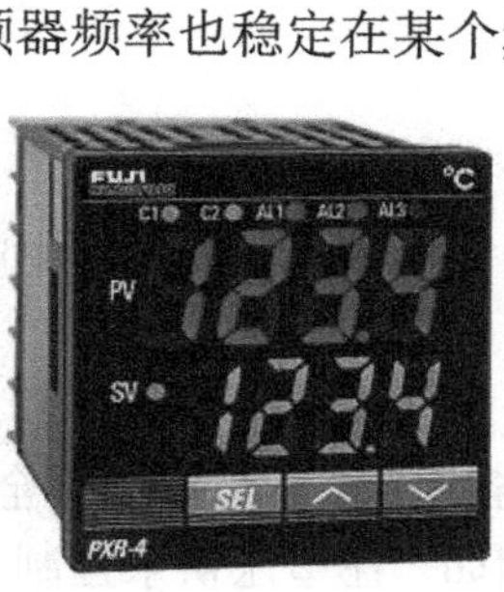

图 3-30 富士 PXR 系列温度 PID 控制器

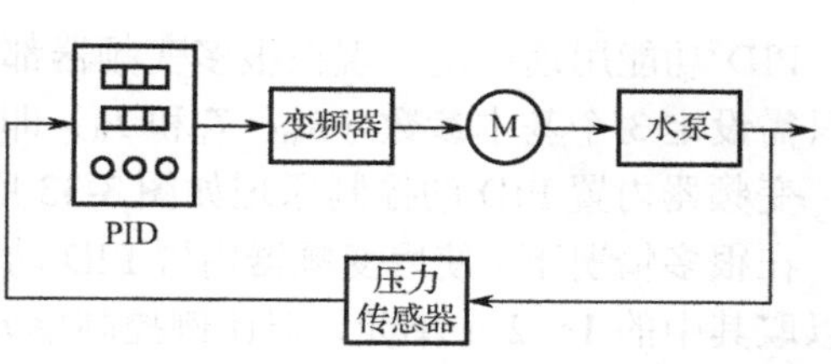

图 3-31 由 PID 控制器构成的闭环压力调节系统框图

这种 PID 控制形式的主要优点是操作简单、功能强大、动态调节性能好，适用于选用的变频器性能不是很高的场合，同时控制器还具有传感器断线和故障自动检测功能。缺点是 PID 调节过于频繁，稳态性能稍差，布线工作量大。

2. 软件型 PID

使用 PLC 指令编程的设计者通常自己动手编写 PID 算法程序，这样可以充分利用 PLC 的功能。在连续控制系统中，模拟 PID 的控制规律形式为

$$u(t)=K_{\mathrm{p}}\left[e(t)+\frac{1}{T_{\mathrm{i}}}\int e(t)\mathrm{d}t+T_{\mathrm{d}}\frac{\mathrm{d}e(t)}{\mathrm{d}t}\right] \tag{3-8}$$

式中，$u(t)$为控制器输出函数；K_{p} 为比例系数；$e(t)$为偏差输入函数；T_{i} 为积分时间常数；T_{d} 为微分时间常数。

由于式（3-8）为模拟量表达式，而 PLC 程序只能处理离散的数字量，因此，必须将连续形式的微分方程化成离散形式的差分方程。式（3-8）经离散化后的差分方程为

$$u(k)=K_{\mathrm{p}}\left[e(k)+\frac{1}{T_{\mathrm{i}}}\sum_{i=0}^{k}e_iT+T_{\mathrm{d}}\frac{e(k)-e(k-1)}{T}\right] \tag{3-9}$$

式中，T 为采样周期；k 为采样序号，k=0, 1, 2, …, i, …, k；$u(k)$为采样时刻 k 时的输出值；$e(k)$为采样时刻 k 时的偏差值；$e(k-1)$为采样时刻 k−1 时的偏差值。

软件型 PID 的控制系统框图如图 3-32 所示。它可以采用与 PLC 直接连接的触摸面板和文本显示器输入参数和显示参数。这种形式的 PID 控制器优点是控制性能好、柔性好，在调节结束后，受控量十分稳定，信号受干扰小，调试简单，接线工作量小，可靠性高；不足是编程工作量增加，需增加硬件成本。

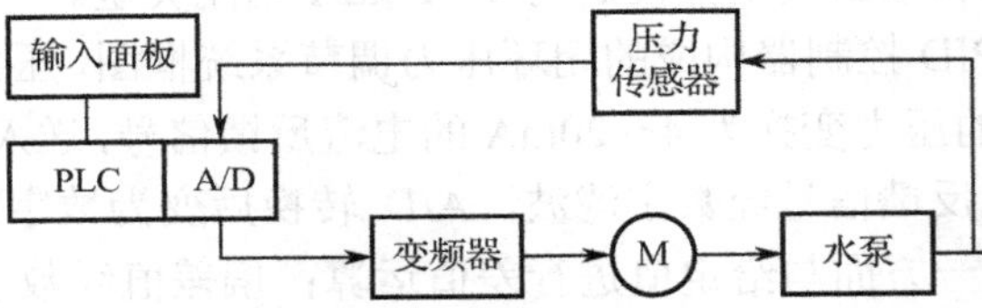

图 3-32　软件型 PID 控制系统框图

在软件型 PID 控制系统调试过程中，要尽量设置短的变频器上升时间和下降时间。同时，在编程设计过程中必须防止计算结果溢出，以免造成控制失控，而且还要编写校正传感器零点和判断其是否正常的功能程序。

3. 变频器内置 PID

PID 功能用途广泛，现在很多变频器都集成了 PID 功能，简称内置 PID，使用内置 PID 时只需设定 3 个基本参数（K_{p}、T_{i} 和 T_{d}）即可。

变频器内置 PID 的控制原理如图 3-33 所示。

在很多情况下，使用变频器内置 PID 功能并不一定需要用到比例、积分和微分全部单元，可以取其中的 1～2 个单元，但比例控制单元是必不可少的。例如，在恒压供水控制中，因为被控压力量不属于大惯量滞后环节，因此只需 PI 功能，D 功能可以不用。

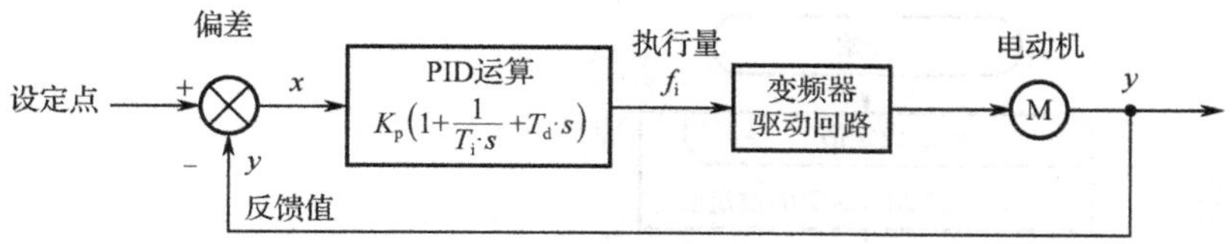

图 3-33 变频器内置 PID 控制原理

使用变频器的内置 PID 功能，必须首先设定 PID 功能有效，然后确定 PID 控制器的信号输入类型，如采用有反馈信号输入，则要求有设定值信号，设定值可以为外部信号，也可以是面板设定值；如采用偏差输入信号，则无须输入设定值信号。

如图 3-34 和图 3-35 所示为以通用变频器为例的两种输入信号接线图。图中，DI1 与 COM 短接表示 PID 功能有效。

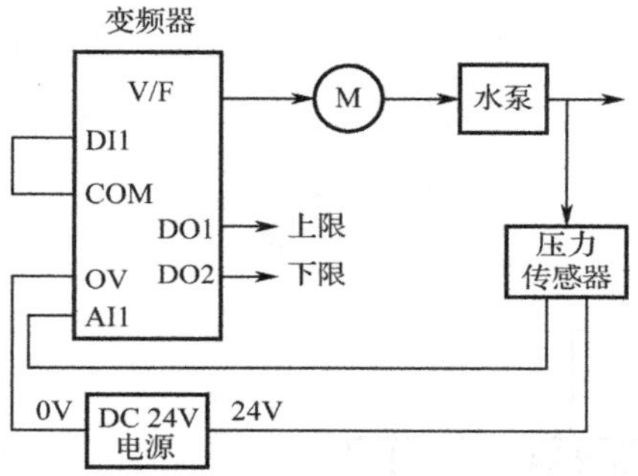

图 3-34 设定值为面板输入、反馈信号为电流信号的内置 PID 接线图

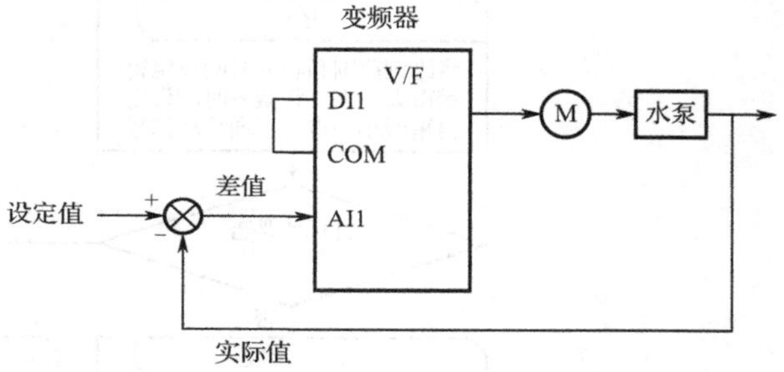

图 3-35 输入为差值的变频器内置 PID 接线图

要使变频器内置 PID 功能正常运行，必须首先选择 PID 功能有效，同时至少有两种控制信号：①给定量，它是与被控物理量的控制目标对应的信号；②反馈量，它是通过现场传感器测量的与被控物理量的实际值对应的信号。如图 3-36 所示为通用变频器 PID 控制原理图。

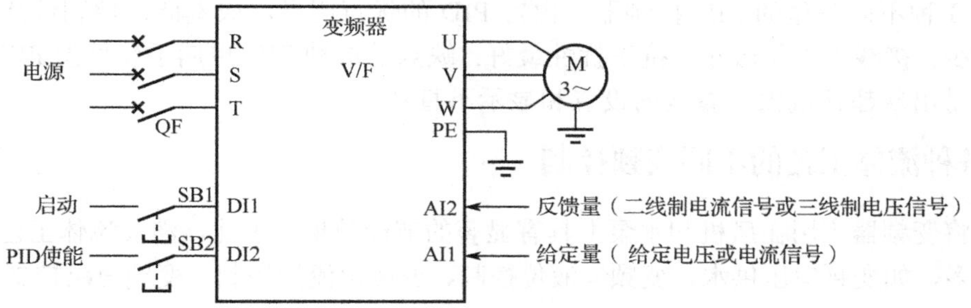

图 3-36 通用变频器 PID 控制原理图

内置 PID 功能将随时对给定量和反馈量进行比较，以判断是否已经达到预期的控制目标。具体地说，它将根据两者的差值，利用比例 P、积分 I、微分 D 的手段对被控物理量进行调整，直至反馈量和给定量基本相等，达到预期的控制目标。

如图 3-37 所示为通用变频器内置 PID 控制的校准过程。

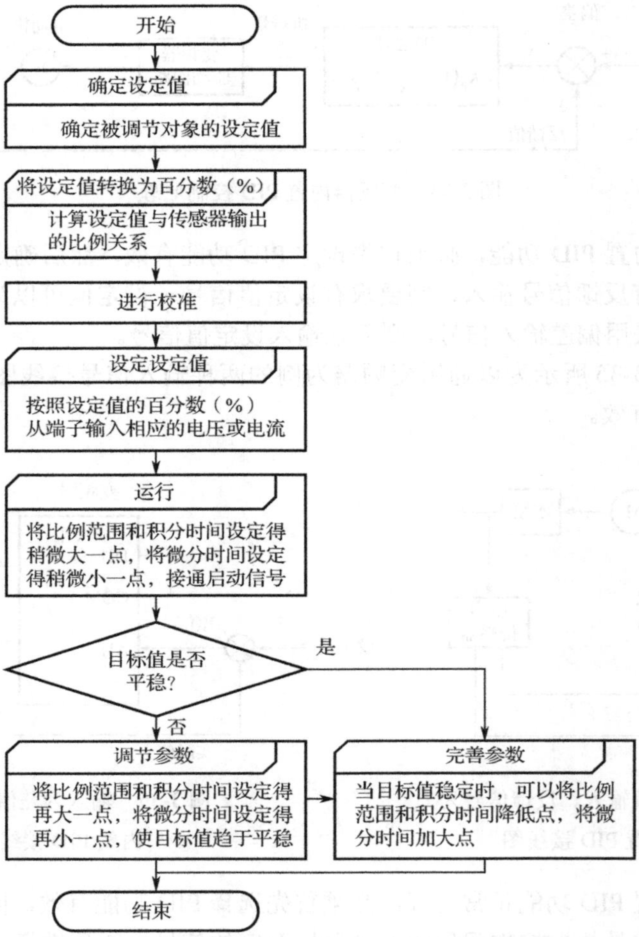

图 3-37　通用变频器内置 PID 控制的校准过程

比较 3 种不同类型的 PID 控制器，内置 PID 的优点明显，成本低，控制性能较好，设置的参数少，接线工作量较小，抗干扰性最好；缺点是这种 PID 也属于软件型 PID，响应速度较慢，易出现超调现象，参数的设置和显示不直观。

3.3.3　各种流体工艺的不同变频控制

由于将变频器应用在风机和水泵上具有显著的节能效果，因此，涉及流体工艺的变频系统越来越多，如变频恒压供水、变频恒液位控制、变频恒流量控制、变频恒温控制等。

1. 流量控制

在温度、压力、流量和液位这 4 种常见的过程变量中，流量是其中最容易控制的过程变量。由于连续过程中物料的流动贯穿于整个生产过程，所以流量回路是使用最多的。

在流体力学中，泵与风机在许多方面的特性及数学、物理描述是一样或类似的，如出口侧压力 P 与流量 Q 的 P-Q 特性曲线是一致的。流体流过热交换器、管道、阀门、过滤器时会产生压力损耗，通常将由此产生的压力损耗之和与流量的关系曲线称为流体机械阻抗曲线。因此，当 $P\text{-}Q$ 特性曲线与流体机械阻抗曲线产生交点时，就基本确定了流体的流量。通常对流量回路的控制手段是改变 $P\text{-}Q$ 特性曲线或者改变流体机械阻抗曲线。

流量控制具有以下特点：风机、泵类负载一般情况下其转矩与转速的平方成正比，所以也把它们称为具有平方转矩特性的负载。在流量控制中，对启动、停止、加减速控制的定量分析是非常重要的。因为在这些过程中，电动机与流体机械都处于一个非稳定的运行过程，这一过程将直接影响流量控制的好坏。在暂态过程中，风机的惯量一般是传动电动机的 10～50 倍，而泵的惯量则只有传动电动机的 20%～80%。同时，加减速时间也是一个重要指标。

对于流量控制的变频器必须考虑以下几个方面。

（1）瞬停的处理环节。如果出现电源侧瞬时停电并瞬间又恢复供电，使变频器保护跳闸，电动机负载进入惯性运转阶段，则上电再启动时，因风机类负载会仍处于转动状态，必须设置变频器的转速跟踪启动功能，从而实现先辨识电动机的运转方向后再启动。同时，有些负载还可以设置瞬停不停功能，以保证生产的连续性。

（2）无流量保护。对于有实际扬程的供水系统，当电动机的转速下降时，泵的出口压力比实际扬程低，就进入无流量状态（无供水状态），水泵在此状态下工作，温度会持续上升导致泵体损坏。因此，要选择无流量状态的检测和保护环节，并设置变频器最低运行频率。

（3）启动联锁环节。变频器从低频启动，如果电动机在旋转时便进入再生制动状态，则会引起变频器过电压保护。因此，需设定电动机停止后再启动的联锁环节。另外，水泵停转后，由于水流的作用会反向缓慢旋转，此时启动变频器也会造成故障，只有安装单向阀才能解决这个问题。

2. 压力控制

压力是一个非常重要的过程变量，它直接影响沸腾、化学反应、蒸馏、真空及空气流动等物理和化学过程。压力控制不好有可能引起生产安全、产品质量和产量等一系列问题，密封容器的压力过高还会引起爆炸，因此，将压力控制在安全范围内就显得极其重要。

如图 3-38 所示为变频器压力控制示意图。图中，采用压力变送器作为变频器内置 PID 的反馈传感器，以组成模拟闭环反馈控制系统。压力给定量用电位器设定，以电压形式通过 AI2 口输入，而压力反馈信号以 4～20mA 信号电流形式从 AI1 口输入，给定量和反馈量均通过模拟通道采集，由端子 DI1 实现闭环运行的启停。

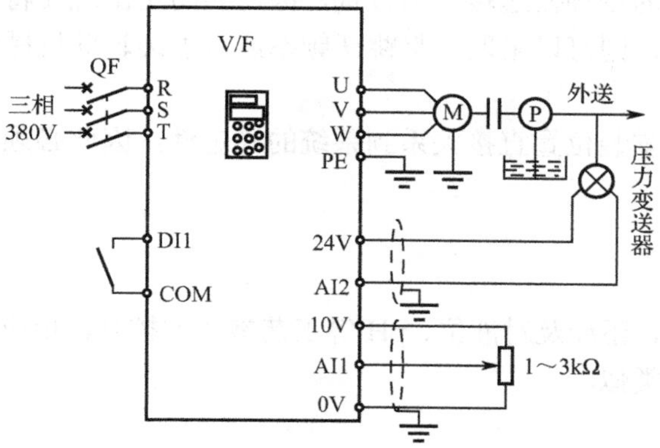

图 3-38　变频器压力控制示意图

3. 温度控制

温度也是一个非常重要的过程变量，它直接影响燃烧、化学反应、发酵、烘烤、煅烧、蒸馏、浓度、结晶及空气流动等物理和化学过程。

如图 3-39 所示为变频器温度控制示意图。该系统的温度检测元件为 K 型热电偶，将 K 型热电偶的反馈值送入温控仪，与预先输入温控仪的温度给定值进行比较，得出偏差值，再经运算后，输出带有连续 PID 调节规律的 4～20mA 电流信号，送入变频器的模拟量输入端。变频器的参数设置应该包括上下限频率、4mA 对应的频率、20mA 对应的频率和加减速时间等。

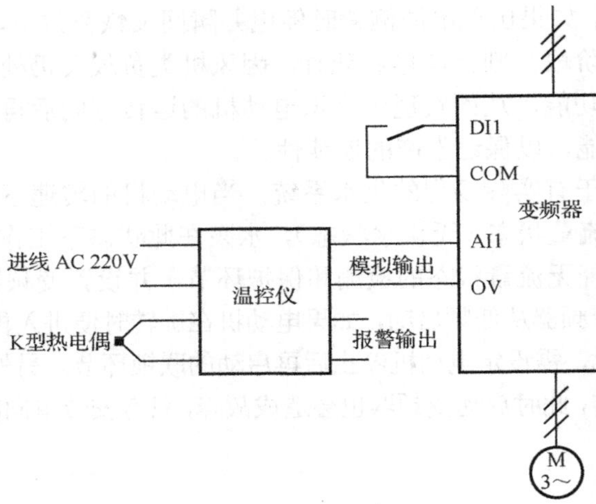

图 3-39　变频器温度控制示意图

对于变频器温度控制系统必须注意以下几点。

（1）由于温控过程缓慢，所以很多变频器内置 PID 控制功能并不适用，建议选用外置的温控仪。

（2）在温度控制系统中，很多风机的惯量比较大，因此选择变频器时，需注意转速跟踪功能和启动联锁条件。

（3）温度控制系统的变频器运转范围较宽，因此要防止出现在特定转速下的机械共振现象。如果发生机械共振，则可以采取调整跳跃频率或者加装辅助机械装置的方法将固有频率移出工作区。

（4）温度传感器的安装位置直接关系到系统的稳定性，因此必须安装在最佳位置，以达到系统的最优控制。

4. 其他工艺参数

在实际生产过程中，还涉及对液位、pH 等工艺参数的控制，相应的变频器控制系统的组成与上述 3 种工艺参数类似。

3.4 三菱 E700 变频器的 PID 控制

3.4.1 三菱 E700 变频器常用的 PID 相关参数

表 3-3 所示为三菱 E700 变频器常用的 PID 相关参数，它主要包括 PID 调节参数和 PID 通道参数。三菱 E700 变频器的 PID 控制功能主要用于对流量、风量、压力、温度等工艺参数的控制，一般可以由端子 2 输入信号或参数设定值作为目标、端子 4 输入信号作为反馈量组成 PID 控制系统。

表 3-3 三菱 E700 变频器常用的 PID 相关参数

<table>
<tr><th>参 数</th><th>名 称</th><th>单 位</th><th>初 始 值</th><th>范 围</th><th colspan="2">内 容</th></tr>
<tr><td rowspan="2">127</td><td rowspan="2">PID 控制自动切换频率</td><td rowspan="2">0.01Hz</td><td rowspan="2">9999</td><td>0～400Hz</td><td colspan="2">自动切换到 PID 控制的频率</td></tr>
<tr><td>9999</td><td colspan="2">无 PID 控制自动切换功能</td></tr>
<tr><td rowspan="10">128</td><td rowspan="10">PID 动作选择</td><td rowspan="10">1</td><td rowspan="10">0</td><td>0</td><td colspan="2">PID 控制无效</td></tr>
<tr><td>20</td><td>PID 负作用</td><td rowspan="3">测量值输入（端子 4）
目标值输入（端子 2 或 Pr.133）</td></tr>
<tr><td>21</td><td>PID 正作用</td></tr>
<tr><td>40～43</td><td>浮动辊控制</td></tr>
<tr><td>50</td><td>PID 负作用</td><td rowspan="2">偏差值信号输入（Lon Works 通信、CC-Link 通信）</td></tr>
<tr><td>51</td><td>PID 正作用</td></tr>
<tr><td>60</td><td>PID 负作用</td><td rowspan="2">测量值、目标值输入（Lon Works 通信、CC-Link 通信）</td></tr>
<tr><td>61</td><td>PID 正作用</td></tr>
<tr style="display:none"></tr>
<tr style="display:none"></tr>
<tr><td rowspan="2">129</td><td rowspan="2">PID 比例带</td><td rowspan="2">0.1%</td><td rowspan="2">100%</td><td>0.1～1000%</td><td colspan="2">当比例带狭窄（参数的设定值小）时，测量值的微小变化可以带来大的操作量变化
随着比例带的变小，响应灵敏度（增益）会提高，但可能会引起振动等，降低系统的稳定性
增益 K_p=1/比例带</td></tr>
<tr><td>9999</td><td colspan="2">无比例控制</td></tr>
<tr><td rowspan="2">130</td><td rowspan="2">PID 积分时间</td><td rowspan="2">0.1s</td><td rowspan="2">1s</td><td>0.1～3600s</td><td colspan="2">在偏差值输入时，在积分（I）动作中得到与比例（P）动作相同的操作量所需要的时间（T_i）
随着积分时间变小，达到目标值的速度会加快，但是容易发生振动现象</td></tr>
<tr><td>9999</td><td colspan="2">无积分控制</td></tr>
<tr><td rowspan="2">131</td><td rowspan="2">PID 上限</td><td rowspan="2">0.1%</td><td rowspan="2">9999</td><td>0～100%</td><td colspan="2">上限值
在测量值超过设定值的情况下输出 FUP 信号
测量值（端子 4）的最大输入（20mA/5V/10V）相当于 100%</td></tr>
<tr><td>9999</td><td colspan="2">无功能</td></tr>
<tr><td rowspan="2">132</td><td rowspan="2">PID 下限</td><td rowspan="2">0.1%</td><td rowspan="2">9999</td><td>0～100%</td><td colspan="2">下限值
在测量值低于设定值的情况下输出 FDN 信号
测量值（端子 4）的最大输入（20mA/5V/10V）相当于 100%</td></tr>
<tr><td>9999</td><td colspan="2">无功能</td></tr>
</table>

续表

参数	名称	单位	初始值	范围	内容	
133	PID动作目标值	0.01%	9999	0～100%	PID控制时的目标值	
				9999	PID控制	端子2输入电压为目标值
					浮动辊控制	固定于50%
134	PID微分时间	0.01s	9999	0.01～10.00s	在偏差值输入时，得到微分（D）动作的操作量所需要的时间（T_d） 随着微分时间的增大，对偏差变化的反应也增大	
				9999	无微分控制	

3.4.2 三菱E700变频器PID构成与动作

观看微课

1. PID的基本构成

如图3-40所示为PID控制参数Pr.128=20或21时的原理图。

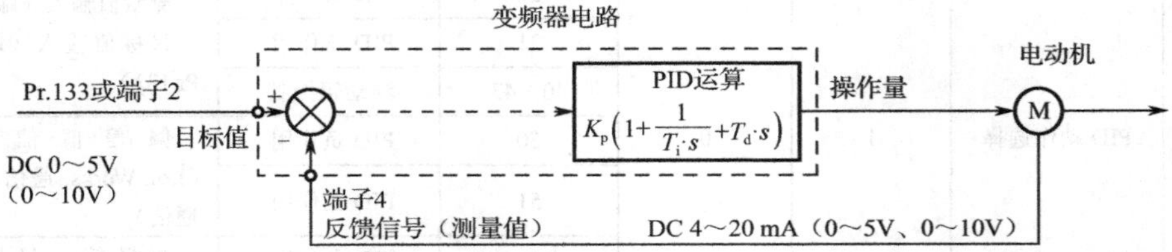

图3-40　PID控制参数Pr.128=20或21时的原理图

2. PID动作过程

如图3-41所示为PID调节参数Pr.129、Pr.130和Pr.134设定之后的动作过程。

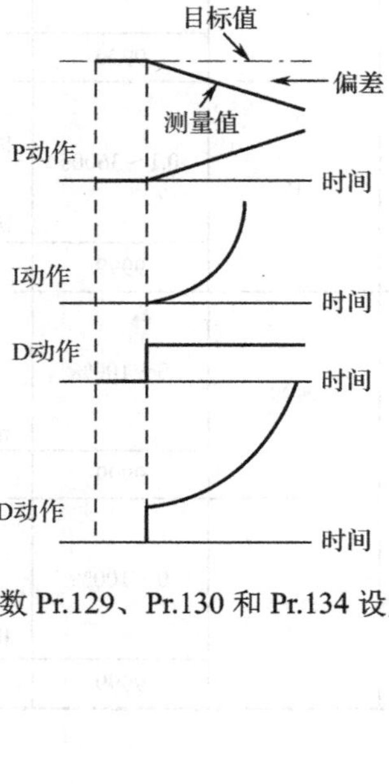

图3-41　PID调节参数Pr.129、Pr.130和Pr.134设定之后的动作过程

3. PID 的自动切换

为了加快 PID 控制运行时开始阶段的系统上升过程，可以在启动时以通常模式上升。先用 Pr.127 设置自动切换频率，从启动到 Pr.127 以通常模式运行，待频率达到设定值后再转为 PID 控制。如图 3-42 所示为 PID 自动切换控制变化过程。从图 3-42 中可以看出，Pr.127 的设定值仅在 PID 运行时有效，在其他阶段无效。

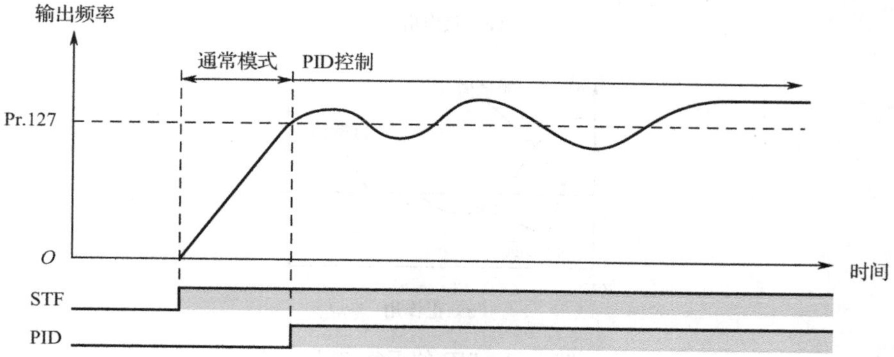

图 3-42 PID 自动切换控制变化过程

4. PID 信号输出功能

在很多控制系统中，需要输出 PID 控制过程的各种状态，尤其是 PID 目标值、PID 测量值和 PID 偏差值。三菱 E700 变频器可以将这些信号直接输出到 AM 端子，具体参数设定如表 3-4 所示。

表 3-4 PID 信号输出功能

设 定 值	监 视 内 容	最 小 单 位	AM 端子满刻度值
52	PID 目标值	0.1%	100%
53	PID 测量值	0.1%	100%
54	PID 偏差值	0.1%	—

5. PID 的正负作用

在 PID 作用中存在两种类型，分别是负作用与正作用。负作用是指当偏差信号（即目标值-测量值）为正时，增加频率输出；当偏差信号为负时，降低频率输出。正作用的动作顺序与之相反，具体如图 3-43 所示。

以温度控制为例，冬天的暖气控制为负作用，如图 3-44 所示；夏天的冷气控制为正作用，如图 3-45 所示。

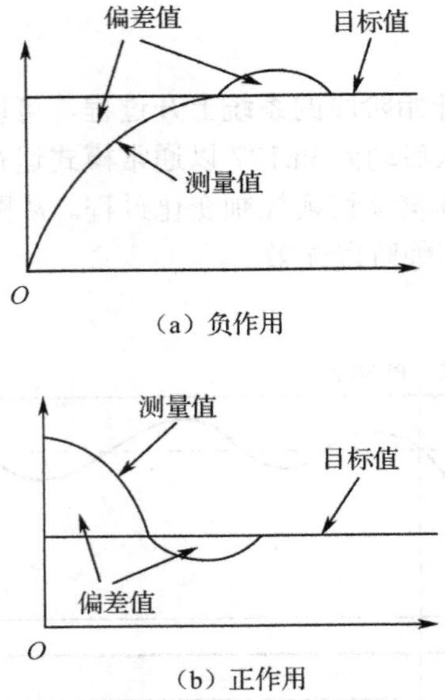

图 3-43　PID 的正负作用

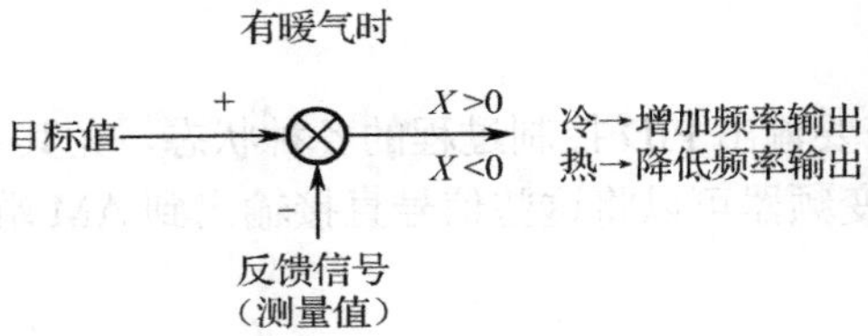

图 3-44　负作用温度控制

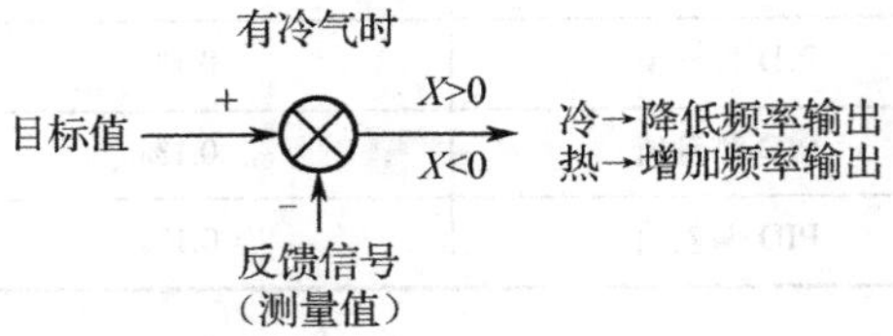

图 3-45　正作用温度控制

【学习任务 3-1】 三菱 E700 变频器的 PID 控制

观看微课

任务描述

对三菱 E700 变频器进行接线，并设置参数实现以下 PID 控制功能。

（1）通过操作面板控制电动机启动和停止。

（2）通过外部模拟电压输入端子设定目标值。

（3）通过外部模拟电流输入端子输入反馈值。

学习步骤

（1）按照图 3-46 所示的变频器外部接线图完成变频器的接线，并认真检查，确保接线正确无误。

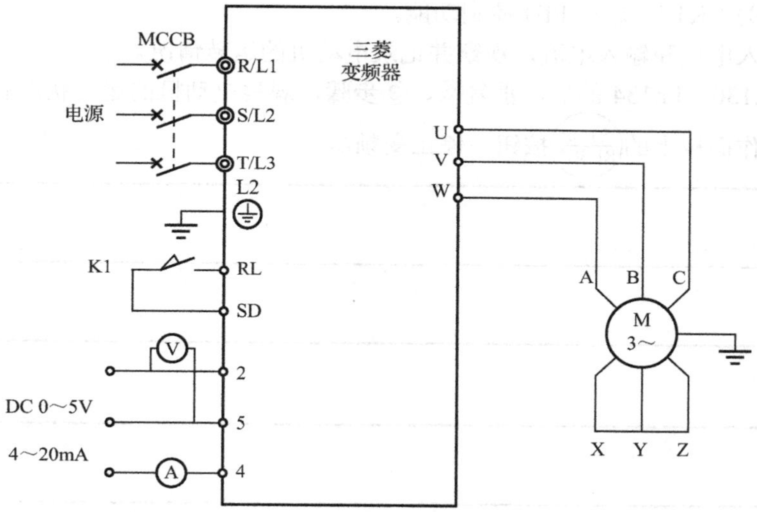

图 3-46 变频器外部接线图

（2）接通电源开关，按照表 3-5 所示正确设置变频器参数。

表 3-5 变频器参数设置

序号	变频器参数	出厂值	设定值	功能说明
1	Pr.1	50	50	上限频率（50Hz）
2	Pr.2	0	0	下限频率（0Hz）
3	Pr.7	5	5	加速时间（5s）
4	Pr.8	5	5	减速时间（5s）
5	Pr.9	0	0.35	电子过电流保护（0.35A）
6	Pr.160	9999	0	扩张功能显示选择
7	Pr.79	0	4	操作模式选择
8	Pr.180	0	14	PID 控制有效端子

续表

序　号	变频器参数	出 厂 值	设 定 值	功 能 说 明
9	Pr.128	0	20	PID 动作选择
10	Pr.129	100	100	PID 比例带
11	Pr.130	1	1	PID 积分时间
12	Pr.131	9999	100	PID 上限设定值
13	Pr.132	9999	0	PID 下限设定值
14	Pr.133	9999	9999	PU 操作时的 PID 设定值
15	Pr.134	9999	0	PID 微分时间

注：设置参数前先将变频器各参数复位为出厂时的默认设定值，其中，端子 4 默认为模拟量电流输入。

① 按下操作面板上的RUN按钮，启动变频器。

② 接通开关“K1”，启动 PID 控制功能。

③ 调节输入电压和输入电流，观察并记录电动机的运转情况。

④ 改变 Pr.130、Pr.134 的值，重复②、③步骤，观察电动机的运转状态有什么变化。

⑤ 按下操作面板上的STOP/RESET按钮，停止变频器。

Note

【学习任务 3-2】 三菱 E700 变频器通过内置 PID 实现温度控制

观看微课

任务描述

用三菱 E700 1.5kW 变频器的内置 PID 功能进行温度控制，将室内温度调整到 25℃，其中，温度传感器为二线制，0℃时对应的电流为 4mA，50℃时对应的电流为 20mA，将目标值施加于变频器的端子 2 和端子 5 之间（0～5V）。

（1）设计 PID 控制接线图。

（2）给出相关参数值。

（3）阐述如何进行 PID 调试。

学习步骤

（1）PID 控制接线图如图 3-47 所示，启动命令由变频器 PU 发出，频率命令由电位器设定。

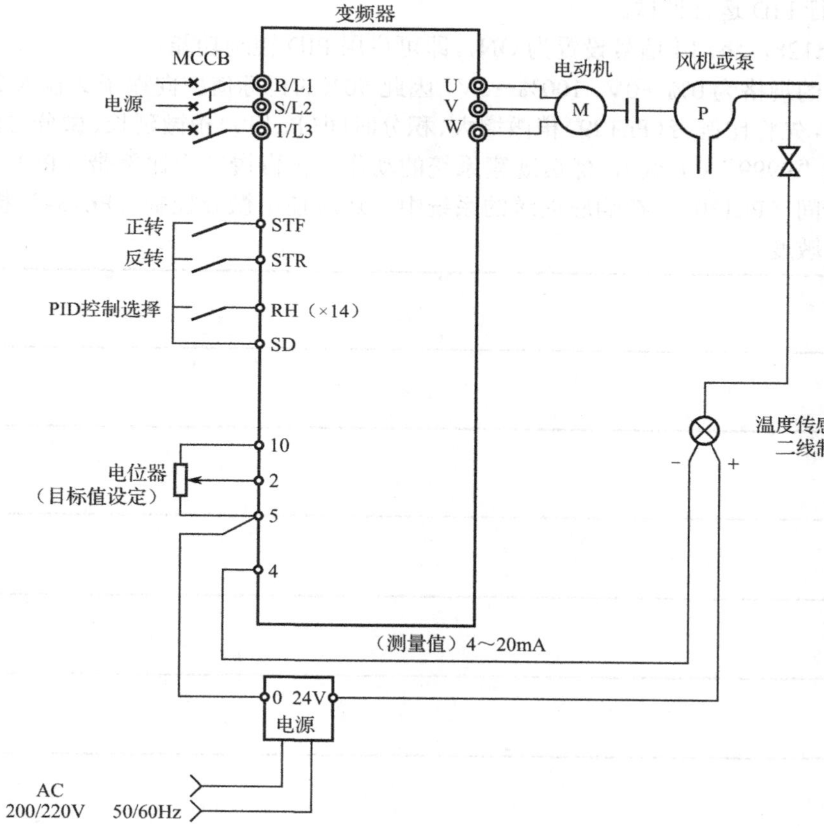

图 3-47 PID 控制接线图

（2）基本参数设置。三菱 E700 变频器的多功能输入端子采用漏型逻辑，其中，Pr.128=20（启用 PID 控制功能），Pr.182=14（RH 端子用于 PID 切换）。

（3）调试过程。

首先，对目标值输入进行校正。

- 在端子 2 和端子 5 之间施加相当于目标值设定 0%的输入电压（如 0V）。
- 输入当 Pr.902 的偏差为 0%时变频器应输出的频率（如 0Hz）。
- 设定当 Pr.902 为 0%时的电压值。
- 在端子 2 和端子 5 之间施加相当于目标值设定 100%的输入电压（如 5V）。
- 输入当 Pr.125 的偏差为 100%时变频器应输出的频率（如 60Hz）。
- 设定当 Pr.903 为 100%时的电压值。

其次，对测量值输入进行校正。

- 在端子 4 和端子 5 之间施加相当于测量值 0%的输入电流（如 4mA）。
- 通过 Pr.904 进行校正。
- 在端子 4 和端子 5 之间施加相当于测量值 100%的输入电流（如 20mA）。
- 通过 Pr.905 进行校正。

最后，进行 PID 运行调试。

- 设定 Pr.128，将×14 信号设置为 ON，即可启用 PID 控制功能。
- 端子 2 的规格为 0%→0V、100%→5V，因此 50%的目标值应向端子 2 输入 2.5V 电压。
- 运行时，先将比例带（Pr.129）稍微增大、积分时间（Pr.130）稍微延长、微分时间（Pr.134）设定为“9999”（无效），然后观察系统的动作，再慢慢减小比例带（Pr.129）或增大积分时间（Pr.130）。在响应迟缓的系统中，还应使用微分控制（Pr.134）提高系统的响应灵敏度。

Note

3.5 电动机参数调谐

3.5.1 电动机参数调谐种类

当变频器选择先进磁通矢量控制、通用磁通矢量控制、无速度传感器矢量控制等方式的时候，需要先建立电动机磁通模型，也就是说要依赖电动机参数。因此，在第一次运行变频器前，必须对电动机进行参数调谐。目前，新型通用变频器已经具备异步电动机参数自动调谐、自适应功能，带有这种功能的通用变频器在驱动异步电动机进行正常运转之前可以自动地对异步电动机的参数进行调谐，然后将其存储在相应的参数组中，并根据调谐结果调整控制算法中的有关数值。

电动机参数调谐分为旋转式调谐和静止式调谐两种。对于旋转式调谐，首先在变频器参数中输入需要调谐的电动机的基本参数，包括电动机的类型（异步电动机或同步电动机）、电动机的额定功率（单位为 kW）、电动机的额定电流（单位为 A）、电动机的额定频率（单位为 Hz）、电动机的额定转速（单位为 r/min）；然后将电动机与机械设备分开，将电动机作为单体；接着用变频器的操作面板施加操作指令，此时变频器的控制程序就会一边根据内部预先设定的运行程序自动运转，一边测定一次电压和一次电流，然后计算出电动机的各项参数。

这种方法对于电动机与机械设备难以分开的场合并不适用，此时可采用静止式调谐方法，即将固定在任一相位、仅改变振幅而不产生旋转的三相交流电压施加于电动机上，电动机不旋转，由此时的电压、电流波形按电动机等值回路对各项参数进行运算，便能高精度地测定控制上必需的电动机参数。采用静止式调谐方法，可以显著提高通用变频器使用的方便性。

由图 3-48 所示的异步电动机 T 形等效电路可以看出，电动机除了常规的参数，如电动机极数、额定功率、额定电流，还有 R_1（定子电阻）、X_{11}（定子漏感抗）、R_2（转子电阻）、X_{21}（转子漏感抗）、X_m（互感抗）和 I_0（空载电流）等参数。

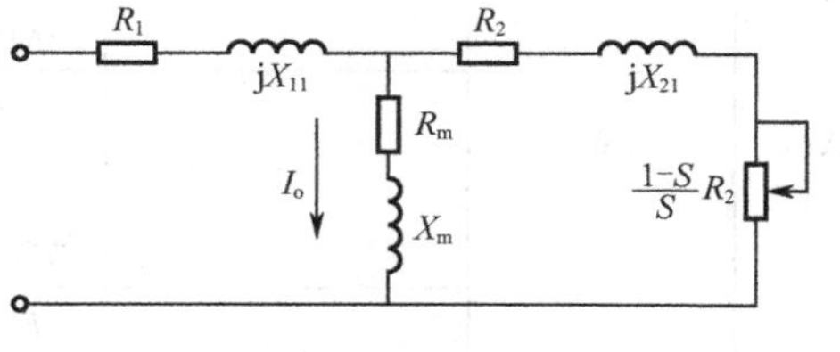

图 3-48　异步电动机 T 形等效电路

3.5.2 三菱 E700 变频器的电动机参数调谐

如表 3-6 所示为三菱 E700 变频器的电动机参数调谐相关参数。

表 3-6　三菱 E700 变频器的电动机参数调谐相关参数

参数编号	名　称	初始值	设定范围	内　容
71	适用电动机	0	0、1、3～6、13～16、23、24、40、43、44、50、53、54	通过选择标准电动机和恒转矩电动机，分别确定电动机的热特性和电动机的常数
80	电动机容量	9999	0.1～15kW	适用电动机容量
			9999	V/f 控制
81	电动机极数	9999	2、4、6、8、10	电动机极数
			9999	V/f 控制
82	电动机励磁电流	9999	0～500A	调谐数据 （通过离线自动调谐测定的值来自动设定）
			9999	使用三菱电动机（SF-JR、SF-HR、SF-JRCA、SF-HRCA）常数
83	电动机额定电压	400V	0～1000V	电动机额定电压（V）
84	电动机额定频率	50Hz	10～120Hz	电动机额定频率（Hz）
90	电动机常数（R1）	9999	0～50Ω、9999	调谐数据 （通过离线自动调谐测定的值来自动设定） 9999：使用三菱电动机（SF-JR、SF-HR、SF-JRCA、SF-HRCA）常数
91	电动机常数（R2）	9999	0～50Ω、9999	
92	电动机常数（L1）	9999	0～1000mH、9999	
93	电动机常数（L2）	9999	0～1000mH、9999	
94	电动机常数（X）	9999	0～100%、9999	
96	自动调谐设定/状态	0	0	不实施离线自动调谐
			1	先进磁通矢量控制用 不运转电动机实施离线自动调谐（所有电动机常数）
			11	通用磁通矢量控制用 不运转电动机实施离线自动调谐（仅电动机常数（R1））
			21	V/f 控制用 离线自动调谐（瞬时停电再启动（有频率搜索时用））
859	转矩电流	9999	0～500A	调谐数据 （通过离线自动调谐测定的值来自动设定）
			9999	使用三菱电动机（SF-JR、SF-HR、SF-JRCA、SF-HRCA）常数

【案例分析 3-1】 用三菱 E700 变频器进行电动机参数调谐

观看微课

案例描述

用三菱 E700 变频器对 0.75kW 三相电动机进行参数调谐。

分析步骤

1. 接线

完成三菱 E700 变频器与 0.75kW 三相电动机的接线。

2. 参数设置（表 3-7）

表 3-7 参数设置

参 数 编 号	设 定 值	说 明
71	3	其他类型电动机
80	0.75	电动机容量
81	4	4 极电动机
800	20	先进磁通矢量控制

3. 调谐过程

（1）将变频器参数 Pr.96 设定为“1”后，操作面板显示为

。

（2）按下RUN按钮后，操作面板显示为

。

（3）调谐时间为 25～75s，变频器容量和电动机的种类不同，所需的时间也不同。调谐正常结束后，操作面板显示为

。

（4）如果属于非正常结束或调谐过程中有问题，则会出现

等信息。

如果离线自动调谐异常结束（如表 3-8 所示），则电动机常数将无法被设定，此时可先将变频器复位，再重新进行调谐操作。

表 3-8 异常结束的错误显示、错误原因及处理方法

错 误 显 示	错 误 原 因	处 理 方 法
8	强制结束	重新设定 Pr.96=“1”或“11”
9	变频器保护功能动作	重新进行设定
91	电流限制（失速防止）功能动作	设定 Pr.156=“1”
92	变频器输出电压为额定值的 75%	确认电源电压是否变动
93	计算错误	先确认电动机的接线是否正确，再重新进行设定 在 Pr.9 中设定电动机的额定电流

Note

思考与练习

3.1　简答题

（1）变频调速系统的机械特性有哪些？

（2）变频器的负载类型有哪些？举例说明。

（3）泵与搅拌机各属于哪一类负载？为什么？

（4）变频器容量的选型依据是什么？

（5）变频器如何对电动机的热过载进行保护？

（6）变频器有哪些适应负载的方式？举例说明。

（7）变频器 PID 控制的实现方式是怎样的？

3.2　如图 3-49 所示为某变频器运行 V/f 曲线，请根据图中的数字标注进行参数设定。其中变频器型号选三菱 E700。

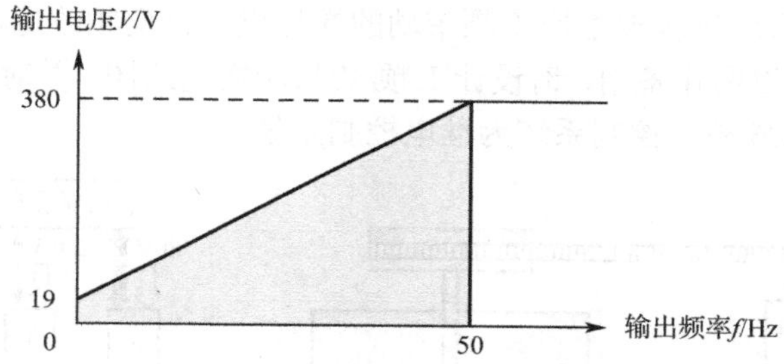

图 3-49　习题 3.2 图

3.3　如图 3-50 所示，用于电梯控制的变频器应采取哪种加减速方式来确保人体的舒适度？以一种变频器为例进行加减速参数设定，并说明如何对电梯用电动机进行参数调谐。

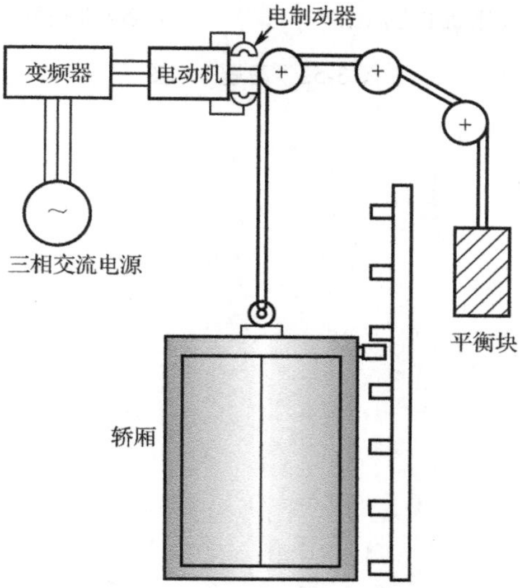

图 3-50　习题 3.3 图

3.4　如图 3-51 所示为某变频器的正转运行过程曲线，请用三菱 E700 变频器进行启动和停止的参数设定，以确保变频器按图中曲线所示进行工作。

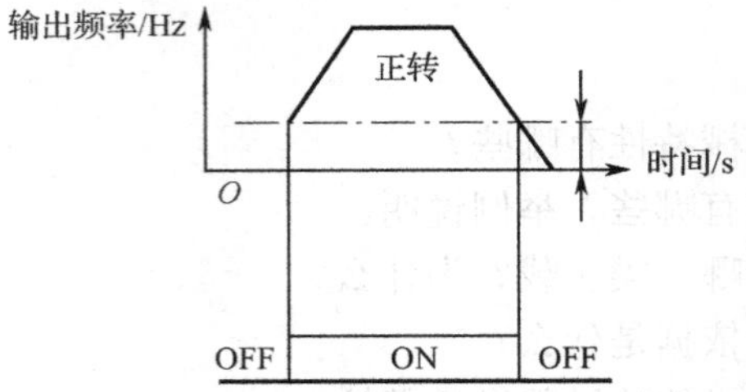

图 3-51　习题 3.4 图

3.5　在某化工厂中，如果需要用三菱 E700 变频器对搅拌机进行 4 段速控制与模拟量控制切换控制，即切换开关为 ON 时实现模拟量控制，切换开关为 OFF 时实现 4 段速控制，那么该如何进行变频器接线与参数设置？

3.6　如图 3-52 所示，现需要对原工频带动的搅拌机进行变频改造，但是又不能取消原有的工频，希望原工频可以留作备用，请设计工频/变频转换电路图，并对变频器进行参数设置。其中，电动机为 5.5kW/6 极，控制系统为继电控制系统。

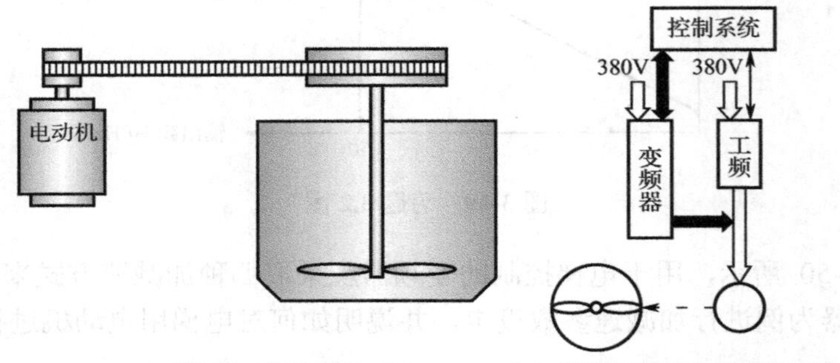

（a）搅拌机工艺示意图　　（b）搅拌机变频节能改造示意图

图 3-52　习题 3.6 图

第4章

变频器、PLC和触摸屏综合控制

导读

变频器既可以单独使用，又可以作为工业自动化控制系统的一个组成部分，只要将变频器和 PLC 配合使用，就能实现变频调速系统的自动控制。PLC 和变频器连接的方式有 3 种，分别是开关型指令信号输入、数值型指令信号输入及 RS-485 通信方式。由于 PLC 和变频器配合使用涉及用弱电控制强电，因此需要注意连接时出现的干扰，避免由于干扰造成变频器误动作，或者由于连接不当导致 PLC 或变频器损坏。本章还介绍了 MCGS 嵌入式一体化触摸屏 TPC7062K 和 MCGS 嵌入版全中文工控组态软件，将触摸屏、PLC 和变频器综合应用，可以最终实现全自动控制。

4.1 PLC 控制变频系统的硬件结构

在工业自动化控制系统中，最为常见的是变频器和 PLC 的组合应用，由此也产生了多种多样的 PLC 控制变频器的方法，构成了不同类型的 PLC 控制变频系统。

PLC 是一种控制装置，它作为传统继电器的替代产品，广泛应用于工业控制的各个领域。PLC 可以用软件改变控制过程，具有体积小、组装灵活、编程简单、抗干扰能力强及可靠性高等特点，特别适用于在恶劣环境下运行。在与变频器相关的控制中，PLC 控制变频系统属于最通用的一种控制系统，它通常由 3 部分组成，分别是变频器本体、PLC 部分、变频器与 PLC 的接口部分。

在 PLC 控制变频系统的硬件结构中，最重要的就是接口部分，根据连接信号不同，接口部分分为以下几种类型。

1. 开关型指令信号输入

变频器的输入信号可以是对启动与停止、正转与反转、微动等运行状态进行操作的开关型指令信号。PLC 通常利用继电器触点或具有继电器触点开关特性的元器件（如晶体管）与变频器相连，得到运行状态指令，如图 4-1 所示。

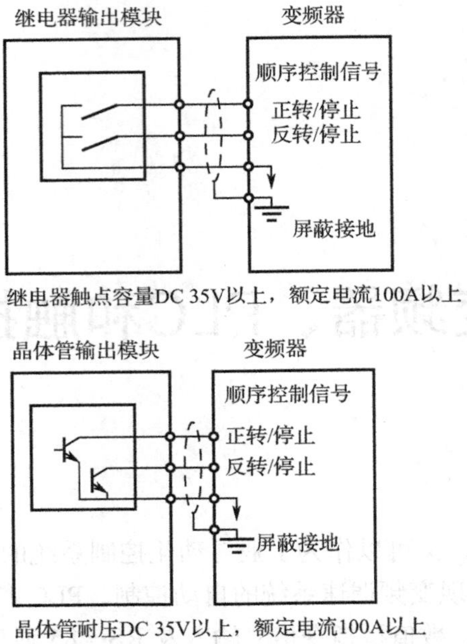

图 4-1　开关型指令信号输入

注意：在使用继电器触点时，常会因为接触不良而带来误动作；在使用晶体管进行连接时，需考虑晶体管本身的电压、电流容量等因素，从而保证系统的可靠性。

在设计变频器输入信号电路时还应该注意，当输入信号电路连接不当时，可能会造成变频器误动作。例如，当输入信号电路采用继电器等感性负载时，由继电器开闭产生的浪涌电流可能引起变频器的误动作，应尽量避免。图 4-2 与图 4-3 给出了变频器输入信号正确与错误的接线例子。

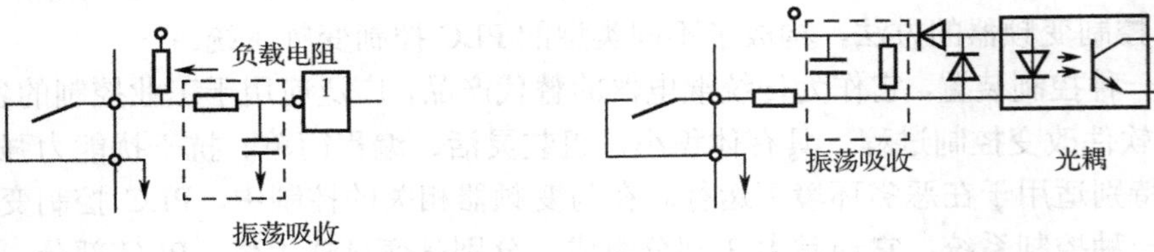

图 4-2　变频器输入信号正确接入方式

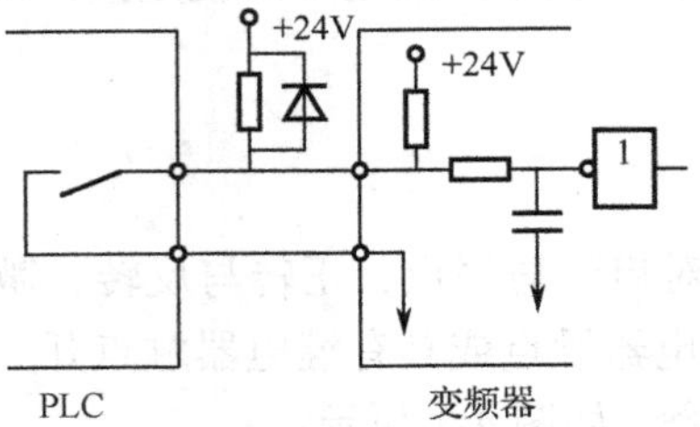

图 4-3　变频器输入信号错误接入方式

2. 数值型指令信号输入

变频器的输入信号也可以是一些数值型指令信号，数值型指令信号可分为数字输入和模拟输入两种。数字输入多采用变频器操作面板上的键盘和串行接口来给定；模拟输入则通过接线端子由外部给定，通常为0～10V/5V的电压信号或0/4～20mA的电流信号。由于接口电路因输入信号的不同而有所差异，因此必须根据变频器的输入阻抗选择PLC的输出模块。

当变频器和PLC的电压信号范围不同时（如变频器的输入电压信号范围为0～10V，而PLC的输出电压信号范围为0～5V；或PLC的输出电压信号范围为0～10V，而变频器的输入电压信号范围为0～5V），由于变频器和晶体管的允许电压、允许电流等因素的限制，需用串联的方式接入限流电阻来分压，以保证不超过PLC和变频器的容量。此外，在连线时还应注意将布线分开，保证主电路一侧的噪声不会传到控制电路。

变频器通常通过接线端子向外部输出模拟监测信号。信号的范围通常为0～10V/5V或0/4～20mA。无论信号的范围属于上述哪种情况，都应注意：PLC一侧输入阻抗的大小要保证电路中电压和电流不超过电路的允许值，从而保证系统的可靠性。

模拟输入的优点是编程简单、调速曲线连续平滑且工作稳定。如图4-4所示为用PLC的模拟量输出模块输出0～5V电压信号或4～20mA电流信号控制变频器的输出频率。缺点是在大规模生产线中，控制电缆较长，尤其是当D/A转换器采用电压信号输出时，线路上有较大的电压降，会影响系统的稳定性和可靠性。

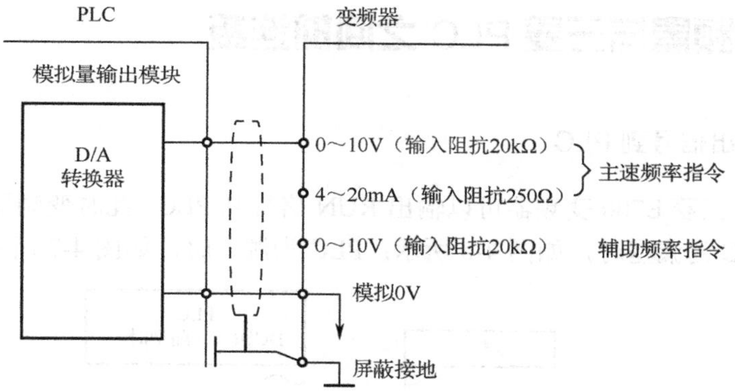

图4-4　用PLC模拟量输出模块控制变频器的输出频率

3. RS-485通信方式

变频器与PLC之间通过RS-485通信方式实施控制的方案已经得到了广泛应用，如图4-5所示，这种方案抗干扰能力强、传输速率高、传输距离远且造价较低。

采用RS-485通信方式必须解决数据编码、求取校验和、成帧、发送数据、接收数据的奇偶校验、超时处理和出错重发等一系列技术问题，一条简单的变频器操作指令有时要编写数十条PLC梯形图程序才能实现，编程工作量大且烦琐，令很多设计者望而生畏。

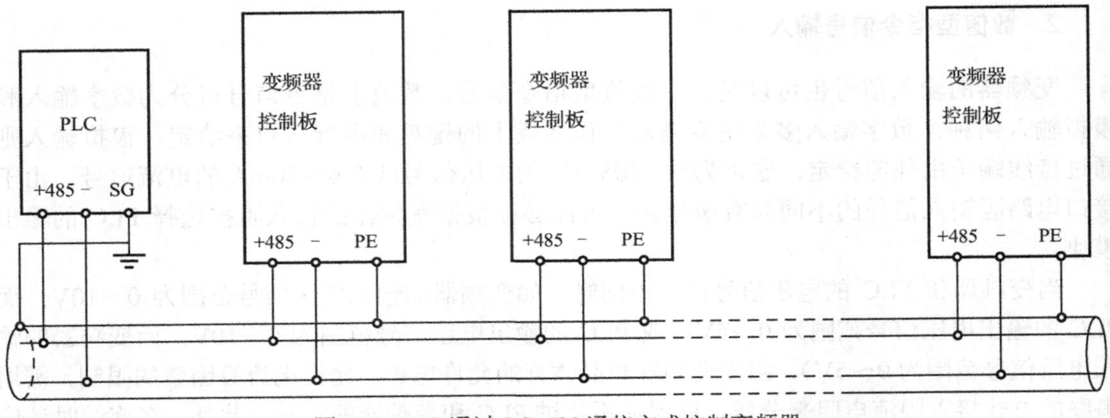

图 4-5　PLC 通过 RS-485 通信方式控制变频器

然而，随着数字技术的发展和计算机应用的日益广泛，现在一个系统往往由多台计算机组成，需要解决多站、远距离通信的问题，当要求通信距离为几十米到上千米时，RS-485 收发器就成了首选。RS-485 收发器采用平衡发送和差分接收方式，具有抑制共模干扰的能力。同时，收发器具有很高的灵敏度，能检测低达 200mV 的电压，故传输信号能在千米以外得到恢复。使用 RS-485 总线，一对双绞线就能实现多站联网，构成分布式系统。由于采用 RS-485 通信方式具有设备简单、价格低廉、能进行长距离通信的优点，故这种方式得到了广泛应用。

4.2　三菱变频器与三菱 PLC 之间的连接

1. 变频器输出信号到 PLC

通常情况下，三菱 E700 变频器可以输出 RUN 信号到 PLC，此时变频器与 PLC 的连接分两种情况，即 PLC 为漏型时，如图 4-6 所示；PLC 为源型时，如图 4-7 所示。

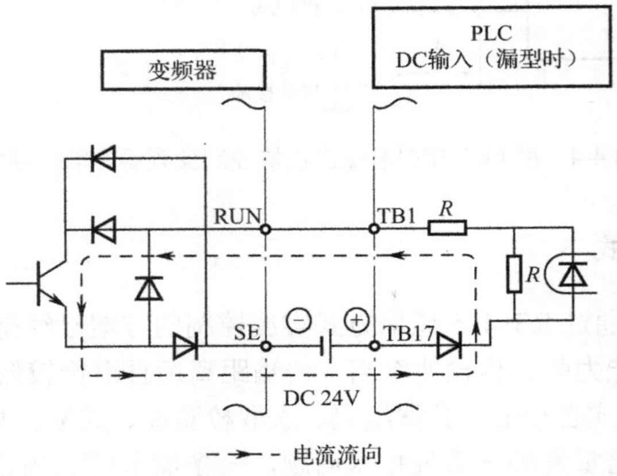

图 4-6　PLC 为漏型时的接线

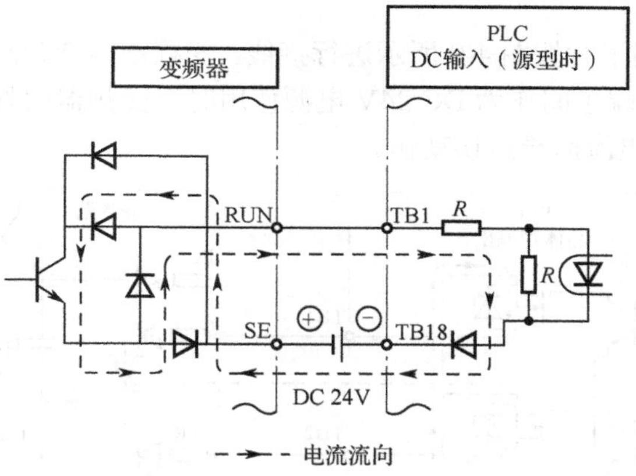

图 4-7 PLC 为源型时的接线

2. PLC 输出信号到变频器

当 PLC 的输出端、COM 端直接与变频器的 STF（正转启动）、RH（高速）、RM（中速）、RL（低速）、SD 等端口分别相连时，PLC 就可以通过程序控制变频器的启动、停止、复位，也可以控制变频器高速、中速、低速端子的不同组合，实现多段速运行。此时，PLC 的开关量输出端一般可以与变频器的开关量输入端直接相连。

1）漏型逻辑

PC 端子作为公共端子时按图 4-8 所示进行接线。变频器的 SD 端子勿与外部电源的 0V 端子连接，且把 PC-SD 端子间作为 DC 24V 电源使用时，变频器的外部不可以设置并联的电源，否则有可能会因漏电流而导致误动作。

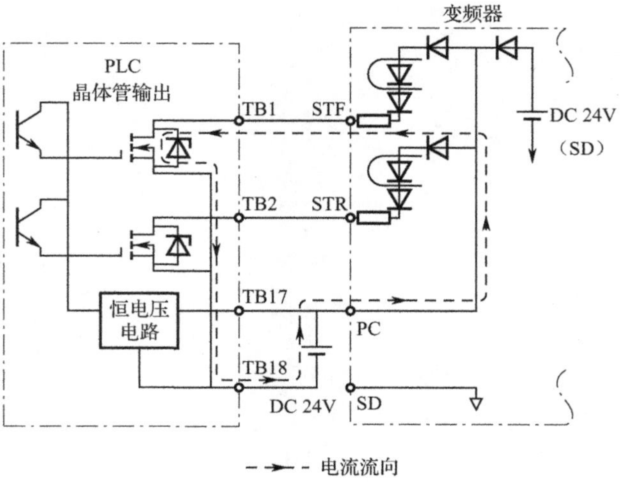

图 4-8 漏型逻辑

2）源型逻辑

SD 端子作为公共端子时按图 4-9 所示进行接线。变频器的 PC 端子勿与外部电源的+24V 端子连接，且把 PC-SD 端子间作为 DC 24V 电源使用时，变频器的外部不可以设置并联的电源，否则有可能会因漏电流而导致误动作。

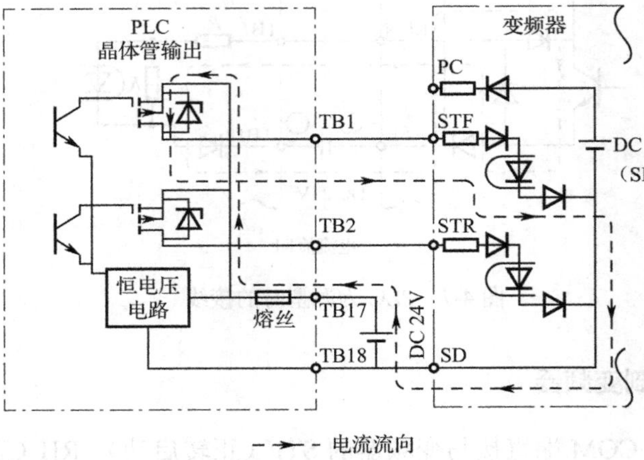

图 4-9　源型逻辑

【学习任务 4-1】 基于三菱 PLC 的变频器外部端子控制电动机正-停-反转

任务描述

通过外部端子控制电动机启动与停止、正转与反转，按下按钮 S1 时电动机正转启动，按下按钮 S3 时电动机停止，待电动机停止运转时，按下按钮 S2 可以使电动机反转。

观看微课

学习步骤

1. 电气接线

按照图 4-10 所示完成变频器与 PLC 的接线，并认真检查，确保接线正确无误。

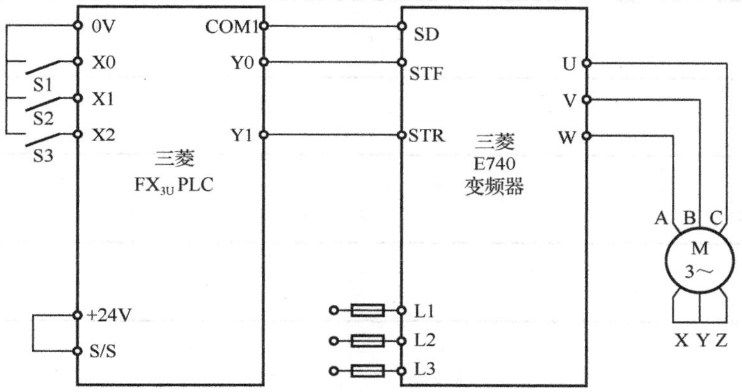

图 4-10 三菱 FX_{3U} PLC 与三菱 E740 变频器的外部接线图

2. 变频器参数设置

接通电源开关，按照表 4-1 所示正确设置变频器参数。

表 4-1 设置变频器参数

序号	变频器参数	出厂值	设定值	功能说明
1	Pr.1	50	50	上限频率（50Hz）
2	Pr.2	0	0	下限频率（0Hz）
3	Pr.7	5	10	加速时间（10s）
4	Pr.8	5	10	减速时间（10s）
5	Pr.9	0	1.0	电子过电流保护
6	Pr.160	9999	0	扩张功能显示选择
7	Pr.79	0	3	操作模式选择
8	Pr.179	61	61	STR 反向启动信号

注：设置参数前，先将变频器参数复位为出厂时的默认设定值。

3. PLC 编程

按要求编写 PLC 控制程序。

4. 用旋钮设定变频器运行频率

（1）按下按钮 S1，观察并记录电动机的运转情况。

（2）先按下按钮 S3，等电动机停止运转后，再按下按钮 S2，观察并记录电动机的运转情况。

5. 学习总结

（1）总结使用变频器外部端子控制电动机点动运行的操作方法。

（2）记录 PLC 与变频器的接线方法及注意事项。

Note

【案例分析 4-1】 基于 PLC 与变频器的风机节能改造

观看微课

案例描述

某公司有 5 台设备共用一台 7.5kW 的吸尘风机，该吸尘风机用于吸取电锯工作时产生的锯屑。不同设备对风量的需求差别不是很大，且设备运转时电锯并非一直工作，而是根据工序要求投入运行。原方案采用电位器调节风量，需要哪台设备的电锯工作就按一下对应的按钮，打开相应的风口，然后根据效果调节电位器以得到适当的风量。但工人在操作过程中经常忘记选择操作按钮，甚至直接将变频器的输出调节到 50Hz，由此造成资源的浪费和设备的损耗。现需要对上述设备进行节能改造，采用 PLC 控制方式，根据各个机台电锯工作的信息对投入工作的电锯台数进行判断，由相应的输出点动作控制变频器的多段速端子，实现五段速控制，具体如表 4-2 所示。

表 4-2 运行电锯台数与变频器输出频率的关系

运行电锯台数/台	对应变频器输出频率/Hz	运行电锯台数/台	对应变频器输出频率/Hz
1	25	4	46
2	34	5	50
3	41		

根据要求进行电气设计、变频器参数设置和 PLC 编程。

分析步骤

1. 电气设计

采用三菱 FX_{3U}-32MR PLC，具体接线如图 4-11 所示。图中，KM1～KM5 表示设备 1～5 的电锯工作信号，SB1 为启动按钮，SB2 为停止按钮。

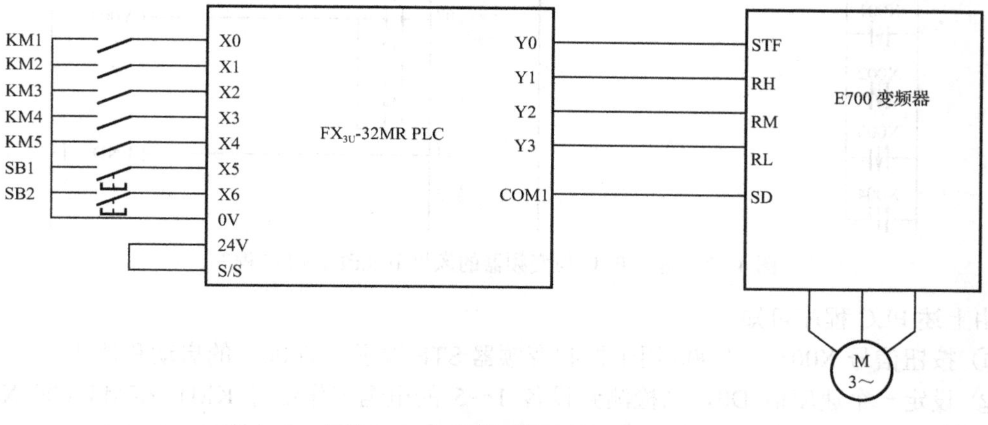

图 4-11 基于 PLC 与变频器的风机节能改造电气图

2. 变频器参数设置

选用三菱 E700 系列的 7.5kW 变频器，根据多段速控制的需要和风机运行的特点，参数设置如下。

（1）Pr.79=2，即采用外部端子控制。

（2）五段速设定，速度的组合如表 4-3 所示。

表 4-3　多段速端子和速度段的组合

速度段	1 速	2 速	3 速	4 速	5 速
控制端子	RL	RM	RH	RL，RM	RL，RH，RM
设定参数	Pr.6=25	Pr.5=34	Pr.4=41	Pr.24=46	Pr.27=50

3. 编写 PLC 程序

程序如图 4-12 所示。

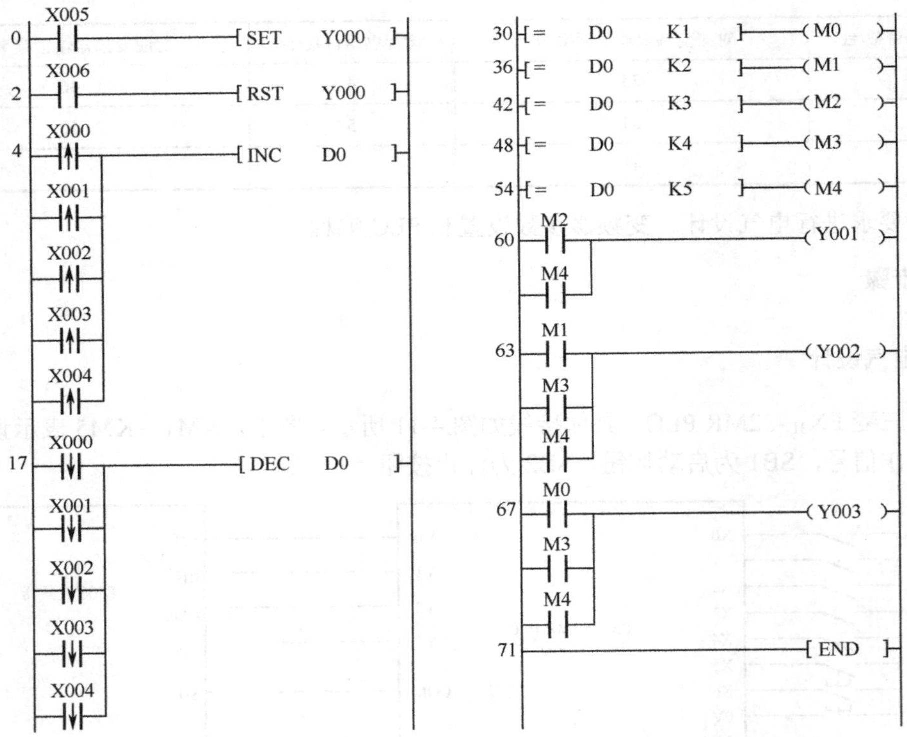

图 4-12　基于 PLC 与变频器的风机节能改造 PLC 程序

由上述 PLC 程序可知：

① 按钮信号 X005 和 X006 用于控制变频器 STF 端子（Y000）的启动和停止。

② 设定一个速度值 D0，当检测到设备 1～5 的电锯工作信号 KM1～KM5（即 X000～X004）的上升沿时，就将 D0 加 1；当检测到该信号的下降沿时，就将 D0 减 1。

③ 将 D0 信号分解为速度 1～5，即变量 M0～M4。

④ 根据表 4-3，将 M0～M4 按逻辑组合输出给 Y001～Y003。

【案例分析 4-2】 通过 FX_{3U}-3A-ADP 模块进行变频器的模拟量控制

案例描述

某 PLC 控制变频系统采用如图 4-13 所示的配置进行远程控制和本地控制，通过转换开关进行控制切换。其中，本地控制为电位器模拟量控制，远程控制为上位机 4～20mA 电流信号控制。请设计电气接线图并编写 PLC 控制程序。

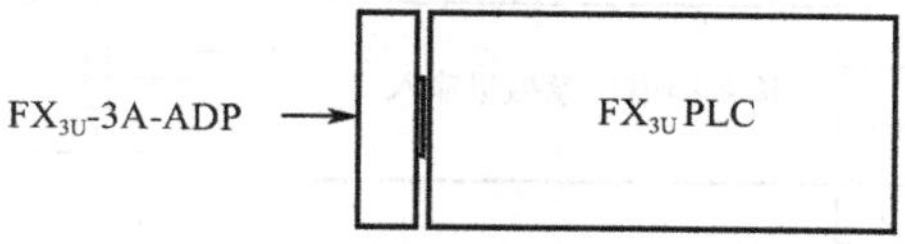

图 4-13　PLC 接线图

分析步骤

1. 电气接线图设计

FX_{3U} PLC 的输入/输出端口定义如表 4-4 所示。

表 4-4　FX_{3U} PLC 的输入/输出端口定义

输　入	功　能	输　出	功　能
X0	启动按钮	Y0	STF
X1	停止按钮		
X2	选择开关（ON：选择电压信号；OFF：选择电流信号）		

FX_{3U}-3A-ADP 与外部模拟量信号、变频器的模拟量输入端子的电气接线图如图 4-14 所示。

2. 变频器参数设置

Pr.79=2；Pr.73=0（端子 2 的输入信号范围为 0～10V）。

3. 编写 PLC 程序

如图 4-14 所示，在 FX_{3U} PLC 上连接了 FX_{3U}-3A-ADP 模块，设定模拟量输入通道 1 为电压输入、模拟量输入通道 2 为电流输入，并将它们的 A/D 转换值分别保存在 D100、D101 中；设定模拟量输出通道为电压输出，并将 D/A 转换输出的数字值设定为 D0。

根据 FX_{3U}-3A-ADP 的软元件特性进行编程，PLC 控制程序如图 4-15 所示。

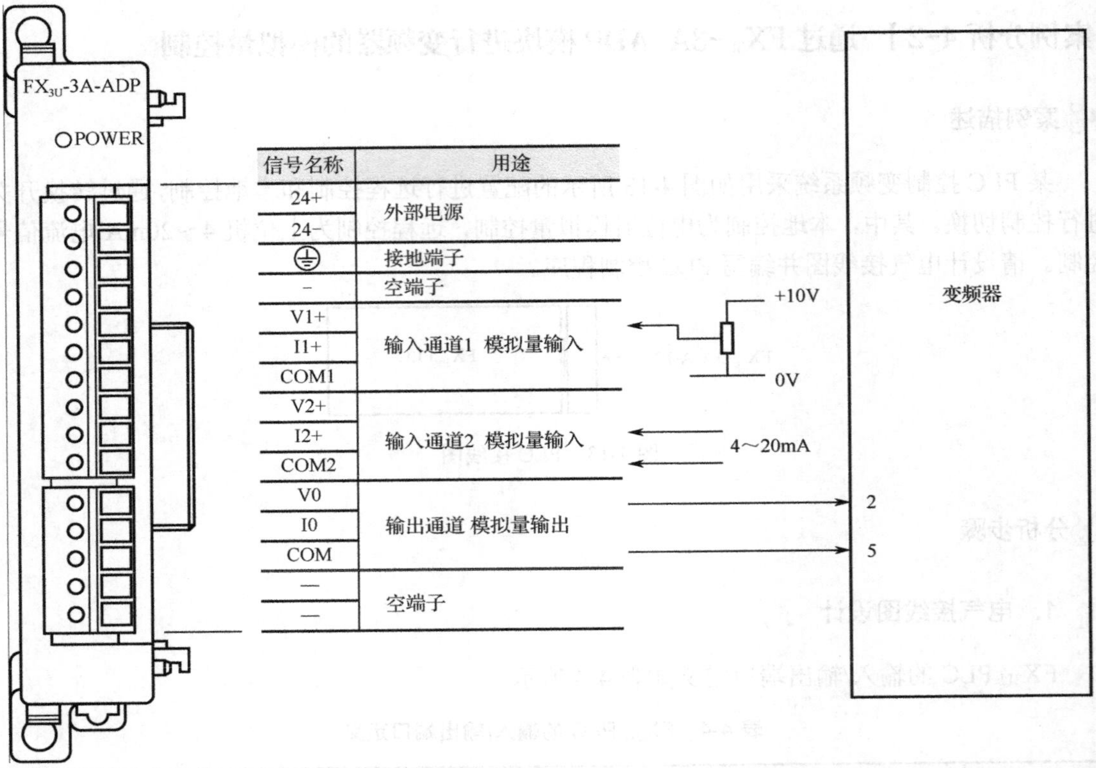

图 4-14　FX_{3U}-3A-ADP 与外部模拟量信号、变频器的模拟量输入端子的电气接线图

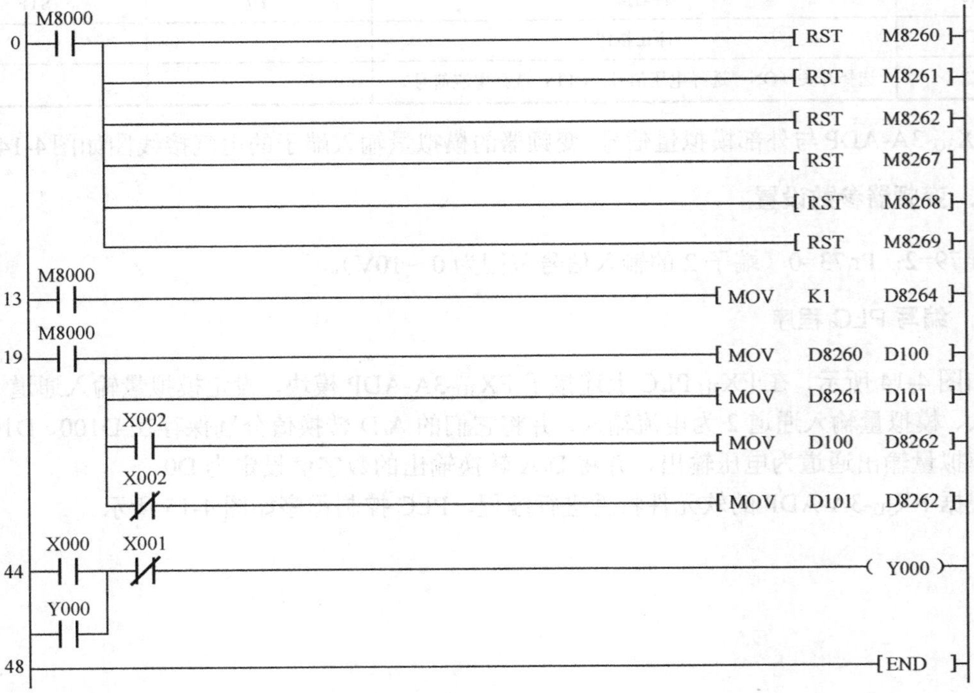

图 4-15　PLC 控制程序

【案例分析 4-3】 基于三菱 PLC 控制工频/变频切换

案例描述

对于变频电动机，当频率上升到 50Hz（工频）并保持长时间运行时，应将电动机切换为工频电网供电，让变频器休息或另作他用；当变频器发生故障时，需将其自动切换到工频运行状态，同时进行声光报警。请设计电气接线图并编写 PLC 控制程序。

分析步骤

1. 电气接线图设计

三菱 PLC 输入/输出端口定义如表 4-5 所示。

表 4-5 三菱 PLC 的输入/输出端口定义

输 入	功 能	输 出	功 能
X0	工频运行方式 SA2	Y0	电源接至变频器 KM1
X1	变频运行方式 SA2	Y1	电动机接至变频器 KM2
X2	工频启动、变频通电 SB1	Y2	电源直接接至电动机 KM3
X3	工频、变频断电 SB2	Y3	变频器运行 KA
X4	变频运行 SB3	Y4	声音报警 HA
X5	变频停止 SB4	Y5	灯光报警 HL
X6	过热保护	Y6	变频器复位 KA
X7	变频器故障		

图 4-16 所示为基于三菱 PLC 控制工频/变频切换电路图。

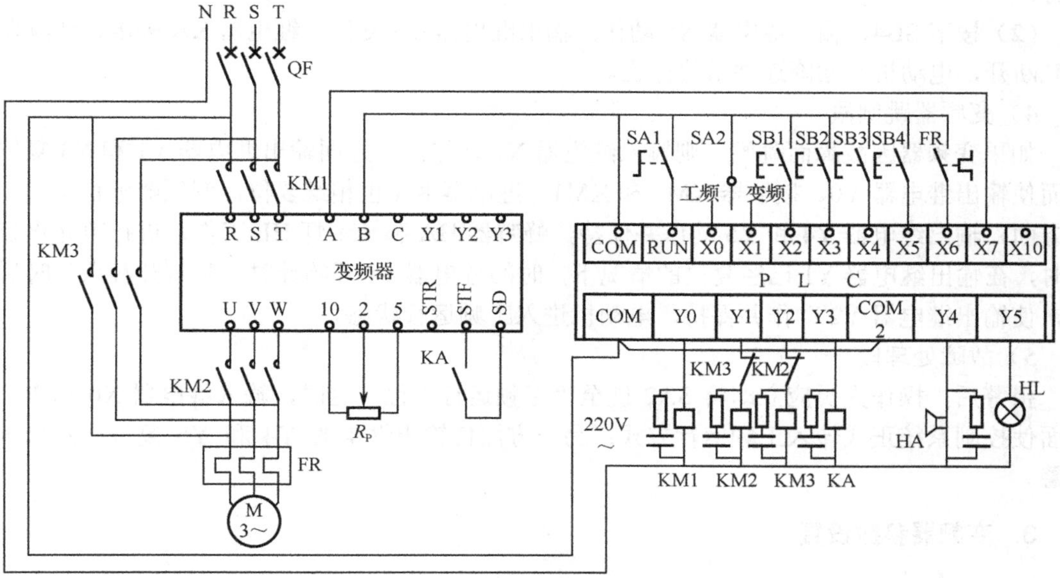

图 4-16 基于三菱 PLC 控制工频/变频切换电气接线图

2. 工作原理

1）工频运行段

（1）将选择开关 SA2 旋至"工频运行"位，使输入继电器 X0 动作，为工频运行做好准备。

（2）按下启动按钮 SB1，输入继电器 X2 动作，使输出继电器 Y2 动作并保持，从而使接触器 KM3 动作，电动机在工频电压下启动运行。

（3）按下停止按钮 SB2，输入继电器 X3 动作，使输出继电器 Y2 复位，从而使接触器 KM3 失电，电动机停止运行。

注意： 如果电动机过载，则热继电器 FR 触点闭合，输出继电器 Y2、接触器 KM3 相继复位，电动机停止运行。

2）变频通电段

（1）将选择开关 SA2 旋至"变频运行"位，使输入继电器 X1 动作，为变频运行做好准备。

（2）按下 SB1，输入继电器 X2 动作，使输出继电器 Y1 动作并保持。一方面接触器 KM2 动作，电动机接至变频器输出端；另一方面，输出继电器 Y0 动作，使接触器 KM1 动作，变频器接通电源。

（3）按下 SB2，输入继电器 X3 动作，在输出继电器 Y3 未动作或已复位的前提下，使输出继电器 Y1 复位，接触器 KM2 复位，切断电动机与变频器之间的联系。同时，输出继电器 Y0 与接触器 KM1 也相继复位，切断变频器的电源。

3）变频运行段

（1）按下 SB3，输入继电器 X4 动作，在输出继电器 Y0 已经动作的前提下，输出继电器 Y3 动作并保持，继电器 KA 动作，变频器的 STF 接通，电动机升速运行。同时，输出继电器 Y3 的常闭触点使停止按钮 SB2 暂时不起作用，防止在电动机运行状态下直接切断变频器的电源。

（2）按下 SB4，输入继电器 X5 动作，输出继电器 Y3 复位，继电器 KA 失电，变频器的 STF 断开，电动机开始降速并最终停止。

4）变频器跳闸段

如果变频器因故障而跳闸，则输入继电器 X7 动作，一方面输出继电器 Y1 和 Y3 复位，从而使输出继电器 Y0、接触器 KM2 和 KM1、继电器 KA 也相继复位，变频器停止工作；另一方面，输出继电器 Y4 和 Y5 动作并保持，蜂鸣器 HA 和指示灯 HL 工作，进行声光报警。同时，在输出继电器 Y1 已经复位的情况下，时间继电器 T1 开始计时，其常开触点延时后闭合，使输出继电器 Y2 动作并保持，电动机进入工频运行状态。

5）故障处理段

报警后，操作人员应立即将 SA2 旋至"工频运行"位。这时，输入继电器 X0 动作，一方面使控制系统正式转入工频运行方式；另一方面使输出继电器 Y4 和 Y5 复位，停止声光报警。

3. 变频器参数设置

变频器的参数可根据电动机的铭牌进行设置。按照控制要求输入保护参数和上下限频率等。

4. 梯形图

如图 4-17 所示为基于三菱 PLC 控制工频/变频切换的梯形图。

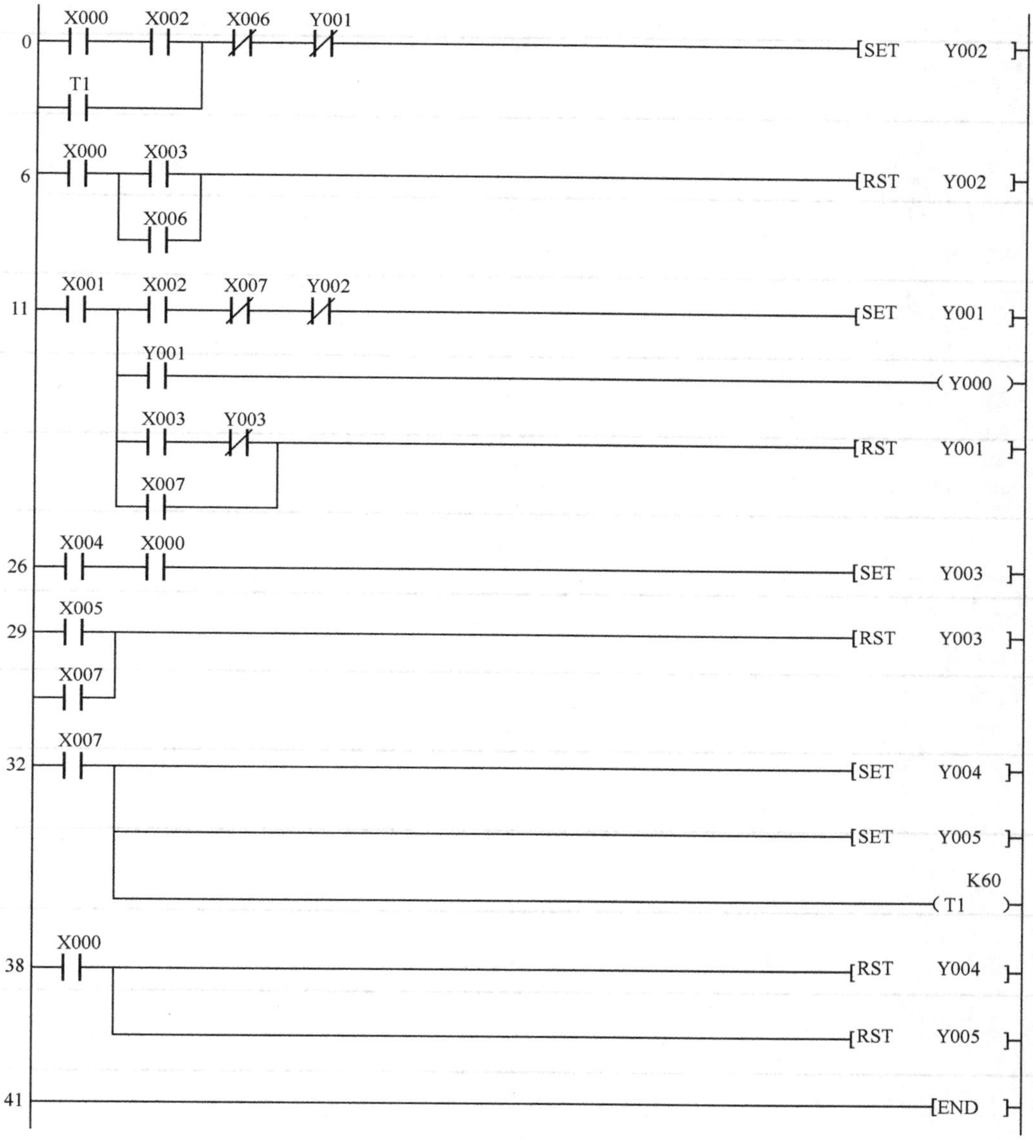

图 4-17 基于三菱 PLC 控制工频/变频切换梯形图

该梯形图的控制过程如下：

工频启动（通电）→工频停止（断电）→变频启动→变频通电→变频断电→变频运行→变频停止→变频故障报警→变频、工频延时切换→故障复位。

Note

4.3　通信控制

4.3.1　变频器通信指令概述

变频器通信指令如表 4-6 所示，包括 IVCK 变频器的运转监视、IVDR 变频器的运行控制、IVRD 变频器的参数读取、IVWR 变频器的参数写入、IVBWR 变频器的参数成批写入、IVMC 变频器的多个命令共 6 个。

表 4-6　变频器通信指令

指令记号	指令格式	功　能
IVCK	IVCK S1• S2• D• n	变频器的运转监视
IVDR	IVDR S1• S2• S3• n	变频器的运行控制
IVRD	IVRD S1• S2• D• n	变频器的参数读取
IVWR	IVWR S1• S2• S3• n	变频器的参数写入
IVBWR	IVBWR S1• S2• S3• n	变频器的参数成批写入
IVMC	IVMC S1• S2• S3• D• n	变频器的多个命令

在表 4-6 所示的指令格式中，共同的操作数说明如下：[S1]为变频器的站号（K0～K31），[S2]为变频器的指令代码或参数编号，[S3]为控制指令或参数值，[D]为保存读出值的软元件编号，[n]为使用的通道（K1：通道 1，K2：通道 2）。

在变频器通信指令运行时，会出现相关的软元件变化，具体如表 4-7 所示。其中，M8063、M8438、D8063、D8438、D8150、D8155 软元件在电源从 OFF 变为 ON 时被清除；M8152、M8157、M8153、M8158、M8154、M8159、D8152、D8157、D8153、D8158、D8154、D8159 软元件在变频器从 STOP 变为 RUN 时被清除。D 数据寄存器的初始值为-1。

表 4-7　通信指令运行时的软元件变化

编　号		内　容	编　号		内　容
通　道　1	通　道　2		通　道　1	通　道　2	
M8029		指令执行结束	D8063	D8438	串行通信错误代码
M8063	M8438	串行通信错误	D8150	D8155	变频器通信响应等待时间
M8151	M8156	变频器通信中	D8151	D8156	变频器通信中的步编号
M8152	M8157	变频器通信错误	D8152	D8157	变频器通信错误代码
M8153	M8158	变频器通信错误锁定	D8153	D8158	发生变频器通信错误的步
M8154	M8159	IVBWR 指令错误	D8154	D8159	IVBWR 指令错误的参数编号

4.3.2 通信指令详解

1. IVCK 指令

IVCK 指令即 INVERTER CHECK 指令，它使用变频器一侧的计算机链接运行功能，在可编程控制器中读出变频器的运行状态。

指令格式如下：

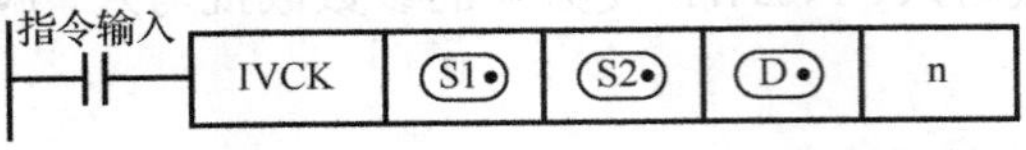

IVCK 指令表示针对通信口 n 上连接的变频器站号[S1]，根据[S2]指令将相应的变频器运行状态读出到[D]中。其中，[S2]所涉及的变频器的常用指令代码及其功能如表 4-8 所示。

表 4-8 IVCK 指令代码及其功能

变频器的指令代码	读出的内容	适用的变频器				
		F700，EJ700，A700，E700，D700，IS70，F800，A800	V500	F500，A500	E500	S500
H7B	运行模式	○	○	○	○	○
H6F	输出频率	○	●*	○	○	○
H70	输出电流	○	○	○	○	○
H71	输出电压	○	○	○	○	—
H72	特殊监控	○	○	○	—	—
H73	特殊监控选择号	○	○	○	—	—
H74	故障内容	○	○	○	○	○
H75	故障内容	○	○	○	○	○
H76	故障内容	○	○	○	○	—
H77	故障内容	○	○	○	○	—
H79	变频器状态监控（扩展）	○	—	—	—	—
H7A	变频器状态监控	○	○	○	○	○
H6E	读取设定频率（EEPROM）	○	●*	○	○	○
H6D	读取设定频率（RAM）	○	●*	○	○	○

●*指进行频率读出时，在执行 IVCK 指令前向指令代码 HFF（链接参数的扩展设定）中写入“0”；当没有写入“0”时，频率可能无法正常读出。

2. IVDR 指令

IVDR 指令即 INVERTER DRIVE 指令，其功能是向可编程控制器写入变频器运行所需的控制值。

指令格式如下：

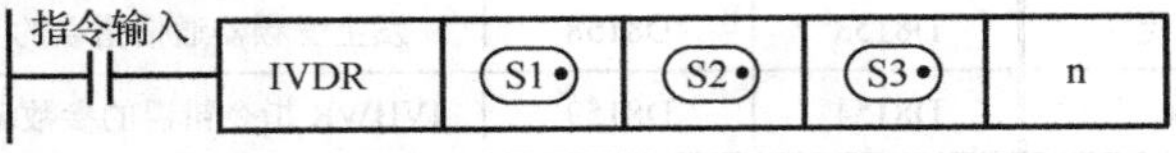

IVDR 指令表示针对通信口 n 上连接的变频器的站号[S1]，根据表 4-9 所示的[S2]指令代码写入到控制值[S3]中。

表 4-9 IVDR 指令代码及其功能

变频器的指令代码	写入的内容	适用的变频器			
		F700，EJ700，A700，E700，D700，IS70，F800，A800	V500	F500，A500	E500，S500
HFB	运行模式	○	○	○	○
HF3	特殊监视的选择号	○	○	○	—
HF9	运行指令（扩展）	○	—	—	—
HFA	运行指令	○	○	○	○
HEE	写入设定频率（EEPROM）	○	○	○	○
HED	写入设定频率（RAM）	○	○	○	○
HFD	变频器复位	○	○	○	○
HF4	故障内容的成批清除	○	—	○	○
HFC	参数的全部清除	○	○	○	○
HFC	用户清除	○	—	○	—
HFF	链接参数的扩展设定	○	○	○	○

注意：由于变频器不会对指令代码 HFD（变频器复位）作出响应，所以即使对没有连接变频器的站号执行变频器复位指令，也不会报错。此外，变频器执行复位指令需要约 2.2s。进行变频器复位时，需在 IVDR 指令的操作数[S3]中指定 H9696，而不要使用 H9966。

在使用 HEE 和 HED 指令进行频率写入时，需在执行 IVDR 指令前向指令代码 HFF（链接参数的扩展设定）中写入“0”；若没有写入“0”，则频率可能无法正常读出。

3. IVRD 指令

IVRD 指令即 INVERTER READ 指令，其功能是在可编程控制器中读出变频器参数。

指令格式如下：

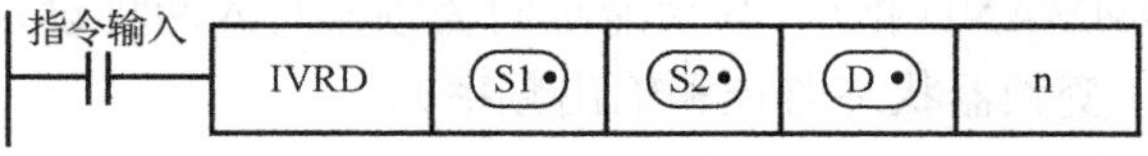

IVRD 指令表示从通信口 n 上连接的变频器站号[S1]中将参数[S2]的值读出到[D]中。

4. IVWR 指令

IVWR 指令即 INVERTER WRITE 指令，其功能是写入变频器的参数。

指令格式如下：

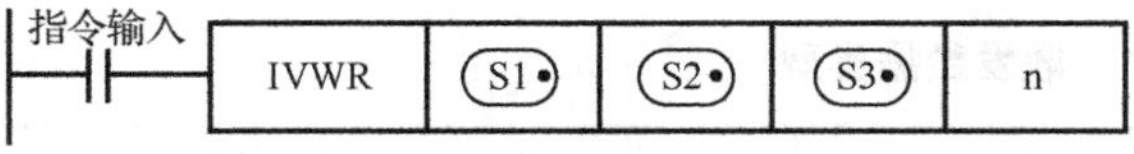

IVWR 指令表示向通信口 n 上连接的变频器站号[S1]的参数[S2]中写入[S3]的值。

使用 IVWR 指令时，一旦在变频器一侧使用密码功能，就需要注意以下两点。

（1）通信错误。使用变频器通信指令发生通信错误时，FX 系列 PLC 以 3 次为限自动重试，因此，对于启用 Pr.297“密码解除错误的次数显示”的变频器，当发生密码解除错误时，Pr.297 的密码解除错误次数可能和实际密码错误输入的次数不一致。

（2）登录密码。使用变频器通信指令向变频器输入登录密码时，将密码写入 Pr.297 后需重新读取 Pr.297，确认密码登录是否正常结束。

5. IVBWR 指令

IVBWR 指令即 INVERTER BLOCK WRITE 指令，其功能是成批写入变频器参数。

指令格式如下：

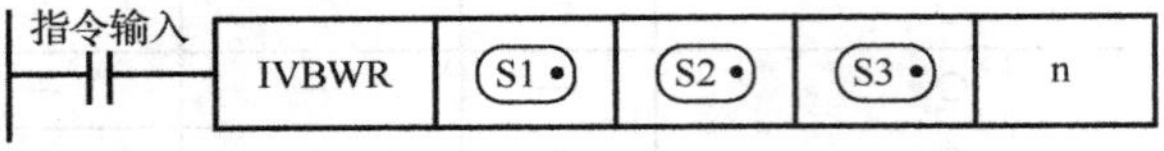

IVBWR 指令表示针对通信口 n 上连接的变频器站号[S1]，将表 4-10 所指定的数据表格（参数编号和设定值）成批地写入变频器中。

表 4-10　数据表格

软　元　件	写入的参数编号及设定值	
S3•	第 1 个	参数编号
S3•+1		设定值
S3•+2	第 2 个	参数编号
S3•+3		设定值
⋮	⋮	⋮
S3•+2 S2•−4	第 S2•−1 个	参数编号
S3•+2 S2•−3		设定值
S3•+2 S2•−2	第 S2• 个	参数编号
S3•+2 S2•−1		设定值

6. IVMC 指令

IVMC 指令即 INVERTER MULTI COMMAND 指令，其功能是向变频器写入两种设定（运行指令和设定频率），同时读取两种数据（变频器状态监控和输出频率）。

指令格式如下：

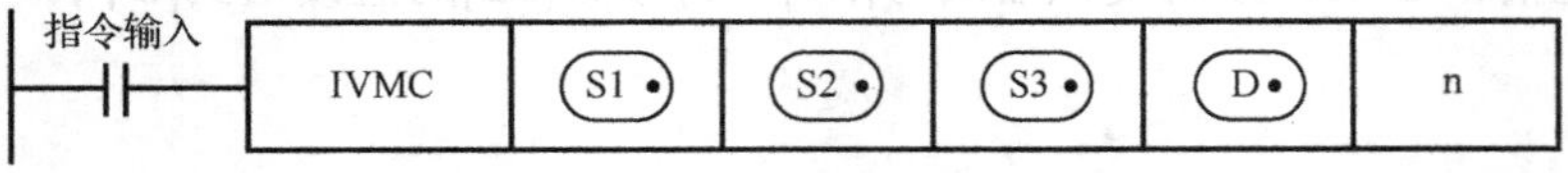

IVMC 指令表示对通信口 n 上连接的变频器站号[S1]执行变频器的多个命令，其收发数据类型如表 4-11 所示。

表 4-11　收发数据类型

S2• 收发数据类型	发送数据（向变频器写入内容）		接收数据（从变频器读出内容）	
（十六进制）	数据 1（S3•）	数据 2（S3•+1）	数据 1（D•）	数据 2（D•+1）
H0000	运行指令（扩展）	设定频率（RAM）	变频器状态监控（扩展）	输出频率（转速）
H0001				特殊监控
H0010		设定频率（RAM，EEPROM）		输出频率（转速）
H0011				特殊监控

【学习任务 4-2】三菱 FX_{3U} PLC 以通信方式控制三菱 E700 变频器

任务描述

采用三菱 FX_{3U}-64MR PLC，以通信方式控制三菱 E700 变频器，具体要求如下。

（1）通过设置 PLC 中的数据自由设置变频器的运行频率。

（2）通过按钮实现正转启动、反转启动和停止。

（3）能获取变频器的实际运行频率，并将其保存在 PLC 的数据中。

学习步骤

1. 完成变频器与 PLC 的接线

如图 4-18 所示为三菱 E700 变频器 PU 接口的引脚图及引脚说明。

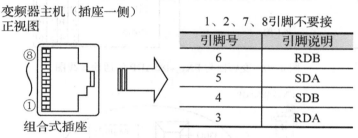

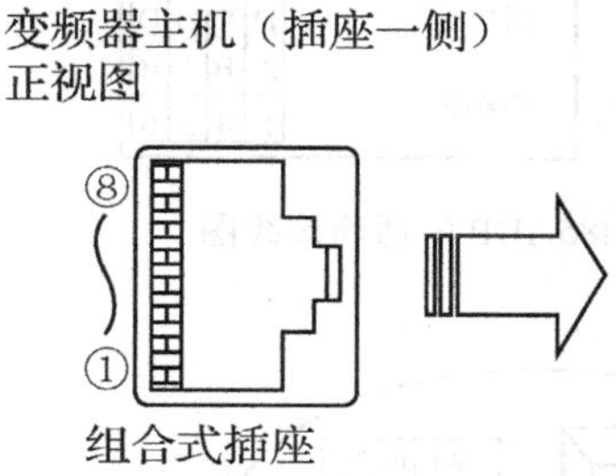

1、2、7、8引脚不要接

引脚号	引脚说明
6	RDB
5	SDA
4	SDB
3	RDA

图 4-18　三菱 E700 变频器 PU 接口的引脚图及引脚说明

如图 4-19 所示为 PLC 与变频器的通信接线图，其中，PLC 需要安装 FX_{3U}-485ADP。在图 4-20 中，R_1 为终端电阻，阻值为 110Ω，可通过 FX_{3U}-485ADP 的内开关设置其阻值（图 4-21）；R_2 为终端电阻，阻值为 100Ω，需要用户自己安装。

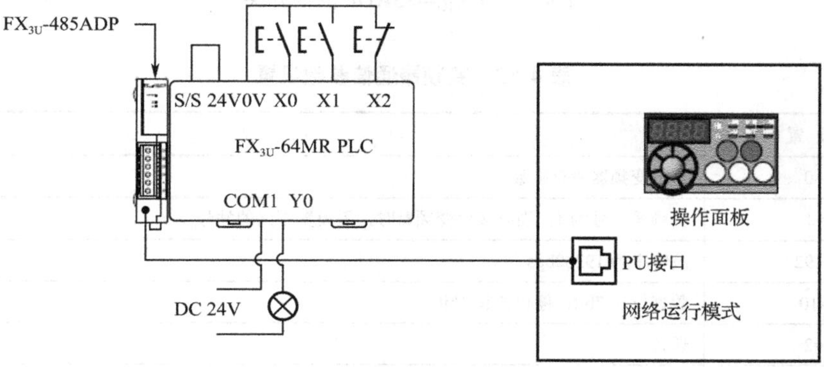

图 4-19　PLC 与变频器的通信接线图

2. 变频器通信参数设置

表 4-12 给出了变频器通信参数设置，主要涉及站号（Pr.117）、通信速率（即波特率，Pr.118）、数据位长（Pr.119）、奇偶校验（Pr.120）、通信重试次数（Pr.121）、通信检测间隔时间（Pr.122）、数据格式（Pr.124）以及变频器频率指令和启动指令（Pr.338、Pr.340、Pr.79）。变频器参数设

好后，需要断电后再上电。

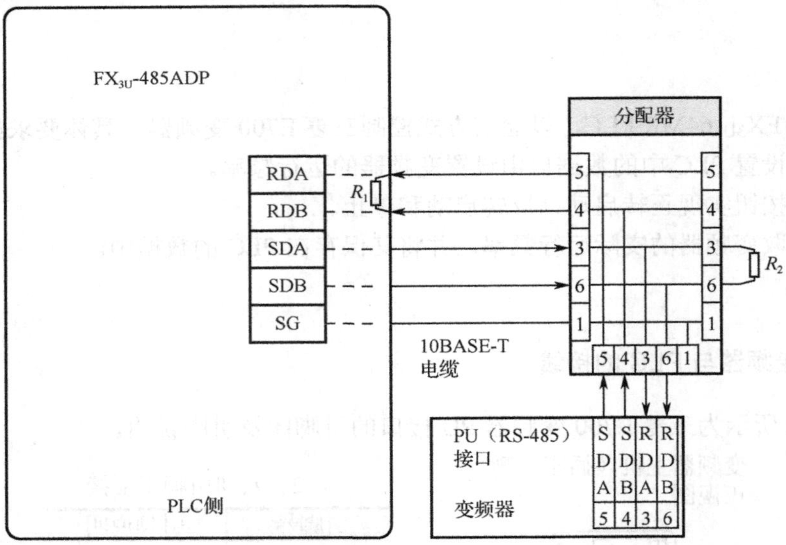

图 4-20　变频器与 FX_{3U}-485ADP 的通信接线图

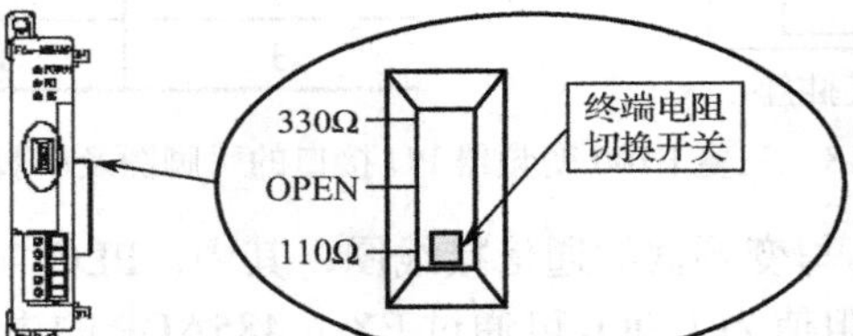

图 4-21　FX_{3U}-485ADP 的内开关

表 4-12　变频器通信参数设置

参数设置	含　义
Pr.160=0	显示变频器所有参数
Pr.117=1	变频器站号为 1，当有多台变频器时，需设置不同的站号
Pr.118=192	波特率为 19200bps
Pr.119=10	数据位长 7bit，停止位长 1bit
Pr.120=2	偶数
Pr.121=5	PU 通信重试次数
Pr.122=2.0	PU 通信检测间隔时间
Pr.124=1	格式 1（无 CR，LF）
Pr.338=0	变频器运行指令权（如正反转）由通信控制
Pr.340=1	网络模式
Pr.79=2	外部控制及网络模式

3. FX_{3U}机型 PLC 的参数设置

在编程软件 GX Works2 中，进行如图 4-22 所示的 FX_{3U}机型 PLC 的参数设置。

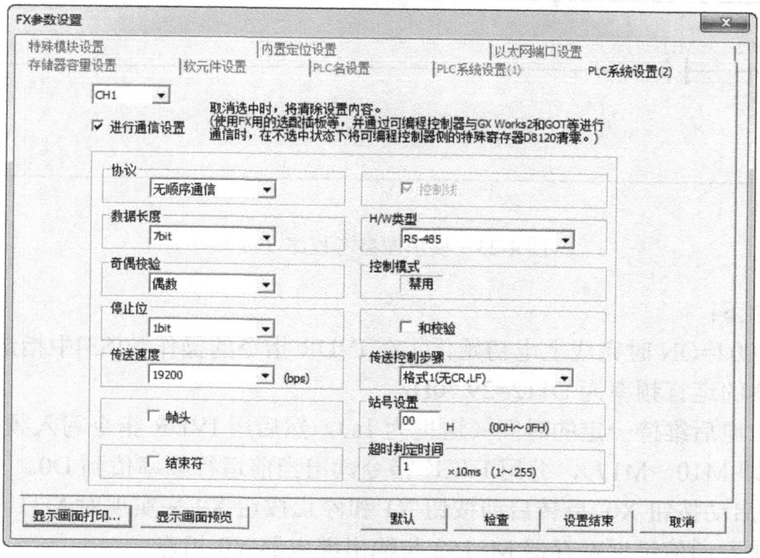

图 4-22 FX_{3U}机型 PLC 的参数设置

具体设置如下：协议→无顺序通信；数据长度→7bit；奇偶校验→偶数；停止位→1bit；传送速度→19200bps；H/W 类型→RS-485；传送控制步骤→格式 1（无 CR，LF）；站号设置→00H；超时判定时间→1×10ms。

4. 程序编制

编制程序，参考程序如图 4-23 所示。向 FX_{3U}机型 PLC 写入程序，断电后再上电。

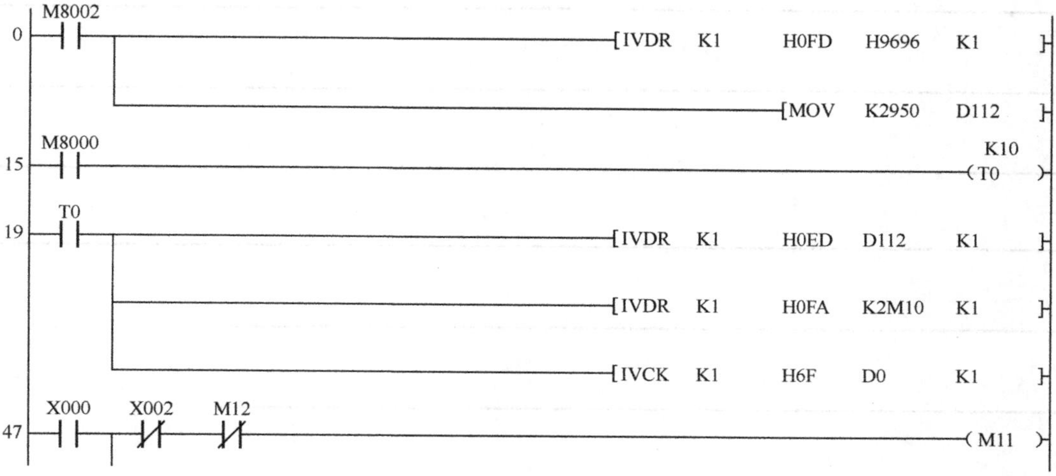

图 4-23 梯形图参考程序

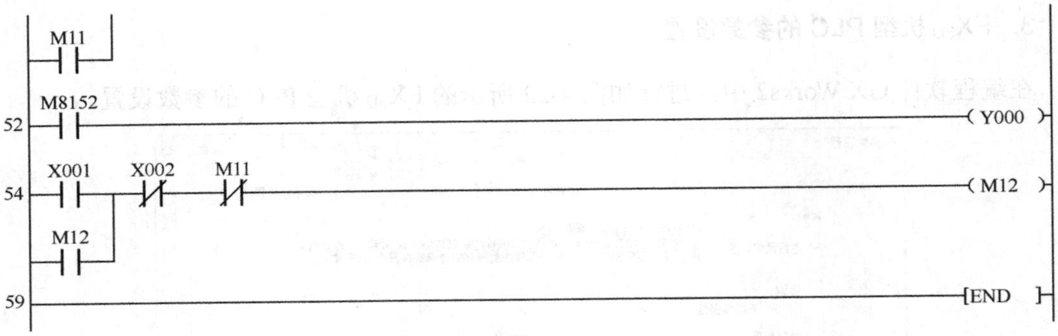

图 4-23　梯形图参考程序（续）

程序解释如下：

（1）当 M8002=ON 时完成上电初始化，在 IVDR 指令的操作数[S3]中指定 H9696 进行复位，并置变频器的运行频率为 D112=29.50Hz。

（2）确保上电后维持一定的时间（这里为 1s），然后用 IVDR 指令写入频率 D112 和启动指令 K2M10（即 M10～M17），并用 IVCK 指令读出当前运行频率值到 D0。

（3）用正转启动按钮 X0、反转启动按钮 X1 和停止按钮 X2 来实现对 M11 和 M12 的控制。

（4）将变频器通信错误寄存器 M8152 与输出继电器 Y0 相连。

Note

4.4 变频器、PLC 和触摸屏之间的控制

4.4.1 TPC7062K 触摸屏概述

TPC7062K 触摸屏具有高清、可靠、功耗低、配置高等优点，在工业控制中应用非常广泛。

TPC7062K 触摸屏的外部接口说明如图 4-24 所示，其串口引脚定义如图 4-25 所示。

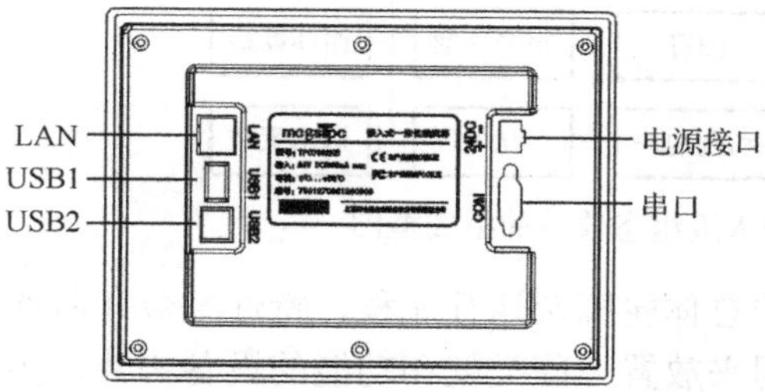

外部接口名称	功　能
LAN（RJ45）	以太网接口
串口（DB9）	1×RS-232，1×RS-485
USB1	主口，与 USB1.1 兼容
USB2	从口，用于下载工程
电源接口	DC 24V×(1±20%)

图 4-24　TPC7062K 触摸屏外部接口说明

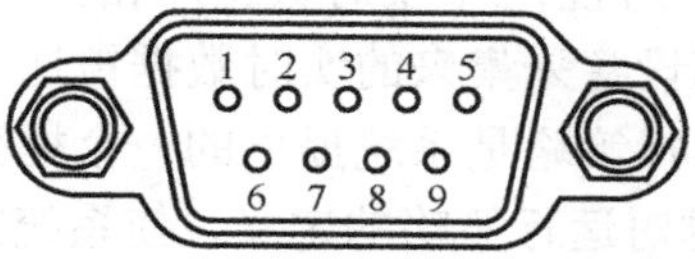

串口	PIN	引脚定义
COM1	2	RS-232 RXD
	3	RS-232 TXD
	5	GND
COM2	7	RS-485+
	8	RS-485−

图 4-25　TPC7062K 触摸屏串口引脚定义

4.4.2 认识 MCGS 嵌入版组态软件

1. MCGS 嵌入版组态软件的主要功能

（1）具有简单灵活的可视化操作界面。

（2）具有良好的并行处理性能。

（3）可以为用户提供丰富、生动的多媒体画面。

（4）具有完善的安全机制，可以为多个不同级别用户设定不同的操作权限。

（5）具有强大的网络通信功能。

（6）可以为用户提供多种报警方式，方便用户进行报警设置。

（7）支持多种硬件设备。

总之，MCGS 嵌入版组态软件具有与通用组态软件一样强大的功能，并且操作简单、易学易用。

2. MCGS 嵌入版组态软件的组成

MCGS 嵌入版组态软件由主控窗口、设备窗口、用户窗口、实时数据库和运行策略 5 部分构成，如图 4-26 所示。

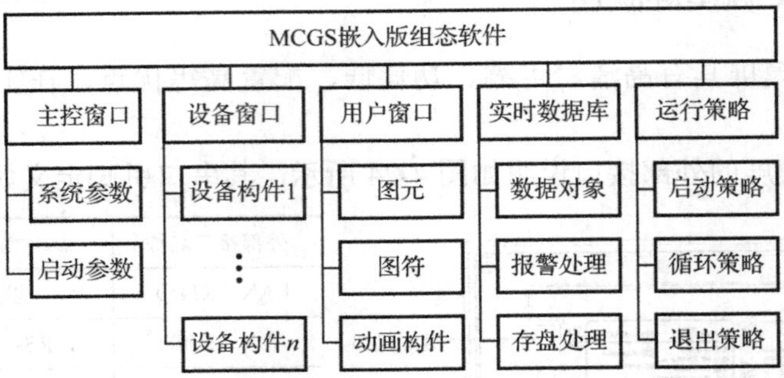

图 4-26 MCGS 嵌入版组态软件的组成框图

主控窗口确定了工业控制中工程作业的总体轮廓及运行流程、特性参数和启动特性等内容，是应用系统的主框架。设备窗口专门用来放置不同类型和功能的设备构件，实现对外部设备的操作和控制。设备窗口通过设备构件把外部设备的数据采集进来，送入实时数据库，或把实时数据库中的数据输出到外部设备。在用户窗口中可以放置 3 种不同类型的图形对象：图元、图符和动画构件。通过在用户窗口内放置不同的图形对象，用户可以构造各种复杂的图形界面，用不同的方式实现数据和流程的“可视化”。实时数据库相当于一个数据处理中心，同时也起到公共数据交换区的作用。从外部设备采集来的实时数据被送入实时数据库，系统其他部分操作的数据均来自实时数据库。运行策略是系统提供的一个框架，里面放置由策略条件构件和策略构件组成的“策略行”，通过对运行策略的定义，使系统能够按照设定的顺序和条件操作任务，实现对外部设备工作过程的精确控制。

3. TPC7062K 触摸屏与 PLC 的接线

（1）PLC 与 TPC7062K 触摸屏的通信方式。TPC7062K 触摸屏与主流 PLC 均可以通信，其中与三菱 FX 系列 PLC 通信的接线方式如图 4-27 所示。

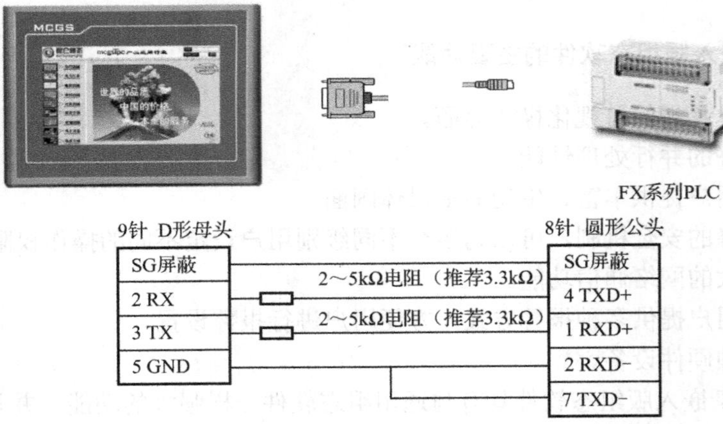

图 4-27 TPC7062K 触摸屏与三菱 FX 系列 PLC 通信的接线方式

（2）连接 TPC7062K 触摸屏和计算机。如图 4-28 所示为普通的 USB 连接线，将扁平接口的一端插至计算机的 USB 接口，将微型接口的一端插至 TPC7062K 触摸屏的 USB2 接口。

（3）工程下载。单击工具栏中的“下载”按钮，进行下载配置，如图 4-29 所示。选择“联机运行”，将连接方式设置为“USB 通信”，然后单击“通信测试”按钮，通信测试正常后，单击“工程下载”按钮。

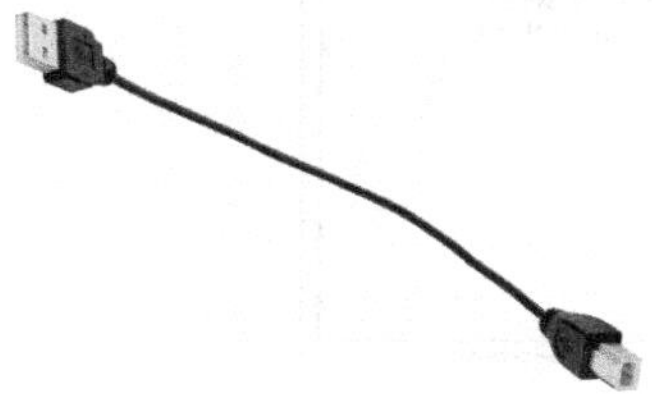

图 4-28　USB 连接线

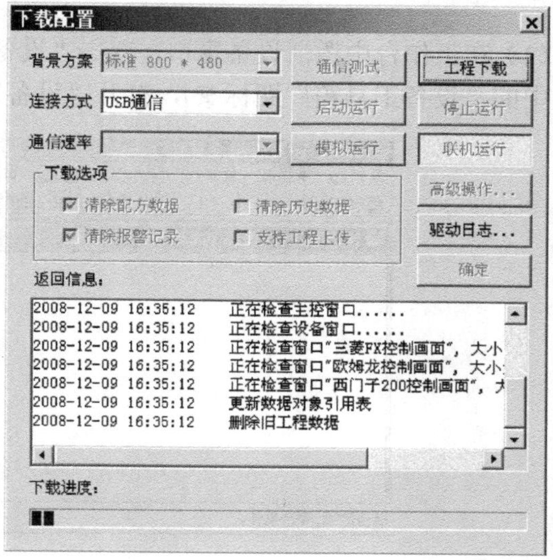

图 4-29　下载配置窗口

4.4.3　触摸屏与 PLC 的工程应用

双击 Windows 操作系统桌面上的组态软件快捷方式图标，可打开 MCGS 嵌入版组态软件，然后按如下步骤建立通信工程。

（1）选择“文件”菜单下的“新建工程”选项，弹出“新建工程设置”对话框，如图 4-30 所示，将 TPC 类型设置为“TPC7062K”，单击“确定”按钮。

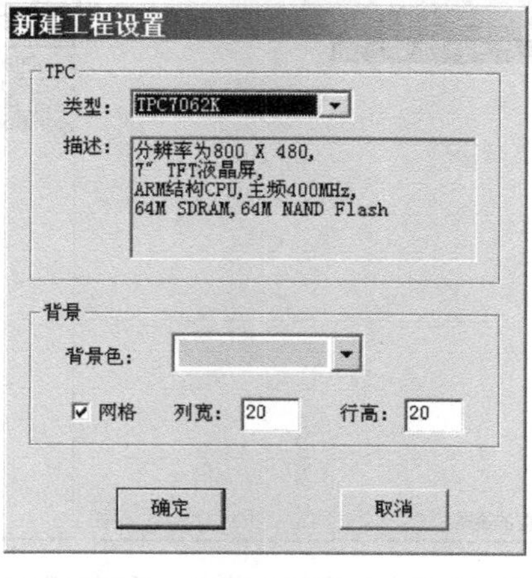

图 4-30　“新建工程设置”对话框

（2）选择“文件”菜单下的“工程另存为”选项，弹出文件保存窗口。

（3）在文件名一栏内输入“TPC 通信控制工程”，单击“保存”按钮，工程创建完毕。

这里通过实例介绍在 MCGS 嵌入版组态软件中建立同三菱 FX 系列 PLC 通信的步骤，实际操作地址是三菱 PLC 中的 Y0、Y1、Y2、D0 和 D2。

1. 设备组态

（1）在工作台中激活设备窗口，双击“设备窗口”图标，进入设备组态画面。单击工具栏中的“设备工具箱”图标，打开“设备工具箱”窗口，如图 4-31 所示。

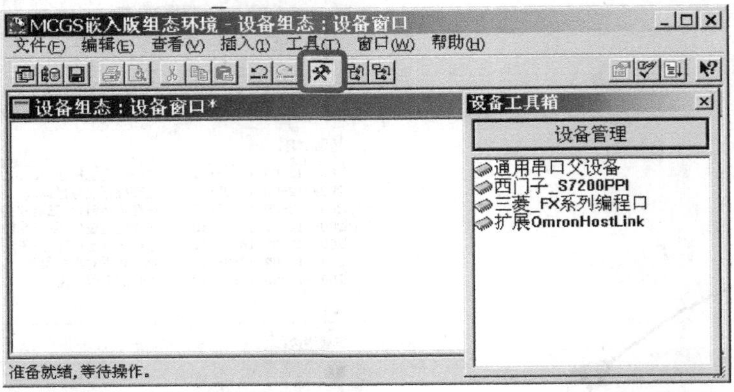

图 4-31 “设备工具箱”窗口

（2）在“设备工具箱”窗口按先后顺序双击“通用串口父设备”和“三菱_FX 系列编程口”选项，将其添加到组态画面中，如图 4-32 所示。当出现提示“是否使用‘三菱_FX 系列编程口’驱动的默认通信参数设置串口父设备参数？”时，如图 4-33 所示，单击“是”按钮即可。

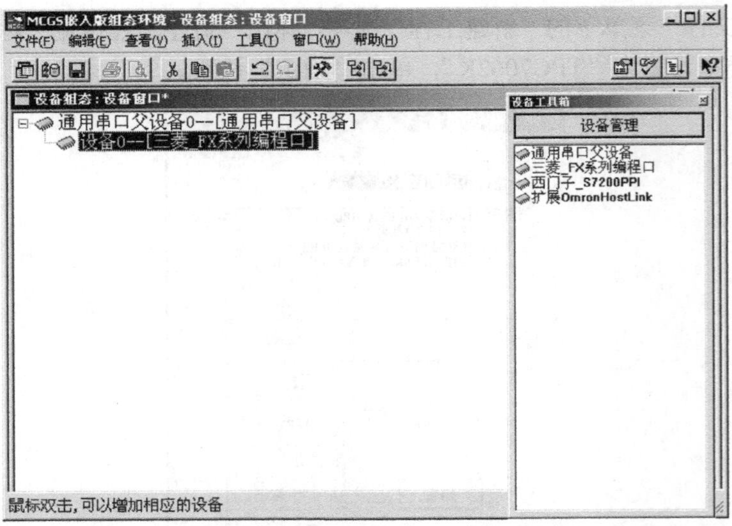

图 4-32 将“通用串口父设备”和“三菱_FX 系列编程口”添加到组态画面

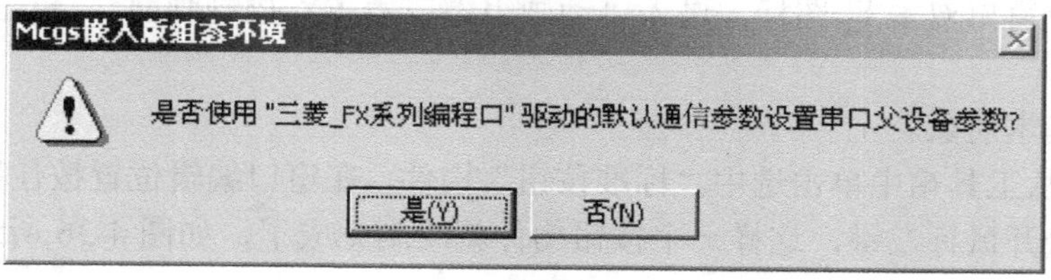

图 4-33 提示对话框

完成所有操作后关闭设备窗口，返回工作台。

2. 窗口组态

（1）在工作台中激活用户窗口，单击“新建窗口”按钮，建立新画面“窗口 0”，如图 4-34 所示。

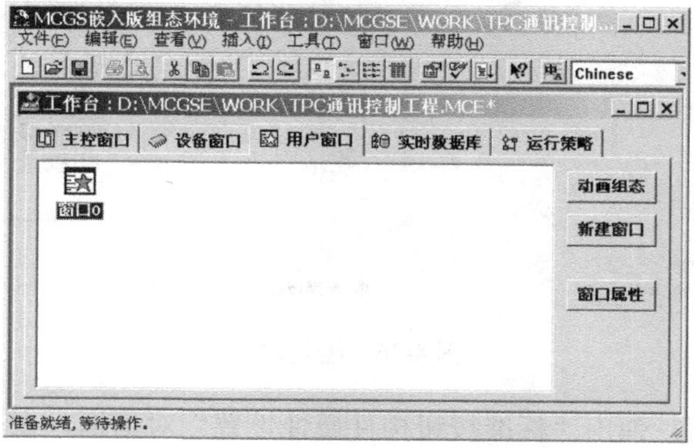

图 4-34 建立新画面“窗口 0”

（2）单击“窗口属性”按钮，弹出“用户窗口属性设置”对话框，在“基本属性”选项卡中，将窗口名称修改为“三菱 FX 控制画面”，单击“确认”按钮进行保存，如图 4-35 所示。

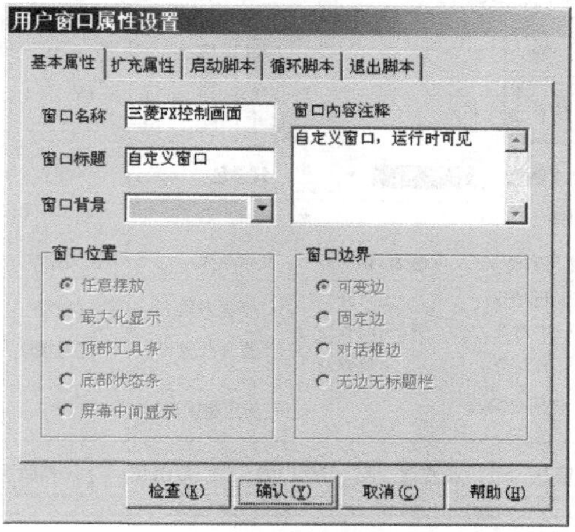

图 4-35 “用户窗口属性设置”对话框

（3）在用户窗口双击图标，进入“动画组态三菱 FX 控制画面”，单击按钮，打开“工具箱”备用。

（4）建立基本对象。

① 按钮。从工具箱中单击选中“标准按钮”构件，在窗口编辑位置按住鼠标左键，拖放出一定大小后松开鼠标左键，这样一个按钮构件就绘制完成了，如图 4-36 所示。

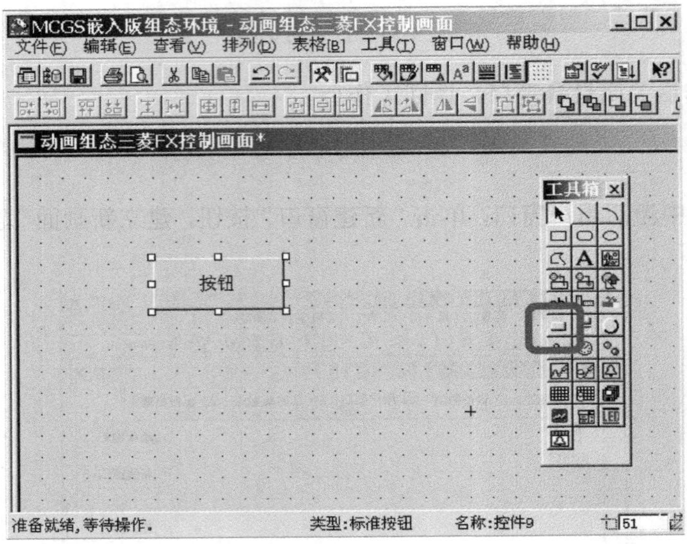

图 4-36　绘制按钮

接下来双击该按钮，弹出“标准按钮构件属性设置”对话框，在“基本属性”选项卡中将文本修改为“Y0”，单击“确认”按钮保存，如图 4-37 所示。

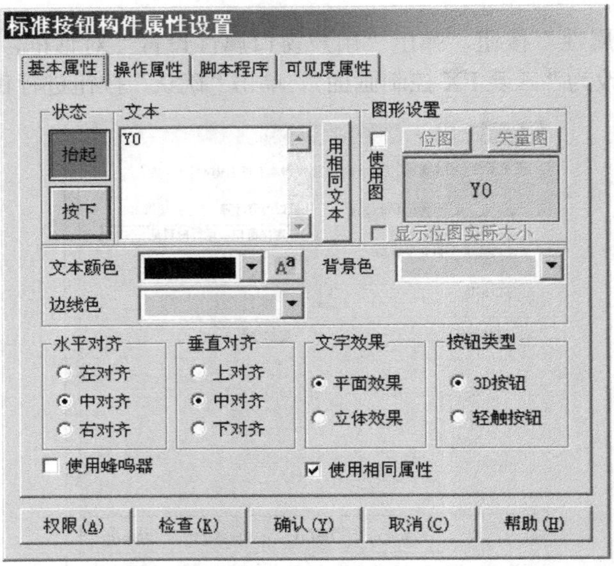

图 4-37　“标准按钮构件属性设置”对话框（一）

按照同样的操作分别绘制另外两个按钮，将文本修改为“Y1”和“Y2”，完成后如图 4-38 所示。按住键盘上的 Ctrl 键，然后单击鼠标左键同时选中 3 个按钮，使用工具栏中的“等高宽”“左（右）对齐”“纵向等间距”对 3 个按钮进行排列对齐，排列对齐后的效果如图 4-39 所示。

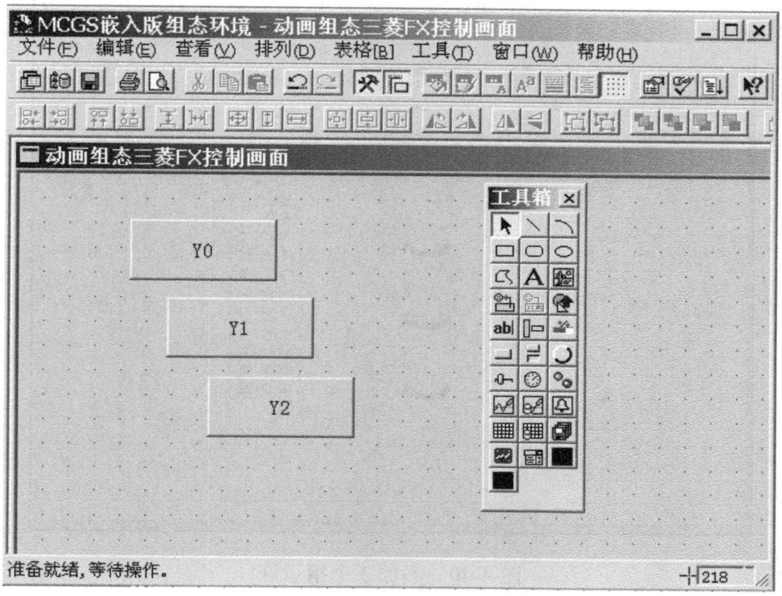

图 4-38 绘制另外两个按钮

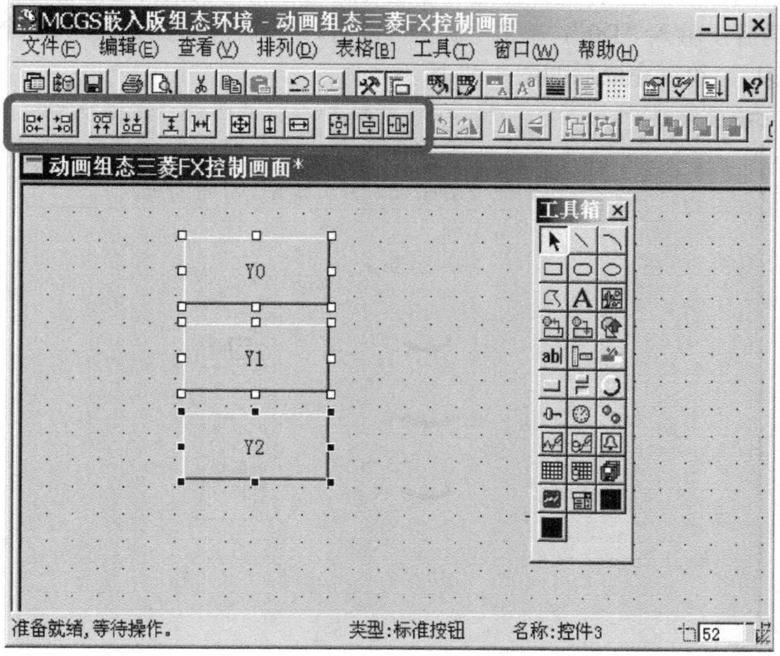

图 4-39 对 3 个按钮进行排列对齐

② 指示灯。单击工具箱中的“插入元件”按钮，弹出“对象元件库管理”对话框，选中对象元件库指示灯中的一款，单击“确认”按钮将其添加到窗口画面中，并调整到合适大小。用同样的方法再添加两个指示灯，摆放在窗口中按钮旁边的位置，如图 4-40 所示。

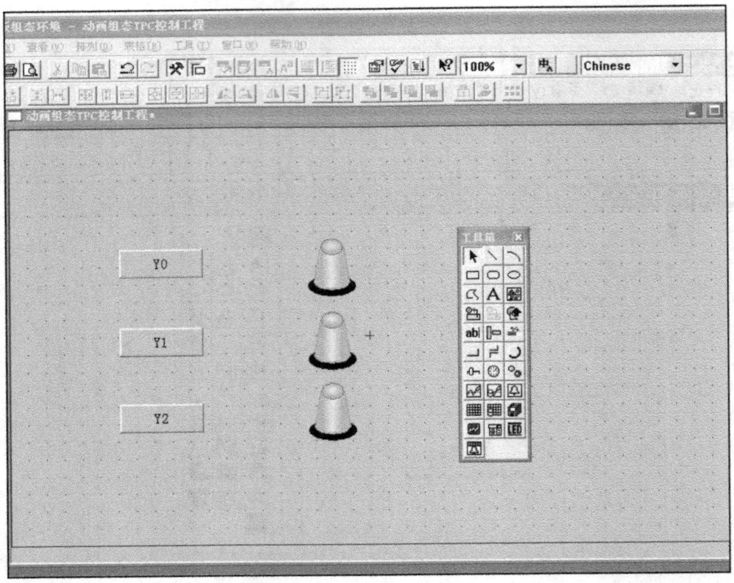

图 4-40　添加 3 个指示灯

③ 标签。单击工具箱中的“标签”按钮，在窗口处按住鼠标左键，拖放出一定大小的标签，如图 4-41 所示。双击该标签，弹出“标签动画组态属性设置”对话框，在“扩展属性”选项卡的文本内容中输入“D0”，单击“确认”按钮。用同样的方法添加另一个标签，在文本内容中输入“D1”。绘制完成后如图 4-42 所示。

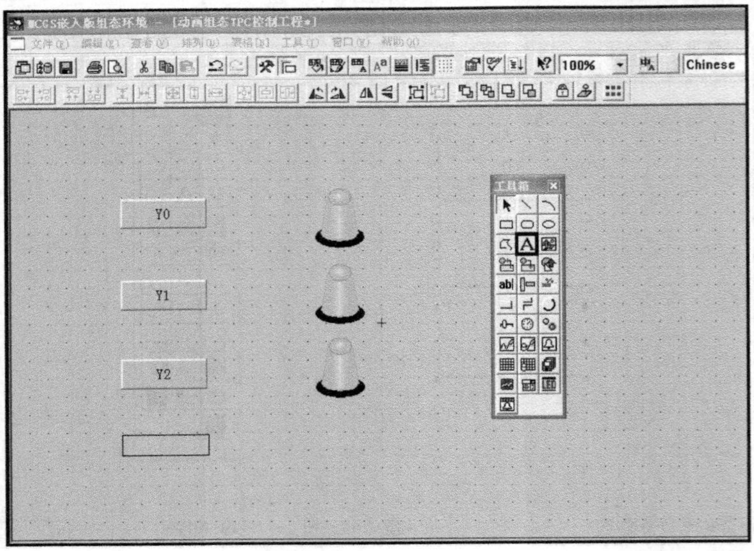

图 4-41　绘制标签

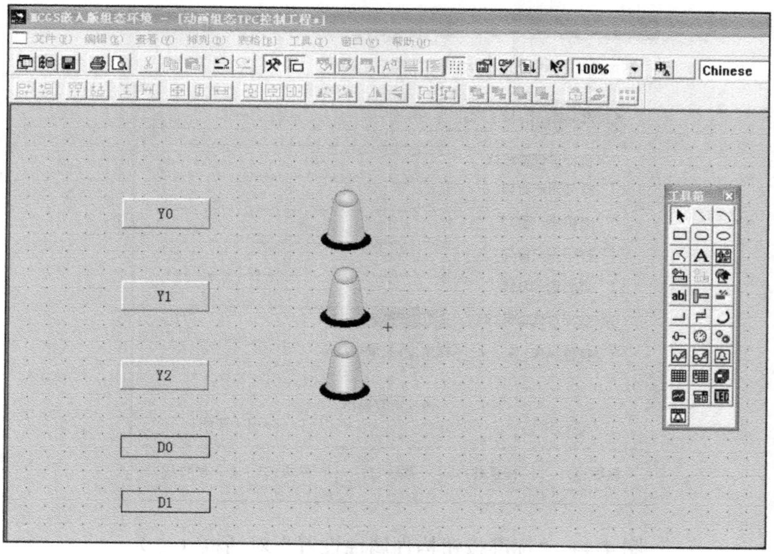

图 4-42 绘制两个标签

④ 输入框。单击工具箱中的“输入框”按钮，在窗口处按住鼠标左键，拖放出两个相同大小的“输入框”，分别摆放在 D0、D1 标签的旁边位置，如图 4-43 所示。

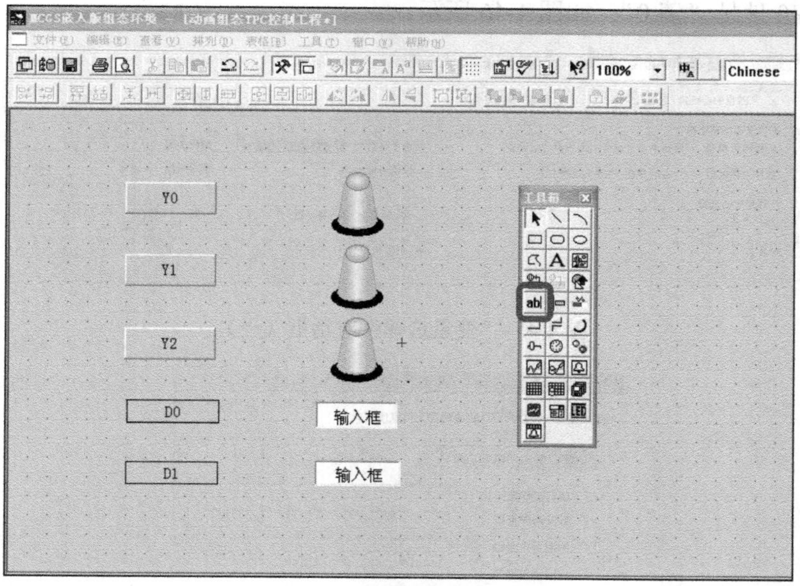

图 4-43 绘制两个输入框

3. 建立数据链接

（1）按钮。双击 Y0 按钮，弹出“标准按钮构件属性设置”对话框，如图 4-44 所示。在“操作属性”选项卡中，默认“抬起功能”按钮为按下状态，勾选“数据对象值操作”复选框，在其下拉列表中选择“清 0”选项。

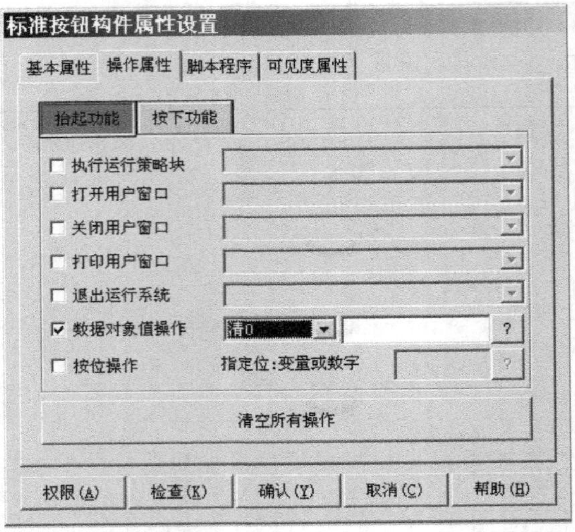

图 4-44 “标准按钮构件属性设置”对话框（二）

单击“问号”按钮[?]，弹出“变量选择”对话框，点选“根据采集信息生成”单选按钮，将通道类型设置为“Y 输出寄存器”，通道地址设置为“0”，读写类型设置为“读写”，如图 4-45 所示，设置完成后单击“确认”按钮。实现的功能为在 Y0 按钮抬起时，对三菱 FX 系列 PLC 的 Y0 地址“清 0”，如图 4-46 所示。

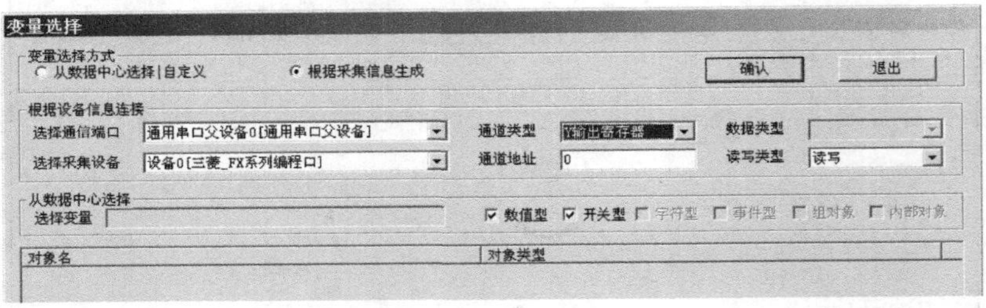

图 4-45 “变量选择”对话框（一）

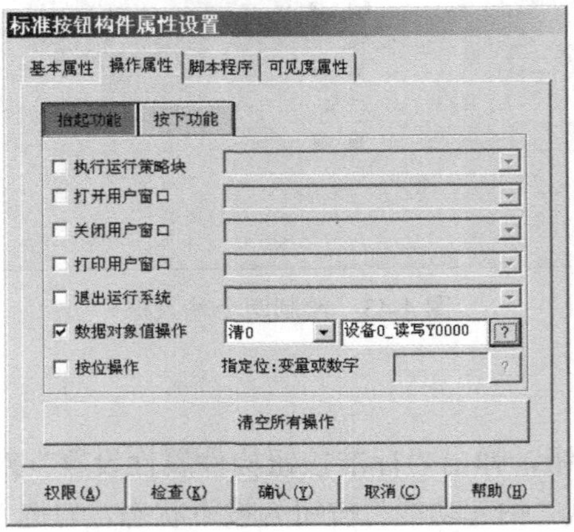

图 4-46 “标准按钮构件属性设置”对话框（三）

单击“按下功能”按钮进行设置，勾选“数据对象值操作”复选框，选择“置1”和“设备0_读写 Y0000”，如图4-47所示。

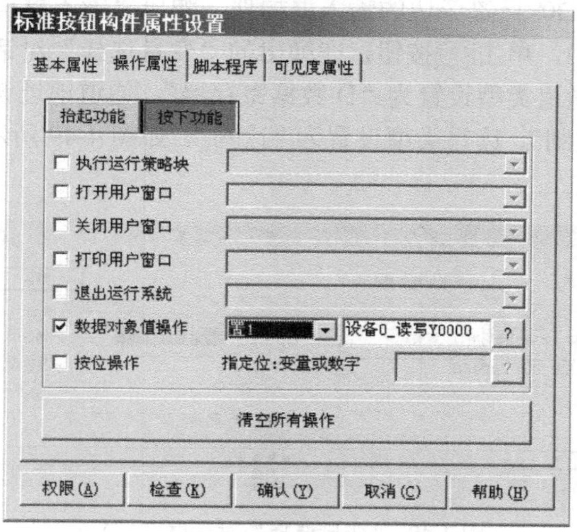

图4-47 设置“按下功能”

用同样的方法分别对 Y1 和 Y2 按钮进行设置。

Y1 按钮：“抬起功能”时“清0”；“按下功能”时“置1”→“变量选择”对话框→“Y输出寄存器”，通道地址为“1”。

Y2 按钮：“抬起功能”时“清0”；“按下功能”时“置1”→“变量选择”对话框→“Y输出寄存器”，通道地址为“2”。

（2）指示灯。双击 Y0 按钮旁边的指示灯元件，弹出“单元属性设置”对话框，在“数据对象”选项卡中单击[?]按钮，在弹出的对话框中选择数据对象“设备0_读写 Y0000”，如图4-48所示。

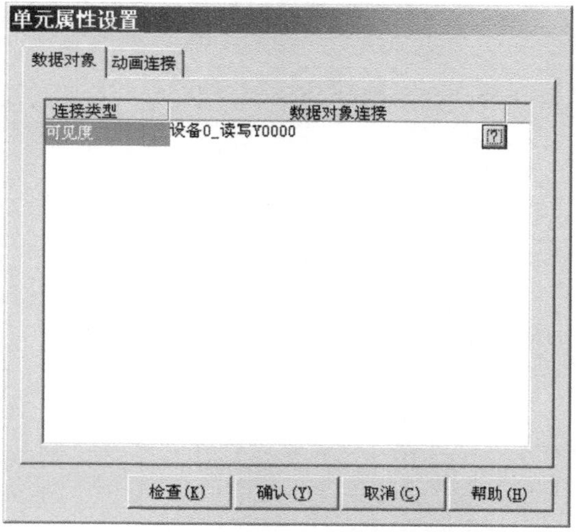

图4-48 指示灯“单元属性设置”对话框

用同样的方法，将 Y1 按钮和 Y2 按钮旁边的指示灯分别连接变量“设备 0_读写 Y0001”和“设备 0_读写 Y0002”。

（3）输入框。双击 D0 标签旁边的输入框构件，弹出“输入框构件属性设置”对话框，在“操作属性”选项卡中，单击?按钮，在弹出的“变量选择”对话框中点选“根据采集信息生成”单选按钮，将通道类型设置为“D 数据寄存器”，通道地址设置为“0”，数据类型设置为“16 位 无符号二进制”，读写类型设置为“读写”，如图 4-49 所示，设置完成后单击“确认”按钮。

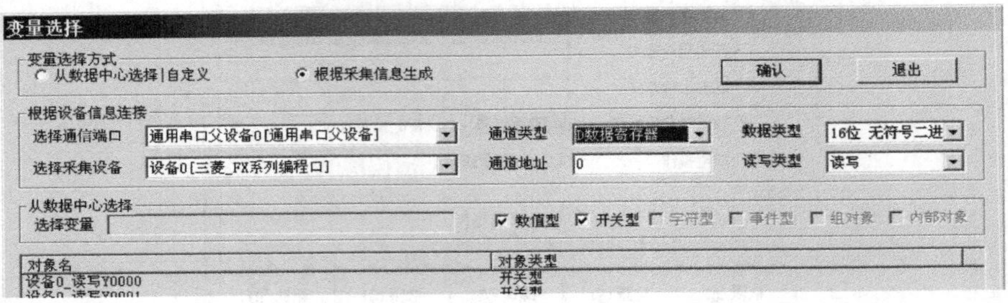

图 4-49 “变量选择”对话框（二）

用同样的方法，对 D1 标签旁边的输入框进行设置，在“操作属性”选项卡中设置对应的数据对象，将通道类型设置为“D 数据寄存器”，通道地址设置为“2”，数据类型设置为“16 位 无符号二进制”，读写类型设置为“读写”。

4. 下载调试

组态完成后，单击工具栏中的“下载”按钮，进行下载配置。选择“联机运行”，将连接方式设置为“USB 通信”，然后单击“通信测试”按钮，通信测试正常后，单击“工程下载”按钮，然后在触摸屏中调试运行。

【学习任务 4-3】 用触摸屏实现对变频器的启停控制

任务描述

实现用 3 台变频器驱动电动机 M1、M2、M3 的顺序控制。按下 SB1 按钮，M1 启动；延时 10s 后 M2 启动；按下 SB2 按钮 3 次后，M3 启动；按下 SB3 按钮，3 台电动机全部停止。

学习步骤

1. 设备组态

在工作台中激活设备窗口，进入设备组态画面，打开“设备工具箱”窗口，在其中按先后顺序双击“通用串口父设备”和“三菱_FX 系列编程口”选项，将其添加至组态画面。当出现提示“是否使用‘三菱_FX 系列编程口’驱动的默认通信参数设置串口父设备参数？”时，单击“是”按钮即可。

2. 窗口组态

在工作台中激活用户窗口，单击“新建窗口”按钮，将窗口名称修改为“三菱 FX 控制”后保存。

在用户窗口进入“三菱 FX 控制”动画组态界面，打开“工具箱”，绘制组态界面，如图 4-50 所示，该界面包含 3 个按钮、2 个输入框、3 个指示灯、3 个电动机和 3 个文本框。

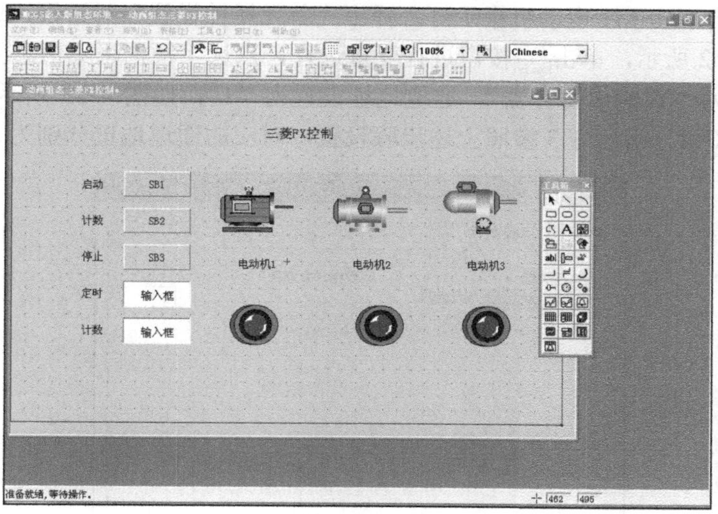

图 4-50 “三菱 FX 控制”动画组态界面

3. 数据链接

TPC7062K 触摸屏与 PLC 变量的对应关系如表 4-13 所示，根据变量对应关系进行数据链接。

表 4-13　TPC7062K 触摸屏与 PLC 变量的对应关系

设备	变量							
TPC7062K 触摸屏	SB1	SB2	SB3	定时输入框	计数输入框	指示灯 1 电动机 1	指示灯 2 电动机 2	指示灯 3 电动机 3
PLC	M1	M2	M3	D0	D1	Y1	Y2	Y3

（1）按钮。将 3 个按钮进行排列对齐，双击 SB1，弹出“标准按钮构件属性设置”对话框，在“操作属性”选项卡中进行如下设置：将数据对象值操作设置为“按 1 松 0”。单击“问号”按钮?，弹出“变量选择”对话框，点选“根据采集信息生成”单选按钮，将通道类型设置为“M 辅助寄存器”，通道地址设置为“1”，如图 4-51 所示，设置完成后单击“确认”按钮。SB2、SB3 参照上述步骤设置，对应的通道地址分别为“2”和“3”。

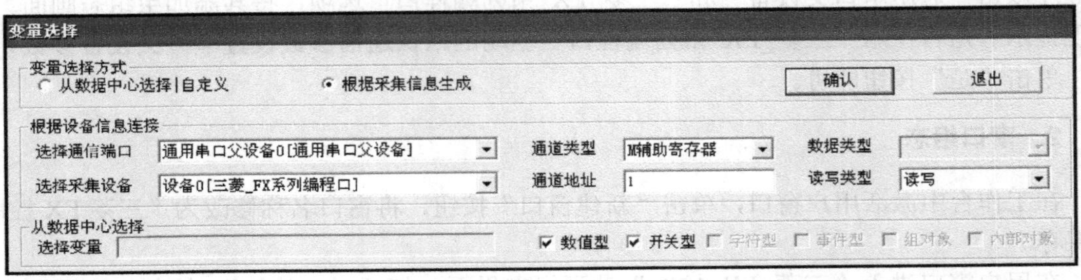

图 4-51　SB1 按钮变量选择

（2）指示灯。双击 M1 电动机指示灯，弹出“单元属性设置”对话框，选择“数据对象”选项卡，如图 4-52 所示，单击?按钮进行变量选择，点选“根据采集信息生成”单选按钮，将通道类型设置为“Y 输出寄存器”，通道地址设置为“1”，如图 4-53 所示，然后单击“确认”按钮。指示灯 2、指示灯 3 参照上述步骤设置，对应的通道地址分别为“2”和“3”。

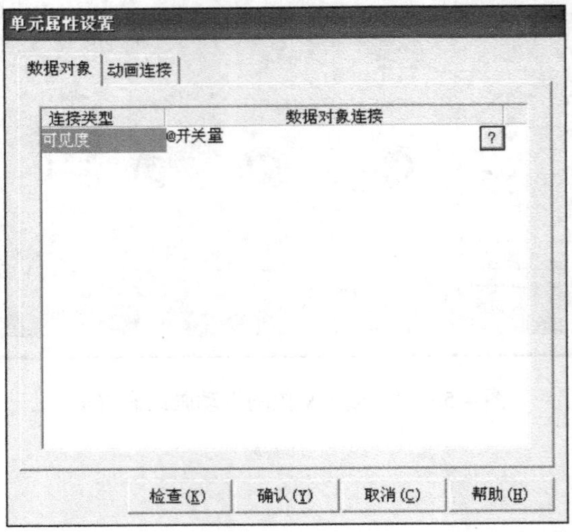

图 4-52　指示灯属性设置

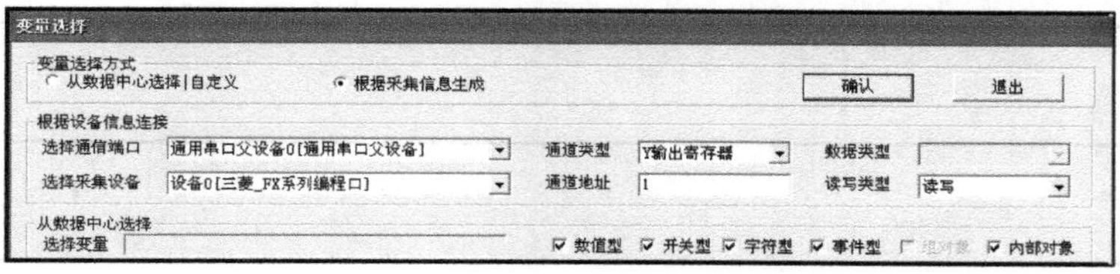

图 4-53 指示灯变量选择

（3）标签。单击工具箱中的“标签”按钮，绘制标签并双击，弹出“标签动画组态属性设置”对话框，在“扩展属性”选项卡的文本内容中输入“启动”“计数”“停止”“定时”“计数”“电动机 1”“电动机 2”“电动机 3”“三菱 FX 控制”等 9 个标签字符内容，对于填充颜色和字符颜色可按自己的喜好设置。

（4）输入框。单击工具箱中的“输入框”按钮，在窗口按住鼠标左键，拖放出两个一定大小的“输入框”，分别摆放在标签的旁边位置。双击“输入框”，弹出“输入框构件属性设置”对话框，选择“操作属性”选项卡，如图 4-54 所示。单击?按钮进行变量选择，点选“根据采集信息生成”单选按钮，将通道类型设置为“D 数据寄存器”，数据类型设置为“16 位 无符号二进制”，通道地址设置为“0”，如图 4-55 所示，然后单击“确认”按钮。另一个输入框参照上述步骤设置，对应的 D 数据寄存器通道地址为“1”。

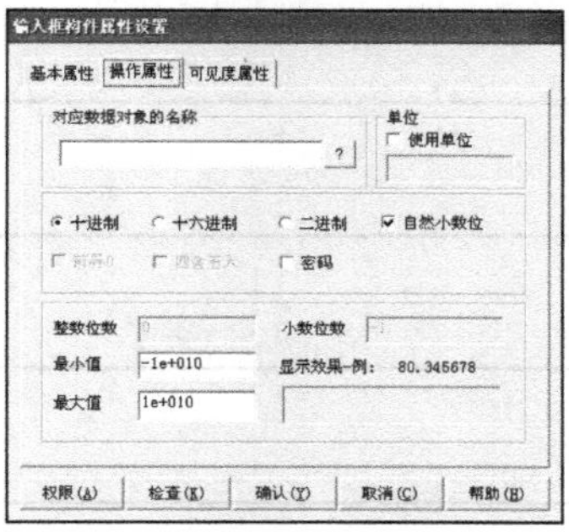

图 4-54 “输入框构件属性设置”对话框

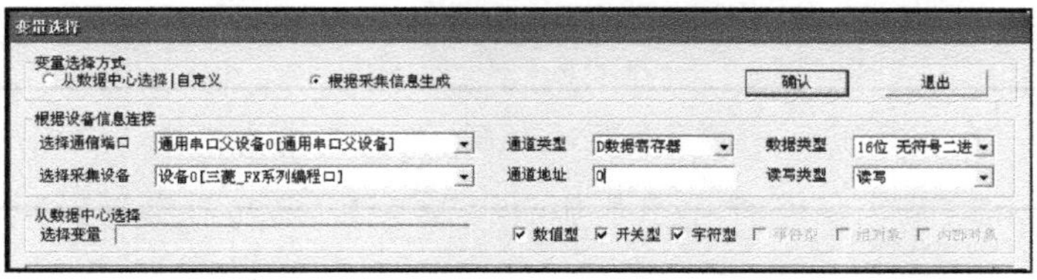

图 4-55 输入框变量选择

4. 运行调试

模拟运行完成后，下载工程到 TPC7062K 触摸屏。编写 PLC 程序，并将其写入 PLC。连接 PLC 编程口和 TPC7062K 触摸屏的 RS-232 口；进行联机操作，待 TPC7062K 触摸屏上电后，在初始状态时，在输入框中输入 D0 数据为 100（定时），D1 数据为 3（计数），然后进行调试。

Note

思考与练习

4.1 画出继电器输出型和晶体管输出型 FX_{3U} 系列 PLC 控制三菱 E700 变频器多段速运行的电气图。

4.2 当 PLC 和变频器采用通信控制时，如果无法通信，应该如何查找故障点？

4.3 如何查看 PLC 与变频器之间的通信参数设置？

4.4 如何查看 PLC 与触摸屏之间的通信参数设置？如何设置串口父设备通信参数？

4.5 利用网络接口将 MCGS 组态工程下载到触摸屏的要点是什么？

4.6 组态时为什么要进行变量选择？

4.7 用 3 台变频器驱动电动机 M1、M2、M3 顺序控制，具体控制要求为：按下 SB1 按钮，M1 启动；延时 5s 后按下 SB2 按钮，M2 启动；延时 8s 后按下 SB3 按钮，M3 启动；按下 SB4 按钮后 M1～M3 全部停止。画出用 PLC 控制变频器的电气图，并用 MCGS 组态软件绘制组态控制画面。

4.8 将 FX_{3U} 系列 PLC 与 TPC7602K 触摸屏相连控制电动机正反转，应该如何设计？

4.9 将 FX_{3U} 系列 PLC 与 TPC7602K 触摸屏相连控制电动机多段速（七段速）运行，应该如何设计？

4.10 如图 4-56 所示为三菱 FX 系列 PLC 通过编程实现对三菱 E700 变频器多段速运行控制的硬件接线示意图，对 PLC 进行编程，对 E700 变频器进行参数设置，使电动机在预设的时间段内按预期以不同组合的转速（图 4-57）运行。

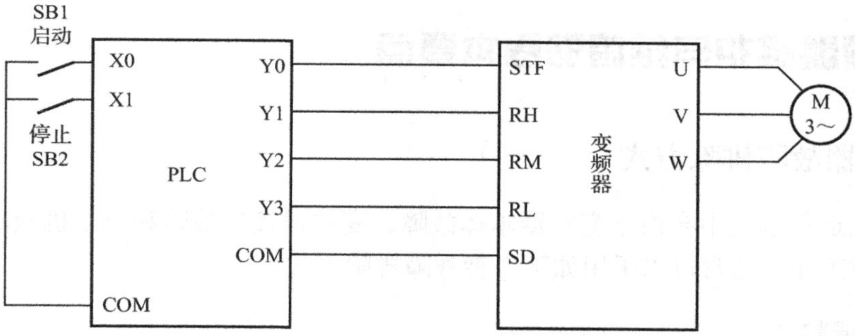

图 4-56 题 4.10 的硬件接线图

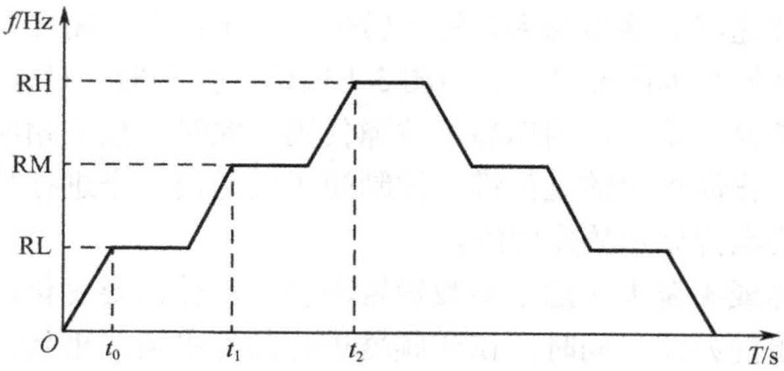

图 4-57 题 4.10 的电动机频率曲线

第5章

变频器的维护与维修

导读

变频器作为一种变流器，其核心组成部分为电力电子器件，因此在运行过程中必定会产生一定的功耗，从而引起过热现象，严重时甚至会引起变频器过热故障。同样，由于电压型交-直-交变频器在设计上存在缺陷，因此在制动过程发生时，由制动产生的功率将返回变频器侧，产生泵升电压，从而引起变频器过电压故障。此外，变频器的加减速时间太短、负载发生突变、负荷分配不均、输出短路等也将引起变频器过电流保护。本章从分析过电流、过载、过电压、过热等产生的原因出发，从负载检查、变频器硬件检查、变频器参数检查和输入输出线路检查多个方面阐明变频器故障维修的要点。

5.1 变频器维护与维修的基本要点

5.1.1 变频器故障排除方式

变频器在运行过程中会由于变频器本体故障、变频器接口故障和电动机故障等多种因素导致无法正常工作，通常可以采用如下 3 种故障排除方式。

1. 参数调整

操作面板是变频器最重要的人机操作界面，它不仅能够实现参数的输入功能，还能实现频率、电流、转速、线速度、输出功率、输出转矩、端子状态、闭环参数、长度等物理量的显示，以及变频器故障的基本信息显示。如图 5-1 所示，变频器一旦检测到有故障信号出现，就会立即进入故障报警显示状态，闪烁显示故障代码。此时可按下相应的功能键进行编程查询操作，也可以通过操作面板上的复位键、控制端子或通信命令进行故障复位操作。如果故障持续存在，则变频器维持显示故障代码。

变频器的很多故障或报警大多源于参数设置不当或参数需要优化，因此通过参数调整来消除故障报警是最简单的办法。同时，在变频器进行部件更换或重新初始化后，变频器的参数调整也是最关键的一步。

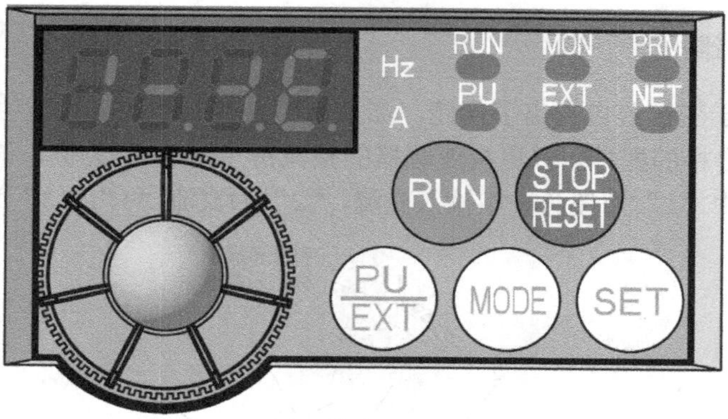

图 5-1　变频器操作面板故障显示

在变频器参数调整过程中，需要注意以下事项。

（1）当选择自动重启功能时，由于电动机会在故障停止后突然再启动，所以人应远离设备。

（2）操作面板上的 STOP/RESET 按钮仅在相应功能设置已经被设定时才有效，对于特殊情况应准备紧急停止开关。

（3）如果故障复位是使用外部端子进行设定的，则会发生突然启动。应预先检查外部端子信号是否处于关断位，否则可能发生意外事故。

（4）参数初始化后，在运行前需要再次设定参数。当参数再次被初始化后，参数值重新回到出厂设置。

2. 软件处理和操作

如图 5-2 所示，在以变频器为核心的自动控制系统中，很多变频器的故障排除必须通过软件处理和操作的方式进行。通过计算机访问同一串行总线上的变频器时，不要轻易更改其他非故障变频器的参数。只有在确保通信协议正常的情况下，才能通过软件处理和操作。

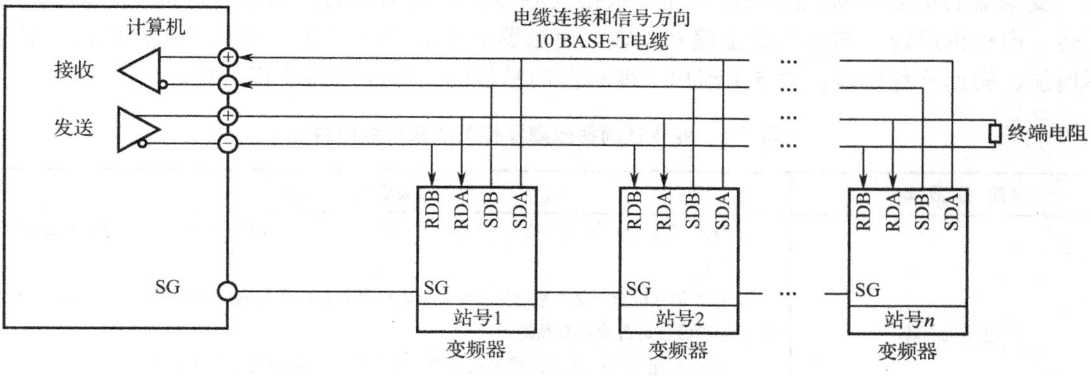

图 5-2　以变频器为核心的自动控制系统

3. 硬件拆装与维护

有些故障是由于变频器自身出了问题，如主电路或控制电路元件发生故障，此时需要进行硬件拆装，更换合格的配件。以更换变频器的整流桥（图 5-3）为例，该整流桥由 3 个半桥构成整流电路，其中“1”为任意一相输入交流，“2”为直流“+”，“3”为直流“−”。

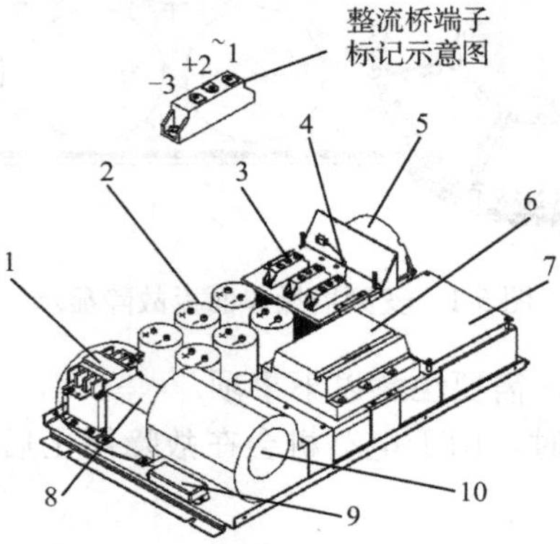

1—接触器；2—滤波电解电容；3—整流桥；4—热敏电阻；5—整流桥风扇；6—IPM；7—驱动板；8—工频变压器；9—限流电阻；10—IPM 风扇

图 5-3　更换整流桥示意图

在拆装变频器的元器件时，需要注意安全用电。例如，当电源已经送电或变频器处于运行状态时，不要打开变频器的外壳，否则可能发生电击。变频器前盖被打开时，不要运行变频器，否则可能会受到高压端子或裸露在外的充电电容的电击。除了进行定期检查或者接线，不要打开变频器的外壳，否则可能由于接近充电回路而受到电击。硬件拆装应该在拆除输入电源并使用仪器对直流侧电压放电（低于 DC 30V）至少 10min 以后才能进行。

5.1.2　变频器简易故障或报警的排除

变频器的很多简易故障往往只需要根据变频器使用说明书的提示即可排除，包括电动机不转、电动机反转、转速与给定偏差太大、变频器加速/减速不平滑、电动机电流过高、转速不增加、转速不稳定等。表 5-1 给出了变频器简易故障及相关线路检查内容。

表 5-1　变频器简易故障及相关线路检查内容

简 易 故 障	变频器相关线路检查内容
电动机不转	1．主电路检查：输入（线）电压是否正常？变频器的 LED 是否亮起？电动机连接是否正确？ 2．输入信号检查：变频器是否有运行输入信号？正向和反向信号是否同时输入变频器？指令频率信号是否输入变频器？ 3．参数设定检查：运行方式设定是否正确？指令频率设定是否正确？ 4．负载检查：负载是否过载或者电动机容量是否满足负载要求？ 5．其他：变频器报警或者故障是否未处理？
电动机反转	输出端子 U、V、W 的顺序是否正确？正转/反转指令信号是否正确？

续表

简易故障	变频器相关线路检查内容
转速与给定偏差太大	1．频率给定信号是否正确？ 2．低限频率、高限频率、模拟频率增益的设定是否正确？ 3．输入信号线是否受外部噪声的影响？
变频器加速/减速不平滑	1．加速/减速时间是否设定太短？ 2．负载是否过大？ 3．转矩补偿值是否过高导致电流限制功能和停转防止功能不工作？
电动机电流过高	负载是否过大？转矩补偿值是否过高？
转速不增加	1．上限频率是否正确？ 2．负载是否过大？ 3．转矩补偿值是否过高导致停转防止功能不工作？
转速不稳定	1．负载是否不稳定？ 2．频率参数信号是否不稳定？ 3．当变频器使用 V/f 控制时，配线是否过长（大于 500m）？

5.1.3 变频器日常和定期检查项目

变频器是由半导体元件构成的静止装置，其性能受温度、湿度、振动、粉尘、腐蚀性气体等环境因素影响，如使用合理、维护得当，则能延长其使用寿命，并减少因突然故障造成的生产损失，因此必须对其进行日常检查和定期检查，检查项目如表 5-2 所示。

表 5-2 变频器日常和定期检查项目

检查地点	检查项目	检查内容	周期			检查方法	标准	测量仪表
			每天	1年	2年			
全部	周围环境	是否有灰尘？ 环境温度和湿度是否合适？	○			肉眼检查 测量温度和湿度	无灰尘 温度：−10～+40℃；湿度：50%以下，没有露珠	温度计 湿度计
	设备	是否有异常振动或者噪声？	○			看、听	无异常	
	输入电压	主电路输入电压是否正常？	○			测量端子 R、S、T 之间的电压		数字万用表
主电路	全部	检测主电路和地之间的绝缘电阻 是否有固定部件活动？ 各部件是否有过热的迹象？		○	○	将变频器断电，将端子 R、S、T、U、V、W 短路，在这些端子和地之间测量绝缘电阻； 紧固活动的螺钉； 肉眼检查	超过 5MΩ 固定部件无活动 各部件无过热迹象	直流 500V 高阻表
	导体配线	导体是否生锈？ 配线外皮是否损坏？		○		肉眼检查	无生锈 无损坏	
	端子	是否有损坏？		○		肉眼检查	没有损坏	

续表

检查地点	检查项目	检查内容	周期 每天	周期 1年	周期 2年	检查方法	标准	测量仪表
主电路	IGBT 模块/二极管	检查端子间阻抗			○	断开变频器的连接，测量端子 R、S、T 与 P、N，U、V、W 与 P、N 之间的电阻	符合阻抗特性	数字万用表
主电路	电容	是否有液体渗出？ 安全针是否突出？ 有没有膨胀？	○	○		肉眼检查 测量电容	没有故障 超过额定容量的 85%	电容测量设备
主电路	继电器	在运行时有没有振动噪声？ 触点有无损坏？		○		听 肉眼检查	没有故障	
主电路	电阻	电阻的绝缘有无损坏？ 在电阻器中的配线有无损坏（开路）？		○		目视和仪器检测 检查电阻绝缘或电阻配线	没有故障 误差必须在显示电阻值的±10%以内	数字万用表
控制电路、保护电路	运行检查	输出的三相电压是否平衡？ 在执行预设错误动作后是否有故障显示？		○		测量输出端子 U、V、W 之间的电压 目视检测	对于 200V/ 400V 类型的变频器来说，每相电压差不能超过 4V/6V 故障电路起作用	数字万用表
冷却系统	冷却风扇	是否有异常振动或者噪声？ 连接区域是否松动？	○	○		看，听 关断电源后用手旋转风扇，并紧固连接	平滑旋转，且没有故障 无松动	
显示	表	显示的值是否正确？	○	○		检查在面板外部的测量仪表的读数	显示值与实际值一致	伏特计、电度表等
电动机	全部	是否有异常振动或者噪声？ 是否有异常气味？	○			看，听，闻	没有故障	
电动机	绝缘电阻	检查输出端子和接地端子之间的绝缘电阻			○	断开 U、V、W 连接，紧固电动机配线	超过 5MΩ	直流 500V 高阻表

5.1.4 三菱 E700 变频器故障与报警的分类

一般来说，变频器发生故障或报警都会在操作面板上显示，显示的内容分为错误信息、报警信息和故障信息，表 5-3～表 5-5 是三菱 E700 变频器操作面板异常显示的具体含义。

表 5-3 错误信息显示

操作面板显示		含 义
E---	E---	报警历史
HOLd	HOLD	操作面板锁定
LOCd	LOCD	密码设定中
Er1～Er4	Er1～4	参数写入错误
Err.	Err.	变频器复位中

表 5-4 报警信息显示

操作面板显示		含 义
OL	OL	失速防止（过电流）
oL	oL	失速防止（过电压）
rb	RB	再生制动预报警
ΓH	TH	电子过电流保护预报警
PS	PS	PU 停止
ΠΓ	MT	维护信号输出
Uu	UV	电压不足

表 5-5 故障信息显示

操作面板显示		含 义
Fn	FN	风扇故障
E.OC 1	E.OC1	加速时过电流切断
E.OC 2	E.OC2	恒速时过电流切断
E.OC 3	E.OC3	减速时过电流切断
E.Ou 1	E.OV1	加速时再生过电压切断
E.Ou 2	E.OV2	恒速时再生过电压切断
E.Ou 3	E.OV3	减速、停止时再生过电压切断
E.ΓHΓ	E.THT	变频器过载切断（电子过电流保护）
E.ΓHΠ	E.THM	电动机过载切断（电子过电流保护）
E.FIn	E.FIN	散热片过热
E.ILF	E.ILF	输入缺相
E.OLΓ	E.OLT	失速防止
E. bE	E.BE	制动晶体管异常检测
E. GF	E.GF	启动时输出侧接地过电流
E. LF	E.LF	输出缺相
E.OHΓ	E.OHT	外部热继电器动作
E.PΓC	E.PTC	PTC 热敏电阻动作

续表

操作面板显示		含　义
E. PE	E.PE	变频器参数存储元件异常
E.PUE	E.PUE	PU 脱离
E.rET	E.RET	再试次数溢出
E.CPU	E.CPU	CPU 错误
E.CdO	E.CDO	输出电流超过检测值
E.IOH	E.IOH	浪涌电流抑制回路异常
E.AIE	E.AIE	模拟量输入异常

【学习任务 5-1】 三菱 E700 变频器易耗件寿命信息的获取

观看微课

任务描述

通过读取三菱 E700 变频器的相应参数来获取该变频器内部主电路电容器等易耗件的寿命信息。

学习步骤

1. 通过查询 Pr.255 获取变频器内部部件的寿命报警显示信息

控制电路电容器、主电路电容器、冷却风扇、浪涌电流抑制电路是否达到寿命报警输出水平，可以在 Pr.255 寿命报警状态显示中进行查看，如图 5-4 所示。表 5-6 所示为易耗件的寿命信息含义。

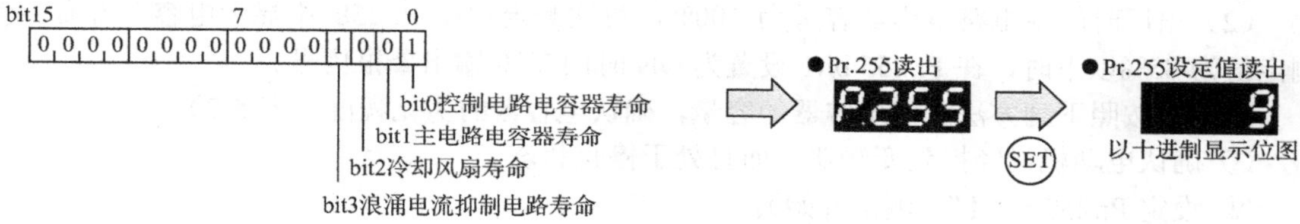

图 5-4　寿命信息显示

表 5-6　易耗件的寿命信息含义

Pr.255（十进制）	bit（二进制）	浪涌电流抑制电路寿命	冷却风扇寿命	主电路电容器寿命	控制电路电容器寿命
15	1111	○	○	○	○
14	1110	○	○	○	×
13	1101	○	○	×	○
12	1100	○	○	×	×
11	1011	○	×	○	○
10	1010	○	×	○	×
9	1001	○	×	×	○
8	1000	○	×	×	×
7	0111	×	○	○	○
6	0110	×	○	○	×
5	0101	×	○	×	○
4	0100	×	○	×	×
3	0011	×	×	○	○
2	0010	×	×	○	×
1	0001	×	×	×	○
0	0000	×	×	×	×

注：○表示有报警，×表示无报警。

2. 浪涌电流抑制电路的寿命显示（Pr.256）

（1）浪涌电流抑制电路（继电器、导线及浪涌吸收电阻）的寿命在 Pr.256 中显示。

（2）计算继电器、导线、半导体开关元件 ON 的次数，从 100%（0 次）开始以每 1%/1 万次进行倒数计数。当达到 10%（90 万次）时，在 Pr.255 bit3 为 ON 时向 Y90 输出警报信号。

3. 控制电路电容器的寿命显示（Pr.257）

（1）控制电路电容器的劣化程度在 Pr.257 中显示。

（2）在运行状态下，根据通电时间和温度计算控制电路电容器的寿命，从 100%倒数计数。当控制电路电容器寿命下降 10%时，在 Pr.255 bit0 设置为 ON 时向 Y90 输出警报信号。

4. 主电路电容器的寿命显示（Pr.258、Pr.259）

（1）主电路电容器的劣化程度在 Pr.258 中显示。

（2）出厂时的主电路电容器容量为 100%，每次测定时在 Pr.258 中显示电容器寿命。当测定值为 85%以下时，在 Pr.255 bit1 设置为 ON 时向 Y90 输出警报信号。

（3）可按照下列方法测定电容器的容量，确认电容器的劣化程度（表 5-7）。

① 确认电动机已经接到变频器上而且处于停止状态。

② 设定 Pr.259 = “1”（测定开始）。

③ 关闭电源。关闭电源时变频器向电动机输出直流电压，测定电容容量。

④ 确认操作面板上的 LED 灯灭后，再投入电源。

⑤ 确认 Pr.259 = “3”（测定结束），读取 Pr.258，确认主电路电容器的劣化程度。

表 5-7　Pr.259 参数内容

Pr.259	内　容	备　注
0	无测定	初始值
1	测定开始	通过关闭电源使测定开始
2	测定中	仅显示，无法设定
3	测定结束	
8	强制结束	
9	测定错误	

【学习任务 5-2】 三菱 E700 变频器报警或故障的复位与确认

观看微课

任务描述

当三菱 E700 变频器出现报警或故障后，对其进行复位与信息确认。

学习步骤

1. 变频器复位

以下 3 种方法均可使变频器复位。注意：使变频器复位时，电子过电流保护器内部的热累计值和再试次数将被清零。复位所需时间约为 1s。

第 1 种方法：按下操作面板上的 STOP/RESET 按钮，使变频器复位，如图 5-5 所示。这种方法只在变频器保护功能（重故障）动作时才可使用。

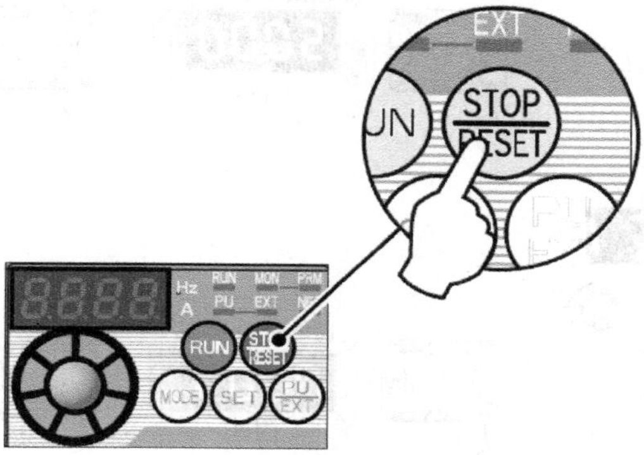

图 5-5 用操作面板复位变频器

第 2 种方法：先断开电源，再恢复通电，如图 5-6 所示，从而使变频器复位。

第 3 种方法：如图 5-7 所示，外接复位开关，使变频器接通复位信号（RES）0.1s 以上。当 RES 信号保持 ON 时，变频器操作面板显示“Err”（闪烁），表示变频器正处于复位状态。RES 信号可以是多功能输入端子中的任意一个，其对应的 Pr.178～Pr.182 参数设置为“62：变频器复位”。

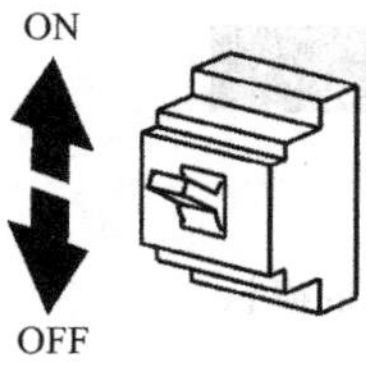

图 5-6 断电复位变频器

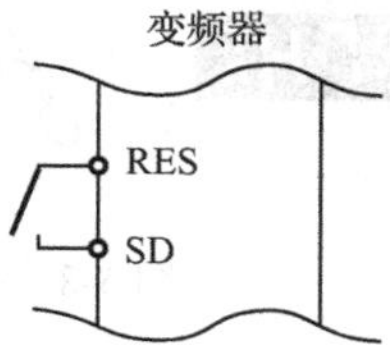

图 5-7 外接复位开关复位变频器

2. 变频器报警或故障信息的确认

按如图 5-8 所示进行变频器报警或故障信息的确认。当设置 Er.CL 报警历史清除=“1”

时，可以清除变频器的报警历史；当设置 Pr.77 参数写入选择="1"时，则无法清除变频器的报警历史。

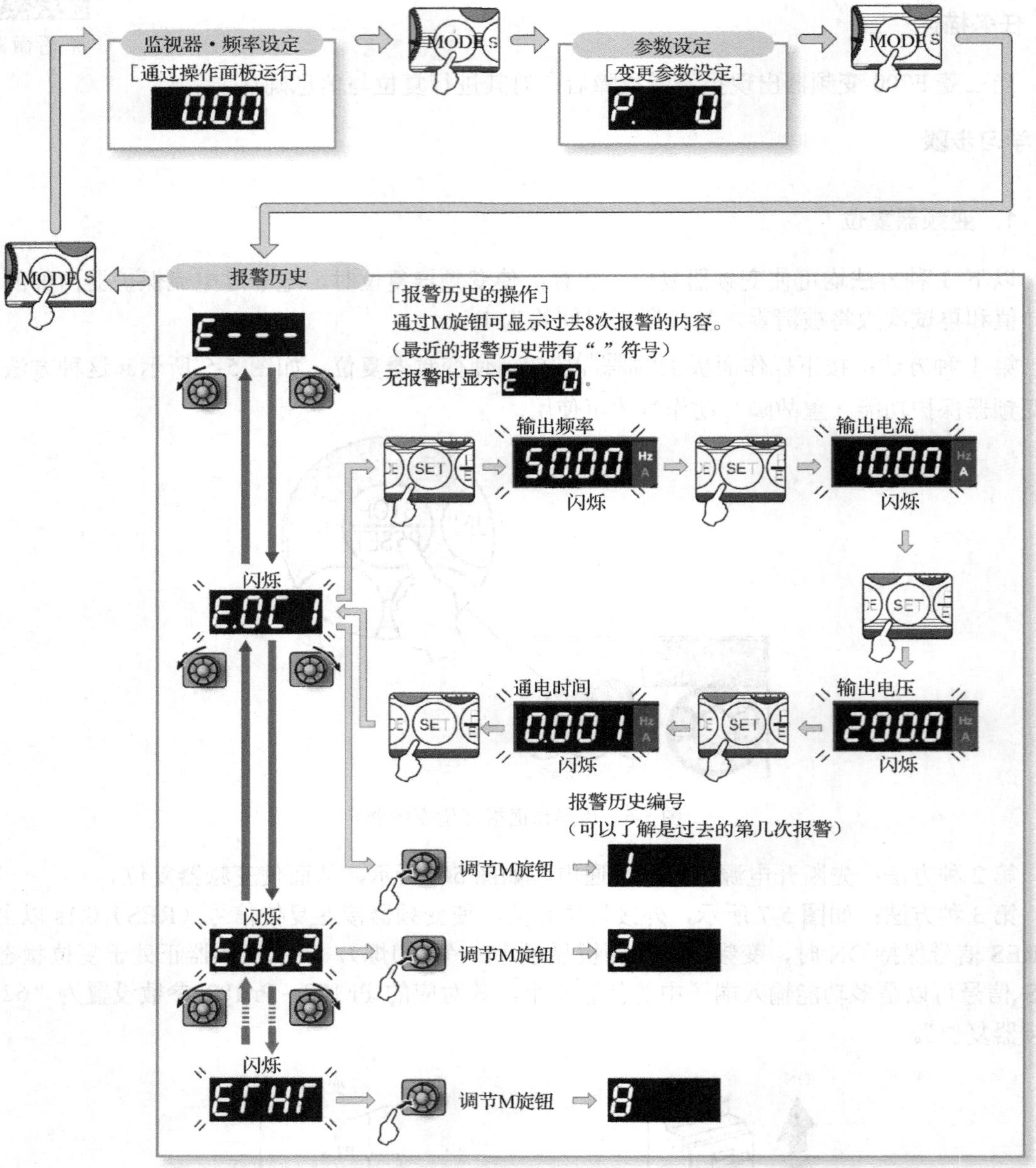

图 5-8　变频器报警或故障信息的确认

5.2 变频器过电流故障维修

5.2.1 变频器发生过电流故障的原因

当变频器中的电流发生突变或电流的峰值超过了过电流的检测值时，变频器将显示过电流故障。由于逆变器件的过载能力较差，所以变频器的过电流保护是至关重要的。过电流故障可分为加速、减速、恒速过电流等，出现过电流故障多是由变频器的加减速时间太短、负载发生突变、负荷分配不均、输出短路等原因引起的。在变频器带电动机加速运行的过程中，由于同步转速和电动机实际转速相差很大，有可能引起电流过大，当电流超过一定限度时将引起变频器加速过电流保护。加速过电流保护有因失速引起的过电流保护和纯粹因电流过大引起的过电流保护两种。

根据变频器过电流故障显示，一般可从以下几个方面寻找原因。

（1）工作中过电流，即电动机传动系统在工作过程中出现过电流。其产生原因大致有以下几种。

① 电动机遇到冲击负载或传动机构出现“卡住”现象，引起电动机电流的突然增大。

② 变频器输出侧发生短路（图 5-9），如输出端到电动机之间的连接线发生短路，或电动机内部发生短路等。

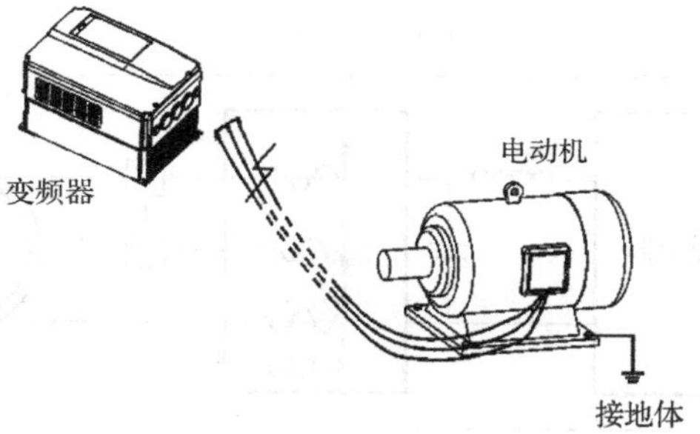

图 5-9 变频器输出侧短路

③ 变频器自身工作不正常，如逆变桥中处于同一桥臂的两个逆变器件在不断交替的工作过程中出现异常。例如，环境温度过高或逆变器元器件老化等原因将使逆变器的参数发生变化，导致在交替过程中，一个器件已经导通，而另一个器件却还未来得及关断，从而引起同一桥臂的上、下两个器件的“直通”（如图 5-10 所示的 I_D），使直流电压的正、负极间处于短路状态。

（2）升速、降速时过电流。当负载的惯性较大，而升速时间或降速时间又设定得太短时，也会引起过电流。在升速过程中，变频器的工作频率上升太快，使电动机的同步转速迅速上升，而电动机转子的转速因负载惯性较大而跟不上，结果使升速电流太大；在降速过程中，由于降速时间太短，使电动机的同步转速迅速下降，而电动机转子因负载的惯性大，仍维持较高的转速，这时同样会因转子绕组切割磁力线的速度太快而产生过电流。

（3）变频器上电或一运行就过电流。出现这种情况大多是由变频器内部故障引起的。若负载正常，而变频器仍出现过电流故障，则一般是由电流传感器、采样电阻或检测电路等引起的。

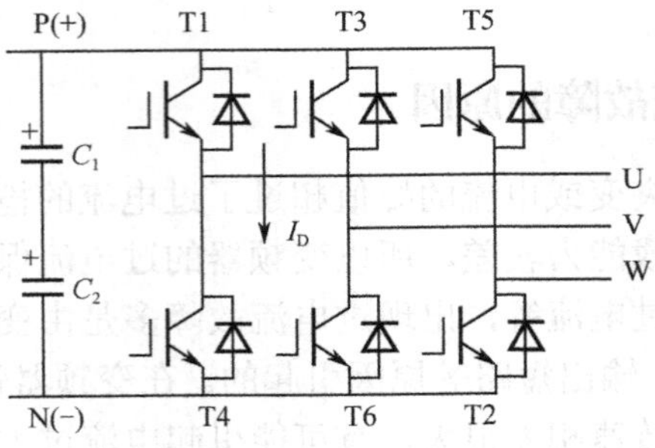

图 5-10　桥臂直通故障

5.2.2　变频器电流传感器

如图 5-11 所示，变频器在 U 和 V 输出端安装了两个霍尔传感器，用于检测输出电流。霍尔传感器是一种基于霍尔效应的磁传感器，已发展成一个品种多样的磁传感器产品族，并已得到广泛应用。霍尔传感器可以检测磁场及其变化，可在各种与磁场有关的场合中使用。霍尔传感器具有结构牢固，体积小，质量轻，寿命长，安装方便，功耗低，频率高（可达 1MHz)，耐振动，不怕灰尘、油污等污染或腐蚀，精度高等优点。

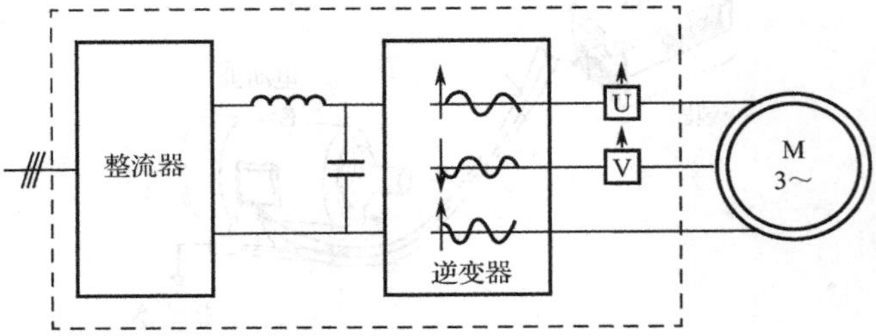

图 5-11　变频器的电流传感器安装位置

霍尔电流传感器采用一环形导磁材料制成磁芯，将流过被测电流的导线绕在磁芯上面，导线中电流感生的磁场将会聚集起来，在磁芯上开一气隙，内置一个霍尔元件，当霍尔元件通电时，便可由它的霍尔输出电压得到导线中流过的电流大小。如图 5-12（a）所示的传感器用于检测较小的电流，而图 5-12（b）所示的传感器则用于检测较大的电流。实际的霍尔电流传感器有两种构成形式，分别是直接测量式和零磁通式（也称磁平衡式或反馈补偿式）。

1. 直接测量式霍尔电流传感器

将图 5-12 中霍尔元件的输出（必要时可进行放大）送到经校准的显示器上，即可由霍尔输出电压的数值直接得出被测电流值。这种方式的优点是结构简单，测量结果的精度和线性度都较高，可测直流、交流和各种波形的电流。但它的测量范围、带宽等受到一定的限制。在这种应用中，霍尔元件是磁场检测器，它检测的是磁芯气隙中的磁感应强度。电流增大后，磁芯可能达到饱和；随着频率升高，磁芯中的涡流损耗、磁滞损耗等也会随之升高，这些都会对测量精度产生影响。当然，也可采取一些改进措施来降低这些影响，如选择饱和磁感应强度高的磁芯材料、制成多层磁芯、采用多个霍尔元件来进行检测等。

这类霍尔电流传感器的价格相对低廉，使用非常方便，已得到极为广泛的应用，国内外已有许多厂家生产。

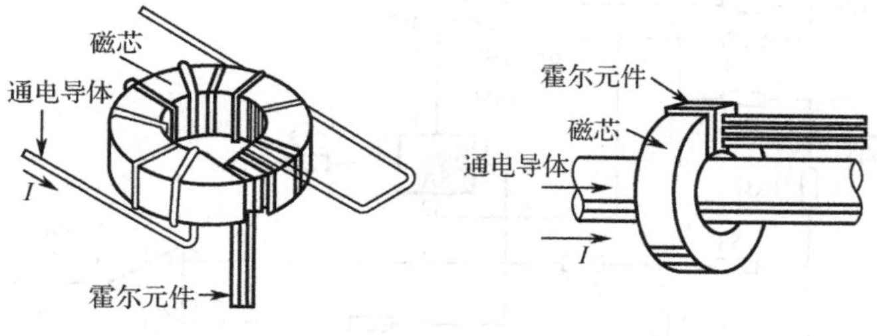

（a）测量较小电流(I<25A)　　（b）测量较大电流(I>25A)

图 5-12　霍尔电流传感器的构成

2. 零磁通式霍尔电流传感器

如图 5-13 所示，将霍尔元件的输出电压进行放大，再经 VT_1 和 VT_2 进行放大，让电流 I_s 通过补偿线圈，并令补偿电流产生的磁场和被测电流产生的磁场方向相反，若满足条件 $I_oN_1=I_sN_2$，则磁芯中的磁通为 0，这时下式成立：

$$I_o=I_s(N_2/N_1) \tag{5-1}$$

式中，I_o 为被测电流，即磁芯中一次绕组中的电流；N_1 为一次绕组的匝数；I_s 为补偿绕组中的电流；N_2 为补偿绕组的匝数。由式（5-1）可知，当达到磁平衡时，可由 I_s 及匝数比 N_2/N_1 得到 I_o。

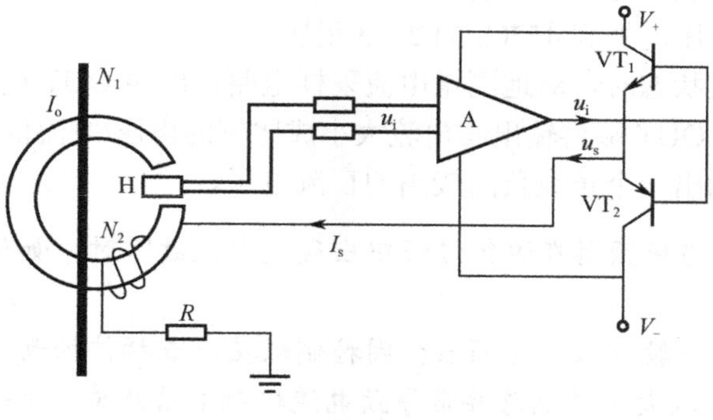

图 5-13　零磁通式霍尔电流传感器

这个平衡过程是一个自动建立的动态平衡过程，建立平衡所需的时间极短。平衡时，霍尔元件处于零磁通状态。磁芯中的磁感应强度极低（理想状态应为 0），不会使磁芯饱和，也不会产生大的磁滞损耗和涡流损耗。恰当地选择磁芯材料和电路元件，可制出性能优良的零磁通式霍尔电流传感器。

霍尔电流传感器的特点是可以实现电流的“无电位”检测，即测量电路不必接入被测电路即可实现电流检测，它们靠磁场进行耦合。因此，检测电路的输入、输出是完全电隔离的。在检测过程中，被测电路的状态不受检测电路的影响，检测电路也不受被检电路的影响。

依据以上两种原理，可以大致了解如图 5-14 所示的变频器电流采样电路的工作原理。

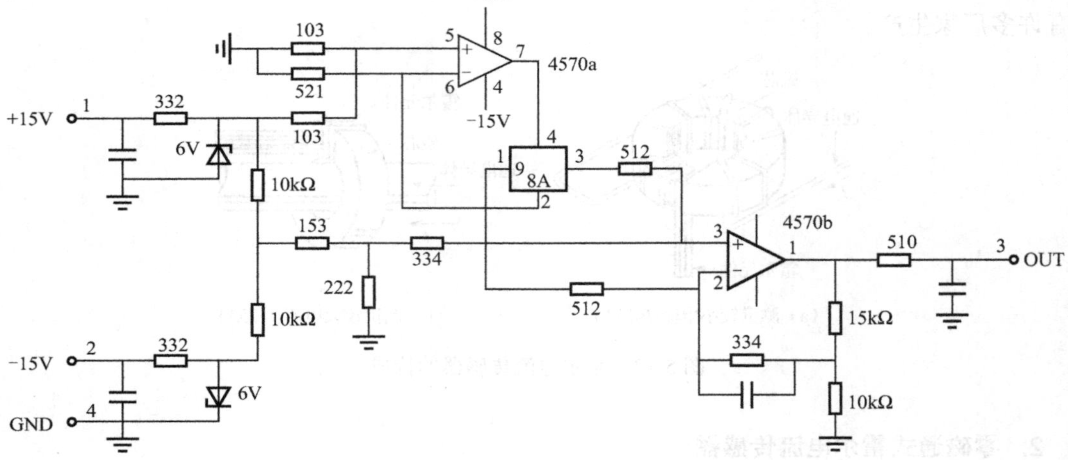

图 5-14　变频器电流采样电路工作原理

如图 5-14 所示的变频器电流采样电路具有一定的代表性，它实际上是一个电流/电压转换器电路，其主体为一圆形空心磁环（单匝或多匝），磁环有一个缺口，在该缺口中嵌入了四引线的霍尔元件。变频器的三相输出线作为一次绕组穿过铁芯磁环，磁环的磁力线穿过霍尔元件的封装端面，最后转变为感应电压输出。变频器的电流采样电路主要由霍尔元件和一个精密的双运放电路 4570 组成，其中，4570a 接成恒流源输出形式，提供霍尔元件正常工作所需的 3～5mA 恒定电流，加至霍尔元件的 4 和 2 引脚，霍尔元件的 1 和 3 引脚输出随输出电流的变化而变化的感应电压，加到 4570b 的 2、3 引脚。

当变频器处于停机状态时，对地测量电流采样电路输出端 OUT 的电压应为 0V；当变频器处于运行过程中时，OUT 端将输出与电流大小成比例的电压/电流信号。如果传感器损坏，则在变频器停机时将输出一个正或负的较高的直流电压。

Q：当变频器在运行过程中出现过电流故障时，如何判断是否为电流传感器故障？

A：一般说来，变频器会因控制板接线或插件松动、电流检测元件损坏和电流检测放大比较电路异常导致电流检测电路故障，第一种情况需检查控制板接线或插件有无松动；第二种情况需更换或处理电流检测元件；第三种情况为电流检测 IC 芯片或 IC 芯片工作电源异常，可通过更换 IC 芯片或修复变频器辅助电源解决。如图 5-15 所示为某电流传感器的外部接线端子。

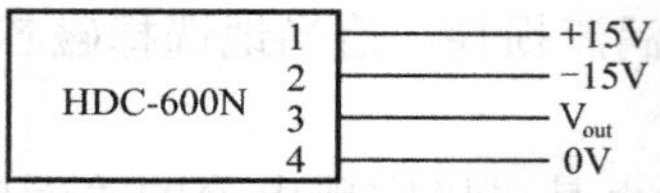

图 5-15　某电流传感器的外部接线端子

该传感器的输出波形如图 5-16 所示，其输出波形类似于正弦波。若波形不对或无波形，则可认为传感器损坏，应更换之。

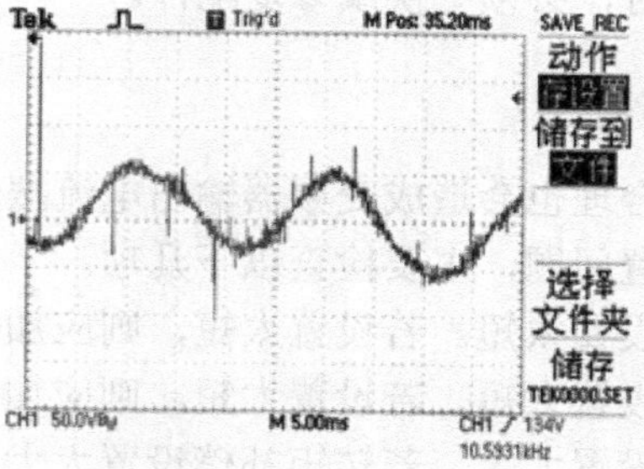

图 5-16 某电流传感器的输出波形

5.2.3 过电流故障处理对策

过电流故障通常有以下几种处理对策。

1. 负载侧检查

负载侧问题是引起变频器过电流的主要原因之一，因此一旦发生过电流故障，需要着重检查负载侧是否有以下问题。

（1）工作机械有没有被卡住，以免因电动机负载突变引起冲击过大造成过电流。

（2）负载侧有没有短路，以免因电动机和电动机电缆相间或每相对地的绝缘损坏造成匝间或相间对地短路。可以用绝缘电阻表检查对地或者相间有没有短路。

（3）电动机的启动转矩是否合适。如电动机的启动转矩过小，则拖动系统转不起来。

（4）电动机电缆是否符合要求。过电流故障有时与电动机电缆的耦合电抗有关，所以电动机电缆一定要按照要求去选。

（5）在变频器输出侧有无功率因数矫正电容或浪涌吸收装置。如果有，则必须撤除。

（6）编码器及其电缆是否正常。当负载电动机装有测速编码器时，如果速度反馈信号丢失或非正常，也会引起过电流，因此必须检查编码器及其电缆是否正常。

2. 变频器检查

变频器硬件问题主要包括模块损坏、驱动电路损坏、电流检测电路损坏等。具体检查内容如下所述。

（1）电流互感器是否损坏。若损坏，其现象表现为变频器主回路送电，当变频器未启动时，有电流显示且电流在变化。

（2）主电路接口板电流、电压检测通道是否损坏。若损坏，也会出现过电流故障。

（3）连接插件是否不牢。例如，当电流或电压反馈信号线接触不良时，会出现过电流故障时有时无的现象。

（4）电路板是否损坏。电路板损坏的原因可能是：①由于环境太差，有导电性固体颗粒附着在电路板上，造成电路板静电损坏，或者处于有腐蚀性气体的环境中，使电路板被腐蚀；

②电路板的零电位与机壳连在一起，当柜体与地角焊接时，强大的电弧会影响电路板的性能；③由于接地不良，造成电路板损坏。

当以上 4 项有问题时，必须更换或修复配件。

3. 变频器参数检查

变频器参数设置不合理也会造成变频器输出电流振荡，甚至出现过电流故障。

针对变频器参数设置问题，主要检查以下几项。

（1）升速时间是否设置太短。若设置太短，则应加长加速时间。

（2）减速时间是否设置太短。若设置太短，则应加长减速时间。

（3）转矩补偿是否设置太大。若转矩补偿设置太大，则会引起低频时空载电流过大。

（4）电子热继电器是否整定不当。若电子热继电器整定不当，动作电流设置得太小，则会引起变频器误动作。

4. 输入/输出线路检查

实践表明，过电流保护的其中一个原因是缺相。当变频器输入端缺相时，势必引起母线电压降低，负载电流加大，引起过电流保护；而当变频器输出端缺相时，势必使电动机的另外两相电流加大而引起过电流保护，故对输入端和输出端都应进行检查，进而排除故障。

当变频器发生过电流故障时，故障代码会显示故障类型是加速时过电流、减速时过电流还是恒速时过电流，据此可进行故障定位，如图 5-17 所示。

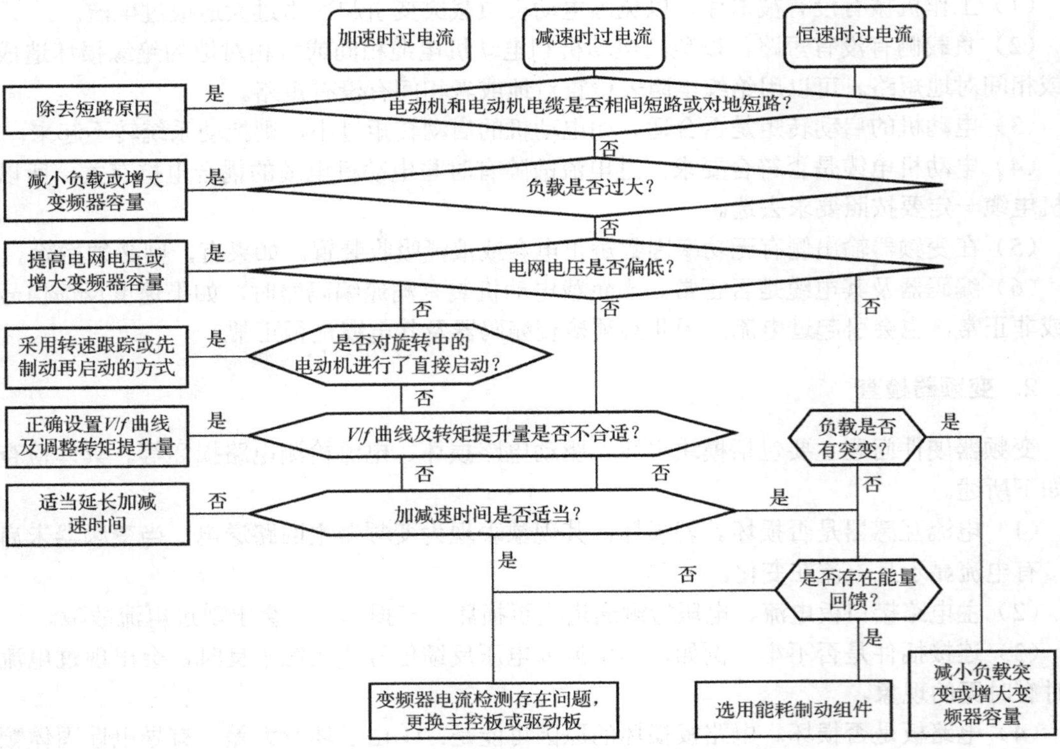

图 5-17　过电流故障定位流程图

【案例分析 5-1】 电振电动机的变频器过电流故障处理

案例描述

某选矿厂的装矿站主要负责原矿的浮选任务，即原矿经过电振调配装到矿斗，再由空中索道输送到选矿厂进行浮选。输送原矿的电振电动机（图 5-18）在生产过程中地位比较重要，需要采用先进的变频器控制以提高生产效益。在开始使用的很长一段时间内，变频器驱动的电振经常跳闸，变频器故障显示为电流过大。

图 5-18 电振电动机

该电振电动机的功率为 7.5kW，采用三菱 FR-E740-7.5K-CHT 变频器控制，正常运行时电流为 5～7A，频率为 42～46Hz。但是，发生故障时电流却异常大，并导致过电流跳闸，变频器故障显示为 E.OC2，如图 5-19 所示。在随后的维修检查过程中发现，电动机轴承变黑，已经不能正常使用。

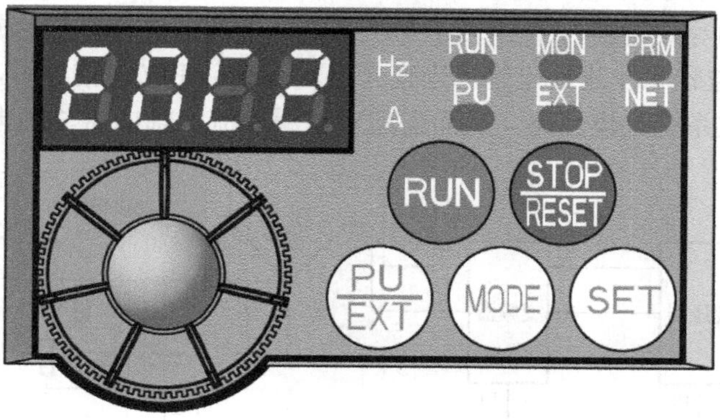

图 5-19 变频器故障显示

分析步骤

1. 现场检查

对于电振电动机来说，变频器发生过电流故障主要指电流突变、电流的峰值超过了过电流检测值（约为额定电流的 220%，不同变频器的保护值不一样）。由于逆变器件的过载能力较差，所以变频器的过电流保护是至关重要的一环。

对于上述故障，应进行如下处理：检查负载侧，如负载侧正常，则检查变频器模块、驱动电路、电流检测电路等，如以上检查均未发现有不良现象，则将变频器参数初始化后再次进行检查，如还是没有发现任何异常，则按照表 5-8 仔细检查引起 E.OC2 过电流的可能原因。

表 5-8 引起 E.OC2 过电流的可能原因

操作面板显示	E.OC2	E.OC2	
名　称	恒速时过电流跳闸		
内　容	在恒速运行过程中，当变频器输出电流超过额定电流的 220%时，保护电路动作，停止变频器输出		
检 查 要 点	1. 负载是否有急速变化？ 2. 是否存在输出短路现象？ 3. RS-485 端子是否发生短路（矢量控制时）？		
处　理	1. 取消负载的急速变化。 2. 接线时避免短路或将失速防止动作设定为合适的值。 3. 确认 RS-485 端子的连接（矢量控制时）		

若变频器本身、负载及参数均未出现任何问题，此时更换轴承工作，如在经过同样的运行时间周期后，变频器过电流故障又出现了，电动机轴承仍旧变黑，此时怀疑是轴电压和轴电流的问题。

2. 轴电压和轴电流引起的异常问题

如图 5-20 所示为变频器驱动感应电动机的模型，C_{sf} 为定子与机壳之间的等效电容，C_{sr} 为定子与转子之间的等效电容，C_{rf} 为转子与机壳之间的等效电容，R_b 为轴承对轴的电阻，C_b 和 Z_b 为轴承油膜的电容和非线性阻抗。当变频器输入高频 PWM 信号时，电动机内分布电容的电压耦合作用构成系统共模回路，从而引起对地漏电流、轴电压与轴电流问题。

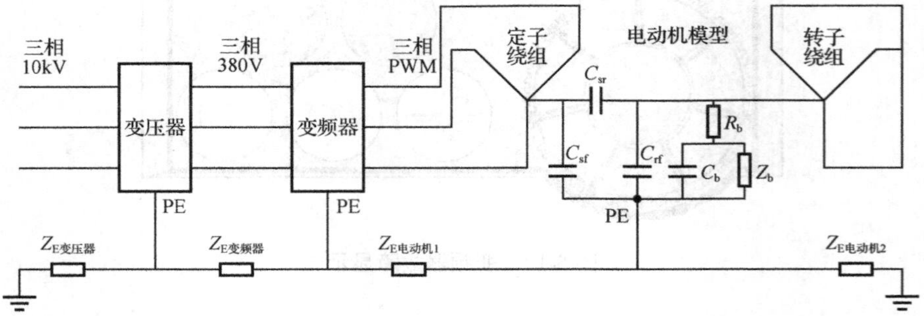

图 5-20　变频器驱动感应电动机的模型

轴电流主要以 3 种方式存在：dv/dt 电流、EDM 电流和环路电流。dv/dt 电流主要与 PWM 信号的上升时间 t_r 有关，t_r 越小，dv/dt 电流的幅值越大，逆变器载波频率越高，轴电流中的

dv/dt 电流成分越多。EDM 电流的出现存在一定的偶然性，只有当轴承润滑油层被击穿或者轴承内部发生接触时才会出现。环路电流发生在电网变压器地线、变频器地线、电动机地线及电动机负载与大地地线之间的回路（如水泵类负载）中，环路电流主要造成传导干扰和地线干扰，对变频器和电动机影响不大。

从以上分析可知，dv/dt 电流是引起轴电流的主要原因，也是本案例中出现问题的症结所在。因此，在本案例中必须装设 dv/dt 输出滤波器，这里采用 Schaffner 公司 FN510 系列输出滤波器 FN510-16-29，其安装示意图如图 5-21 所示。

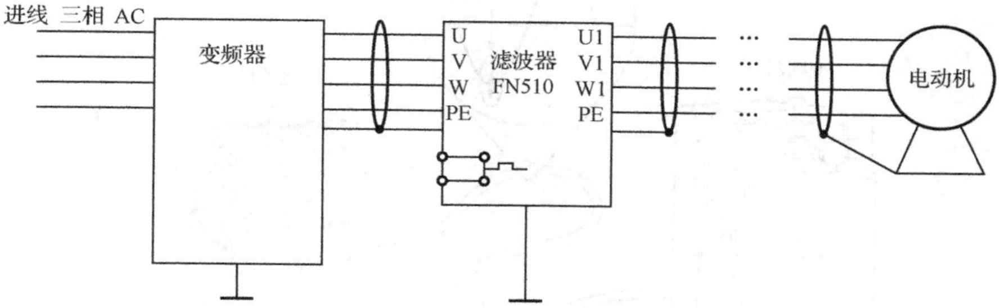

图 5-21　输出滤波器安装示意图

为了验证安装 FN510-16-29 输出滤波器的功效，特别测量安装前的变频器输出波形、dv/dt 波形和安装后的变频器输出波形、dv/dt 波形，如图 5-22 所示。

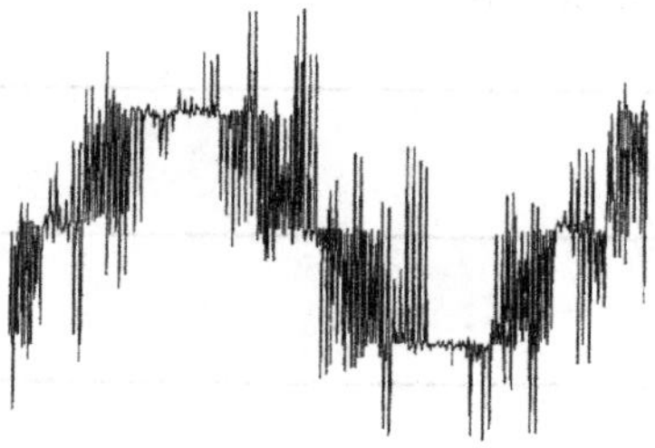

（a）安装前的变频器输出波形

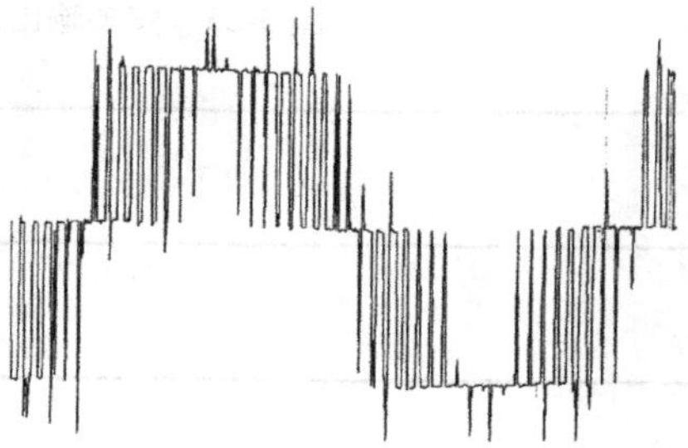

（b）安装后的变频器输出波形

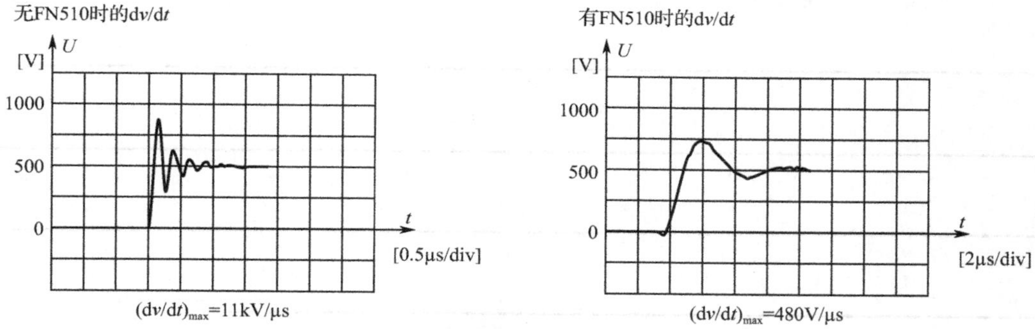

（c）安装前后的dv/dt波形

图 5-22　FN510-16-29 输出滤波器安装前后波形比较

显然，安装 FN510 系列输出滤波器后，大大降低了 dv/dt 电流，变频器的输出波形也大为改善。

装矿站电振电动机出现轴承损坏和过电流故障的原因在于变频器轴电流的出现，如图 5-23 所示为安装输出滤波器后的实际效果图。实践证明，变频器输出滤波器可以使轴电流减小到可以忽略的水平，从而使电动机的使用寿命大大延长。

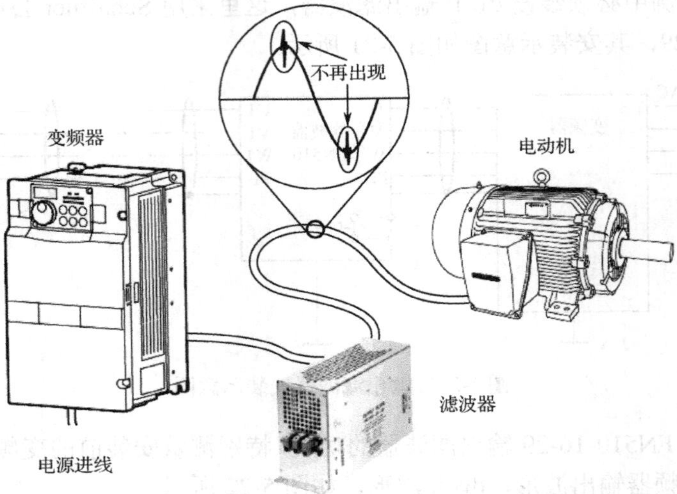

图 5-23　安装输出滤波器后的实际效果图

Note

5.3 变频器过载故障维修

5.3.1 变频器发生过载故障的主要原因

如果电动机能够旋转，但变频器输出电流超过了额定值，则称为变频器过载。变频器过载示意图如图 5-24 所示。变频器过载的基本特征是：输出电流虽然超过了额定值，但超过的幅度不大，一般也不形成较大的冲击电流（否则就变成过电流故障），而且变频器过载有一个时间的积累，当积累时间达到 t_1 时，变频器才报过载故障。

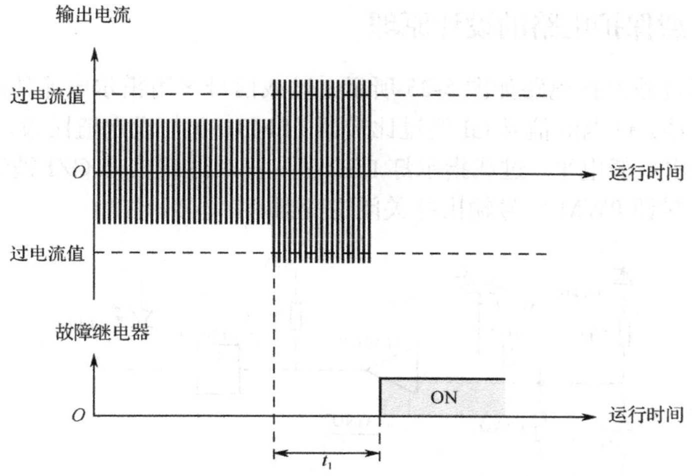

图 5-24 变频器过载示意图

发生变频器过载故障的主要原因有以下几个。

（1）机械负载过重。其主要特征是电动机发热，可从变频器显示屏上读取运行电流发现该问题。

（2）三相电压不平衡，引起某相的运行电流过大，导致变频器过载跳闸。其特点是电动机发热不均衡，从显示屏上读取运行电流时不一定能发现此类故障（因很多变频器显示屏只显示一相电流）。

（3）误动作。变频器内部的电流检测环节发生故障，使得检测出来的电流信号偏大，导致变频器过载跳闸。

5.3.2 过载故障处理对策

过载故障的检查方法和处理对策如下所述。

（1）检查电动机是否发热。如果电动机的温升不高，则首先应检查变频器的电子热保护功能预置参数是否合理，如变频器尚有余量，则应放宽电子热保护功能的预置参数。

如果电动机的温升过高，而所出现的过载又属于正常过载，则说明是电动机的负载过重。这时应考虑能否适当加大传动比，以减轻电动机轴上的负载。如果传动比能够加大，则加大传动比；如果传动比无法加大，则应加大电动机的容量。

（2）检查电动机侧三相电压是否平衡。如果电动机侧的三相电压不平衡，则应再检查变频器输出端的三相电压是否平衡。若也不平衡，则问题出在变频器内部；若变频器输出端的电压平衡，则问题出在从变频器到电动机的线路上，应检查所有接线端的螺钉是否都已拧紧。如果在变频器和电动机之间有接触器或其他电器，则还应检查有关电器的接线端是否都已拧紧，以及触点的接触状况是否良好等。

如果电动机侧的三相电压平衡，则应了解跳闸时的工作频率。如果工作频率较低，又未用矢量控制（或无矢量控制），则首先降低 *V*/*f* 比，如果降低后仍能带动负载，则说明原来预置的 *V*/*f* 比过高，励磁电流的峰值偏大，可通过降低 *V*/*f* 比来减小电流；如果降低后带不动负载了，则应考虑加大变频器的容量；如果变频器具有矢量控制功能，则应采用矢量控制方式。

5.3.3 变频器过载保护电路的设计原理

常见的变频器过载保护电路如图 5-25 所示。过载信号采用霍尔电流传感器检测，信号数值取自中间直流母线。过电流信号 GI 经过比较器（LM319）与设定值比较，当超过设定值时，反相器 CD4049 输出一低电平，过载指示灯 LED 亮；同时过载信号 GZI 被送入 CPU，经过一定的延时时间后，封锁 PWM 信号输出并关闭逆变器。

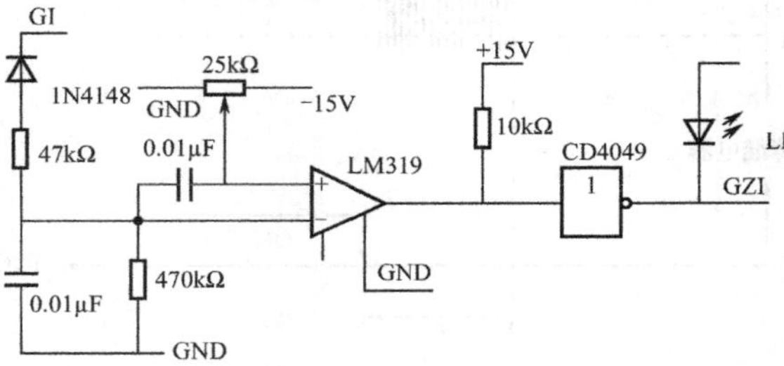

图 5-25 常见的变频器过载保护电路

5.3.4 过载故障定位

当变频器发生过载故障时，故障代码会显示故障类型是变频器过载还是电动机过载，据此可进行故障定位，如图 5-26 所示。

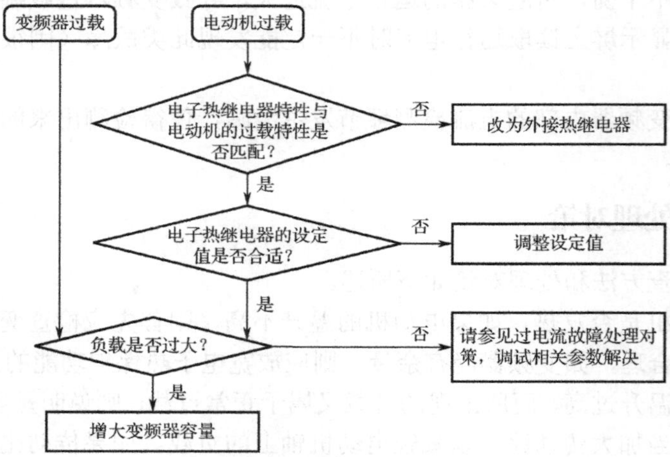

图 5-26 过载故障定位流程图

5.4 变频器过热故障分析

5.4.1 变频器散热结构分析

由变频器的结构可知，其散热一般可分为以下 3 种：自然散热、对流散热和液冷散热。

1. 自然散热

小容量的变频器一般选用自然散热方式中的普通散热，如图 5-27（a）所示，其使用环境应通风良好，无易附着粉尘等。此类变频器的拖动对象多为家用空调、数控机床等，功率很小，使用环境比较优良。

自然散热的另外一种方式是穿墙式散热，这种散热方式最多减少 80%的热量，其特点是变频器的主体与散热片通过电控箱完全隔离，这大大提高了变频器元器件的散热效果，如图 5-27（b）所示。这种散热方式最大的好处是可以做到定时清理散热器，且能保证电控箱的防护等级做得更高。例如，常见的棉纺企业由于棉絮过多，容易堵塞变频器的通风道，导致变频器产生过热故障，采用穿墙式散热方式就能很好地解决这一问题。

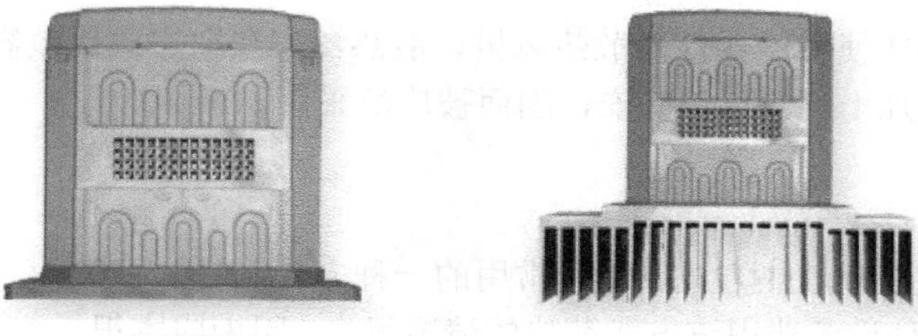

（a）普通散热　　（b）穿墙式散热

图 5-27 自然散热方式

自然散热效果的优劣与安装工艺有着密切关系，安装时应尽量增大功率模块与散热器的接触面积，降低热阻，提高传热效果。在功率器件与散热器之间涂一层薄薄的导热硅脂可以降低热阻，如图 5-28 所示。

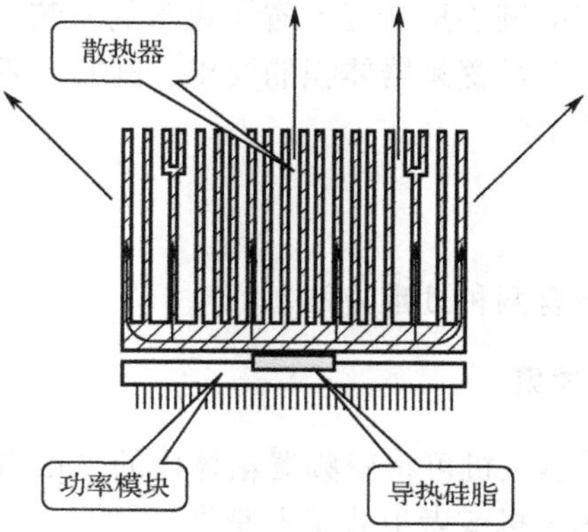

图 5-28 导热硅脂安装位置

2. 对流散热

对流散热是普遍采用的一种散热方式，如图5-29（a）所示，它主要采用散热风机[（图5-29（b）]将散热器［图 5-29（c）］上的热量以对流的方式带走。应用在变频器上的散热风机的主要特点是体积小、寿命长、噪声低、功耗低、风量大、防护高。例如，常用的小功率变频器散热风机体积只有25mm×25mm×10mm；日本SANYO风机寿命可达200000h，防护等级可达IPX5；德国EBM公司大风量轴流风机的排风量高达5700m^3/h。

（a）装有散热风机的变频器

（b）散热风机

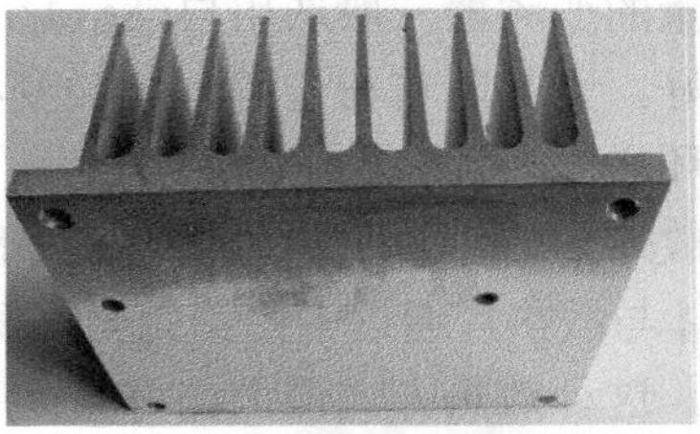
（c）散热器

图 5-29　对流散热方式

由于对流散热方式使用的器件（散热风机、散热器）获取方式比较容易，成本不高，变频器的容量可以做到几十到几百千伏安，因而被广泛采用。

3. 液冷散热

水冷散热是工业液冷散热方式中较为常用的一种方式，如图5-30所示。针对变频器这种设备选用该方式散热的情况很少，因为成本很高，设备体积大，当变频器的容量不是很大时，很难将性价比做到让用户接受的程度，只有在特殊场合（如需要防爆）以及对于容量特别大的变频器才采用这种散热方式。

图 5-30　水冷散热方式

水冷变频器在欧洲广泛应用于轮船、机车等高功率且空间有限的场合。水冷变频器能有效解决散热问题，从而使高功率变频器的体积大大缩小，性能更加稳定。体积的减小意味着节省了设备的安装空间，从而有效地解决了很多特殊场合对变频器体积的要求。例如，某品牌400kW水冷变频器，其体积仅为同等级风冷变频器的1/5。

5.4.2 过热故障处理对策

变频器发生过热故障一般有两种处理方法。

1. 确认散热风机的散热效果

一般来说，变频器内装散热风机可将变频器箱体内的热量带走，如果外界环境温度过高，则还需要安装电气柜冷却散热风机或者柜式工业空调。

2. 降低运行环境温度

变频器是电力电子装置，故温度对其寿命影响较大。变频器的运行环境温度一般要求为-10℃～+50℃，如果能降低变频器的运行环境温度，则可以延长变频器的使用寿命。

在处理具体问题的过程中，变频器过热故障应该按照代码进行逐步定位，通常来说，过热故障代码会显示是IGBT/IPM散热器过热还是整流桥散热器过热，据此可进行故障定位，如图5-31所示。

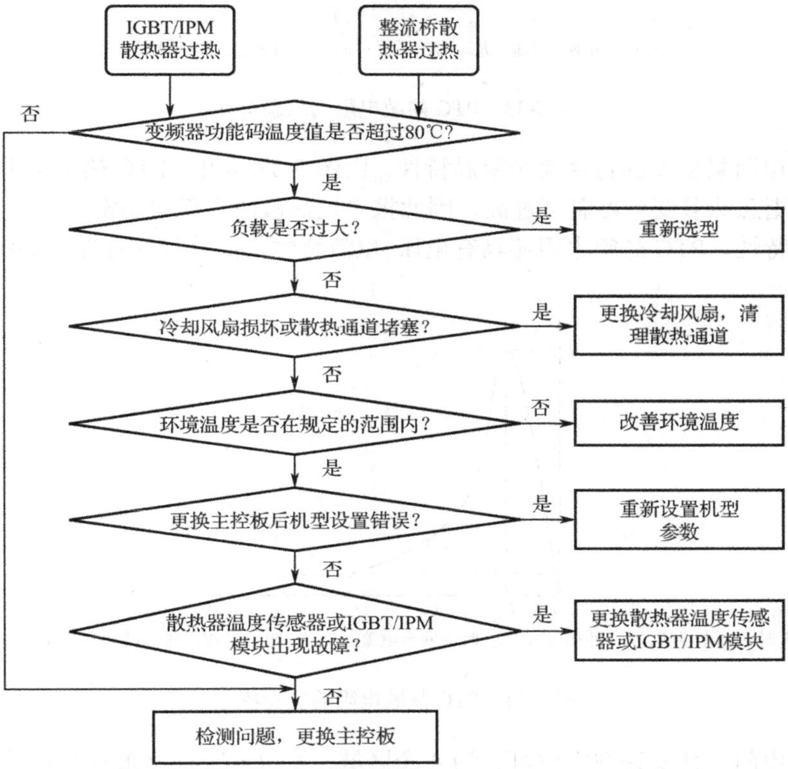

图5-31 变频器过热故障定位流程图

5.4.3 变频器内置的热敏电阻

变频器是如何感知自身温度的呢？一般来说，它是通过内置在散热器上的热敏电阻来获得温度信息的。常用的热敏电阻多为PTC热敏电阻，如图5-32所示。PTC热敏电阻是一种典型的具有温度敏感性的半导体电阻，当温度超过一定的温度（居里温度）时，它的阻值随温度的升高呈阶跃性升高，其阻温特性如图5-33所示。

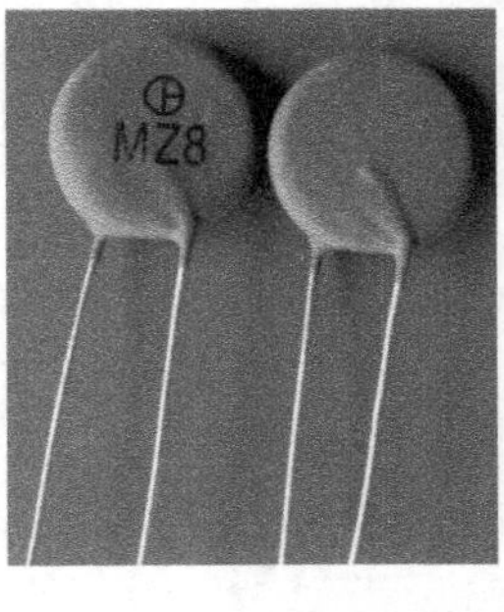

图5-32 变频器内置的PTC热敏电阻

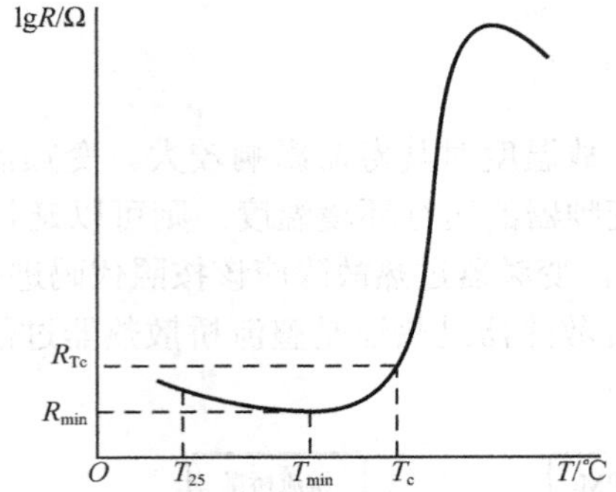

R_{min}—最小电阻；T_{min}—R_{min}时的温度；R_{Tc}—2 倍 R_{min}；T_c—居里温度

图 5-33　PTC 热敏电阻的阻温特性

PTC 热敏电阻最重要的特性就是阻温特性，由图 5-33 可知，PTC 热敏电阻一旦开路，即电阻无穷大，则意味着变频器温度过高，因此报“过热故障”就很正常了。

除了阻温特性，PTC 热敏电阻还具有电压-电流特性，简称伏安特性，如图 5-34 所示。

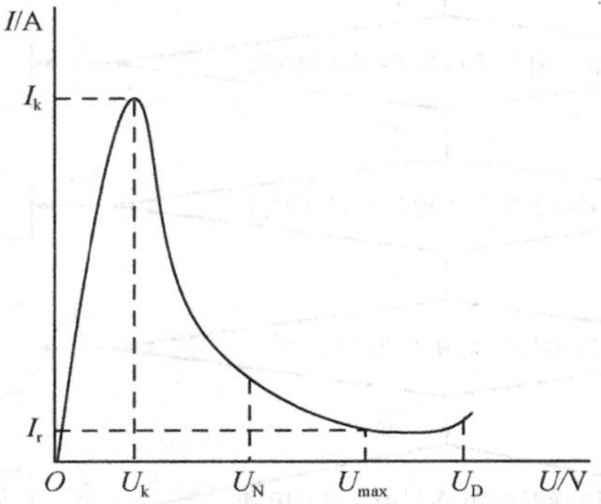

I_k—外加电压 U_k 时的动作电流；I_r—外加电压 U_{max} 时的残余电流；U_{max}—最大工作电压；U_N—额定电压；U_D—击穿电压

图 5-34　PTC 热敏电阻的伏安特性

PTC 热敏电阻的伏安特性大致可分为 4 个区域：在 0～U_k 的区域称为线性区，此间的电压和电流的关系基本符合欧姆定律，不产生明显的非线性变化，也称为不动作区。在 U_k～U_{max} 的区域称为跃变区，此时由于 PTC 热敏电阻的自热升温，电阻值产生跃变，电流随着电压的上升而下降，所以此区也称为动作区。在 U_{max}～U_D 的区域称为临界区，此时电流随电压的上升保持不变。在 U_D 以上的区域称为击穿区，此时电流随着电压的上升而上升，PTC 热敏电阻的阻值呈指数型下降，于是电压越高，电流越大，PTC 热敏电阻的温度越高，阻值反而越低，很快就导致 PTC 热敏电阻的热击穿。

【学习任务 5-3】 变频器散热风机的更换

观看微课

任务描述

更换变频器的散热风机。

学习步骤

1. 切除动力电源

将变频器的进线动力电源切除，即将空气开关断开，确保变频器处于安全状态，如图 5-35 所示。

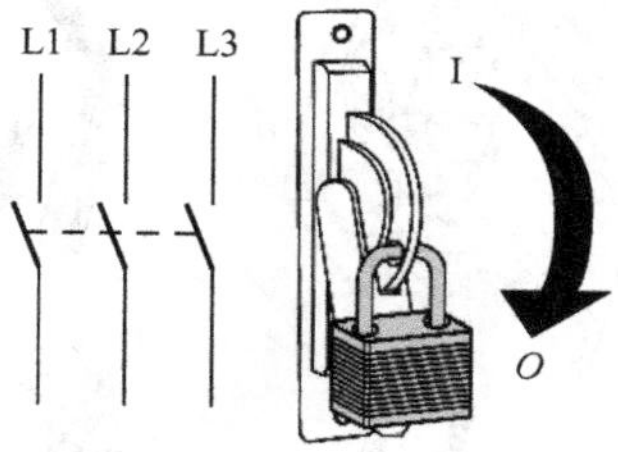

图 5-35　切除动力电源

2. 用万用表检测变频器的直流母线电压

将连接变频器外壳与壳体的紧固螺钉（图 5-36）或塑料卡扣解开。

如图 5-37 所示，用万用表测量直流母线 DC+和 DC−之间的直流电压，当测量值为 0V 时，即在内部充电电容完全放电的情况下更换散热风机。

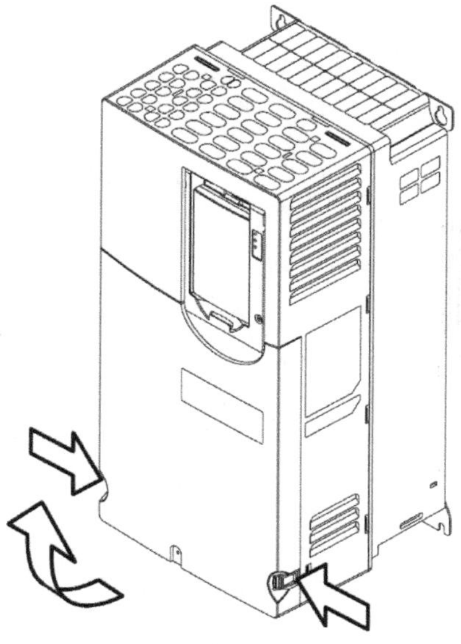

图 5-36　松开紧固螺钉

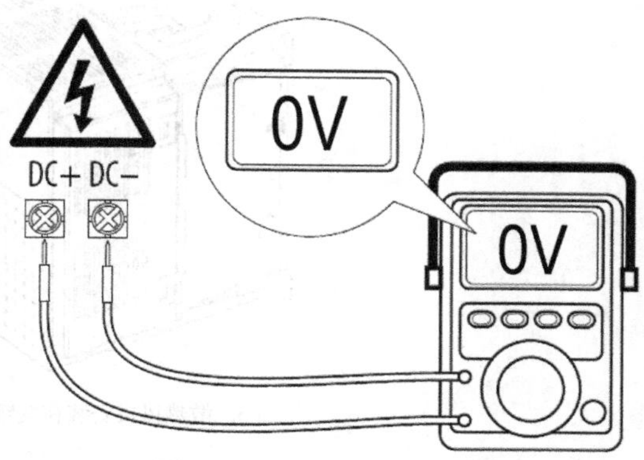

图 5-37　检测变频器的直流母线电压

3. 更换同规格散热风机

更换散热风机分两种情况，分别为散热风机在变频器底部和散热风机在变频器顶部。如图 5-38 所示，在有电线连接器的地方，应先解开连接器，在确保电源极性一致的情况下，更换变频器散热风机。散热风机吹风的方向是从变频器下端往上端吹，这样可以将热空气向上排出。

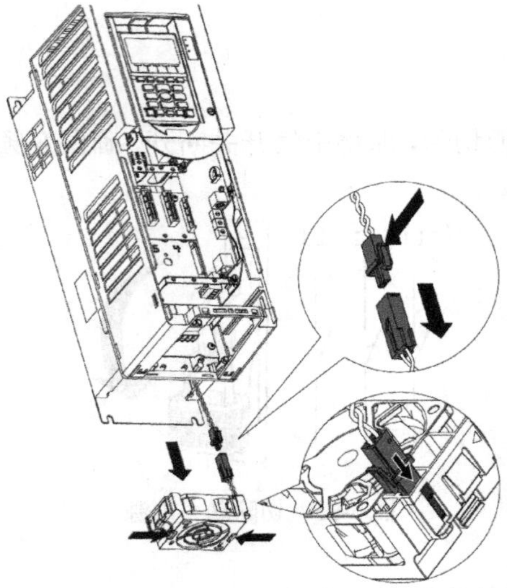

（a）散热风机安装在变频器底部

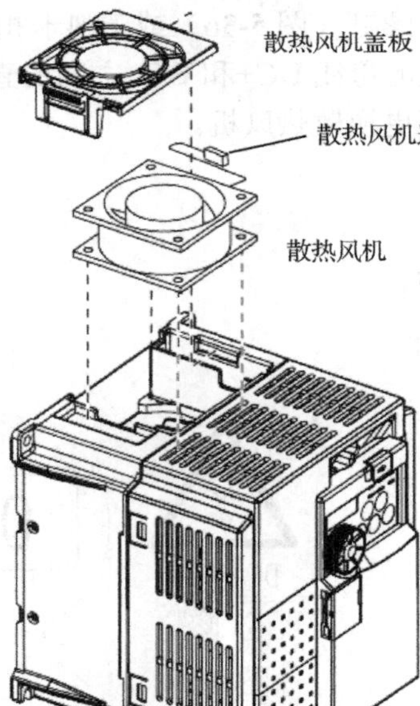

（b）散热风机安装在变频器顶部

图 5-38　更换散热风机

5.4.4 变频器柜的散热设计原理

当变频器外接制动电阻时，采取何种散热设计是用户需要考虑的问题。如图 5-39 所示为某种变频器放置结构，变频器 1 的热风加上制动电阻 1 的热量一起进入变频器 2 的进风通道，导致进风温度远远超过+40℃，从而造成变频器 2 过热故障。

如何解决变频器 2 的过热问题呢？最好的办法就是安装挡板并调整制动电阻位置。如图 5-40 所示，当两台变频器上下安装时，必须安装挡板，以避免下面的变频器排出的热风进入上面变频器的散热风道。同时，由于制动电阻会产生大量的热量，因此必须把它放置在变频器柜外的安全位置。

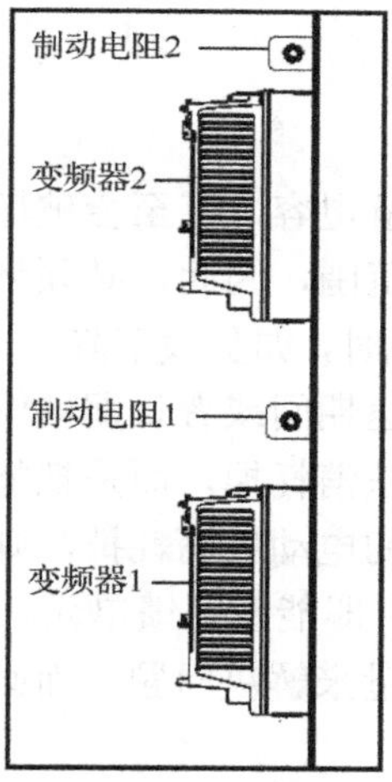

图 5-39 变频器放置结构

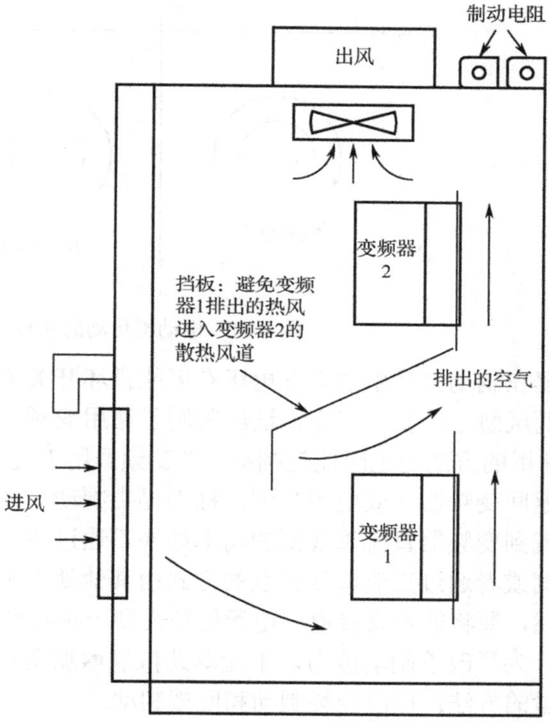

图 5-40 安装挡板和调整制动电阻位置

5.5 变频器过电压故障分析

5.5.1 过电压问题的提出

变频器过电压保护是变频器中间直流电压达到危险程度后采取的保护措施。变频器过电压是电压型交–直–交变频器设计上的一大缺陷，在变频器实际运行中引起此故障的原因较多，可以采取的措施也较多，在处理此类故障时首先要分析清楚故障原因，然后有针对性地采取相应的措施去处理。

通用变频器大多为电压型交–直–交变频器。一般而言，负载的能量可以分为动能和势能两种。动能（由负载的速度和质量决定其大小）随着物体的运动而累积，当动能减为零时，该物体就处于停止状态。如图 5-41 所示为电动机传动的 4 种运行方式，在很多场合下都要求电动机不仅能运行于电动状态（一、三象限），而且还能运行于发电制动状态（二、四象限）。

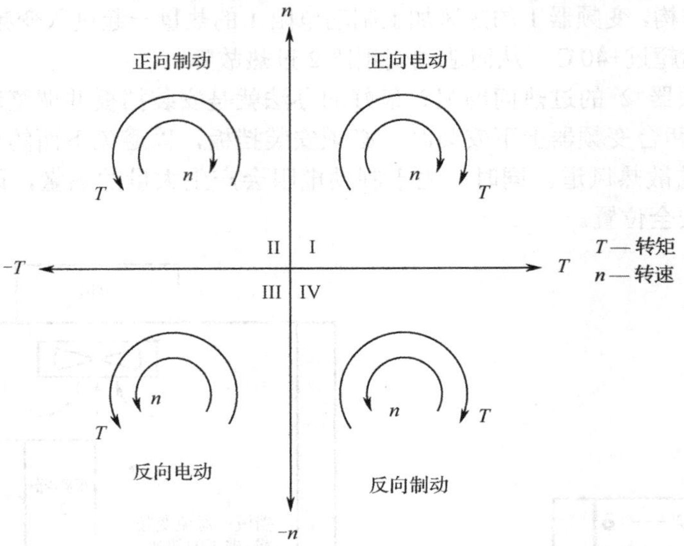

图 5-41　电动机传动的 4 种运行方式

变频器在制动时产生的泵升电压有可能损坏开关器件、电解电容，甚至会破坏电动机的绝缘，从而威胁系统安全工作，这就限制了通用变频器的应用范围，因此，必须将这些功率消耗掉，常用的方法是电阻能耗制动。当变频器用于提升类负载时，如负载下降，则能量（势能）也要返回变频器（或电源）侧，称为再生制动。在负载减速期间或者长期被倒拖时，由电动机侧流到变频器直流母线侧的功率如果不通过热消耗的方法消耗掉，而是把能量返回变频器电源侧或者通过直流母线并联的方式由其他处于电动状态的电动机消耗掉，则称为回馈制动。显然，要将能量直接返回电源侧还需要一种特殊的装置，即能量回馈单元。

总之，为了改善制动能力，不能单纯依靠增加变频器的容量来解决问题，而必须采取处理再生能量的方法：电阻能耗制动和回馈制动。

5.5.2　引起变频器过电压的原因

一般说来，引起中间直流回路过电压的原因主要包含以下两个方面。

1. 来自电源输入侧的过电压

一般说来，电源电压不会使变频器因过电压而跳闸。电源输入侧的过电压主要指电源侧的冲击过电压，如由雷电引起的过电压、由补偿电容在合闸或断开时形成的过电压等，其主要特点是电压变化率和幅值都很大。

2. 来自负载侧的过电压

来自负载侧的过电压主要指当由于某种原因使电动机处于再生发电状态时，负载的传动系统中所储存的机械能经电动机转换成电能，通过逆变器的 6 个续流二极管回馈到变频器的中间直流回路中，此时的逆变器处于整流状态，如果变频器中没采取消耗这些能量的措施，则这些能量将会导致中间直流回路的电容器的电压上升，当达到限值时即引起跳闸。

可能引起变频器负载侧过电压的原因如下所述。

（1）变频器减速时间参数设定较小及未使用变频器减速过电压自处理功能。当变频器拖动大惯性负载时，如果其减速时间设定得比较小，则在减速过程中，变频器输出频率下降的速度比较快，而负载惯性比较大，靠自身阻力减速比较慢，使负载拖动电动机的转速比变频器输出频率所对应的转速还要高，电动机处于发电状态，而变频器没有能量处理单元或其作用有限，会导致变频器中间直流回路电压升高，超出保护值，从而出现过电压跳闸故障。

大多数变频器为了避免跳闸，专门设置了减速过电压自处理功能。如果在减速过程中，直流电压超过了设定的电压上限值，则变频器的输出频率将不再下降，暂缓减速，待直流电压下降到设定值以下后再继续减速。如果减速时间设定得不合适，又没有利用减速过电压自处理功能，就可能出现此类故障。

（2）工艺要求在限定时间内减速至规定频率或停止运行。工艺流程限定了负载的减速时间，合理设定相关参数也不能减缓这一故障，系统又没有采取处理多余能量的措施，必然会引发过电压跳闸故障。

（3）当电动机所传动的位能负载下放时，电动机将处于再生发电制动状态。如位能负载下降过快，则过多回馈能量超过中间直流回路及其能量处理单元的承受能力，也会引起过电压故障。

（4）变频器负载突降。变频器负载突降会使负载的转速明显上升，使负载电动机进入再生发电状态，从负载侧向变频器中间直流回路回馈能量，短时间内能量的集中回馈可能会超出中间直流回路及其能量处理单元的承受能力，引发过电压故障。

（5）多台电动机拖动同一个负载时，也可能出现过电压故障，这主要是由没有进行负荷分配引起的。以两台电动机拖动一个负载为例，当一台电动机的实际转速大于另一台电动机的同步转速时，转速高的电动机相当于原动机，转速低的电动机处于发电状态，从而引起过电压故障。解决的方法是进行负荷分配控制。

（6）变频器中间直流回路电容器容量下降。变频器在运行多年后，中间直流回路电容器容量下降将不可避免，中间直流回路对直流电压的调节能力减弱，在工艺状况和设定参数不改变的情况下，发生变频器过电压跳闸的概率增大，这时需要对中间直流回路电容器容量下降情况进行检查。

5.5.3 变频器发生过电压故障的危害性

变频器发生过电压故障主要指其中间直流回路发生过电压故障。中间直流回路发生过电压故障的主要危害如下所述。

（1）引起电动机磁路饱和。对于电动机来说，电压过高必然使电动机铁芯磁通增加，可能导致磁路饱和，励磁电流过大，从而引起电动机温升过高。

（2）损害电动机绝缘。中间直流回路电压升高后，变频器输出电压的脉冲幅度过大，对电动机绝缘的寿命有很大影响。

（3）对中间直流回路滤波电容器的寿命有直接影响，严重时会引起电容器爆裂。变频器厂家一般会将中间直流回路过电压值限定在DC 800V左右，一旦其电压超过限定值，变频器将按限定要求进行跳闸保护。

基于过电压故障的严重危害，在以下变频器应用场合，用户必须考虑配套使用制动方式：

电动机拖动大惯性负载（如离心机、龙门刨、行车的大小车等）并要求急剧减速或停车；电动机拖动位能负载（如电梯、起重机、矿井提升机等）；电动机经常处于被拖动状态（如离心机副机、造纸机导纸辊电机、化纤机械牵伸机等）。

5.5.4 过电压故障的处理对策

对于过电压故障的处理，关键在于：①中间直流回路的多余能量如何及时处理；②如何避免或减少多余能量向中间直流回路馈送。

下面是主要的处理对策。

1. 在电源输入侧增加吸收装置，减少过电压因素

电源输入侧的冲击过电压、由雷电引起的过电压、由补偿电容在合闸或断开时形成的过电压，均可以采取在输入侧并联浪涌吸收装置或串联电抗器等方法加以解决。

2. 从变频器已设定的参数中寻找解决办法

（1）正确设定减速时间参数和变频器减速过电压自处理功能。如果工艺流程对负载减速时间没有限制，则变频器减速时间参数不要设得太小，否则会使负载动能释放得过快，该参数的设定要以不引起中间回路过电压为限，特别要注意负载惯性较大时该参数的设定。如果工艺流程对负载减速时间有限制，而在限定时间内变频器出现过电压跳闸现象，此时需要设定变频器减速过电压自处理功能。

（2）正确设定中间直流回路过电压倍数。

3. 增加制动电阻

一般来说，小于 7.5kW 的变频器在出厂时其内部中间直流回路均装有制动单元和制动电阻；大于 7.5kW 的变频器需根据实际情况外加制动单元和制动电阻，为中间直流回路多余能量释放提供通道。增加制动电阻的不足之处是使变频器能耗变高，在频繁投切或长时间运行的情况下使电阻温度升高，造成设备损坏。

4. 在输入侧增加逆变电路

在输入侧增加逆变电路可以将多余的能量回馈给电网，但逆变桥价格昂贵，且技术复杂，不是一种较为经济的方法，只有在较高级的场合下才使用这种方法。

5. 在中间直流回路上适当增加电容

中间直流回路上的电容对变频器电压稳定、提高回路承受过电压的能力起着非常重要的作用。适当增大回路的电容量或及时更换运行时间过长且容量下降的电容器是解决变频器过电压故障的有效方法之一。

6. 在条件允许的情况下适当降低工频电源电压

目前，变频器电源侧一般采用不可控整流桥，电源电压高，中间直流回路电压也高，当电源电压为 380V、400V、450V 时，直流回路电压分别为 537V、565V、636V。有的变频器

距离变压器很近，当变频器输入电压高达 400V 以上时，对变频器中间直流回路承受过电压的能力影响很大，在这种情况下，如果条件允许，可以将变压器的分接开关放置在低压挡，通过适当降低电源电压的方式达到相对提高变频器承受过电压能力的目的。

7. 多台变频器共用直流母线

两台或两台以上同时运行的变频器共用直流母线可以很好地解决变频器中间直流回路过电压的问题，因为任何一台变频器从直流母线上取用的电流均大于同时间从外部馈入的多余电流，这样就可以基本上保持共用直流母线的电压。使用共用直流母线存在的最大问题是如何保护共用直流母线，在利用共用直流母线解决过电压问题时应注意这一点。

8. 通过控制系统功能解决变频器过电压问题

在很多工艺流程中，变频器的减速和负载的突降是受控制系统支配的，因此可以利用控制系统的一些功能，在变频器减速和负载突降前对其进行控制，防止过多的能量馈入变频器中间直流回路。如对于规律性减速过电压故障，可将变频器输入侧的不可控整流桥换成半可控或全控整流桥，在减速前将中间直流电压控制在允许的较低值内，相对加大中间直流回路承受馈入能量的能力，避免产生过电压故障。

5.5.5 过电压故障定位

当变频器发生过电压故障时，故障代码会显示故障类型是加速过电压、减速过电压、恒速过电压还是停机时过电压，据此可进行故障定位，如图 5-42 所示。

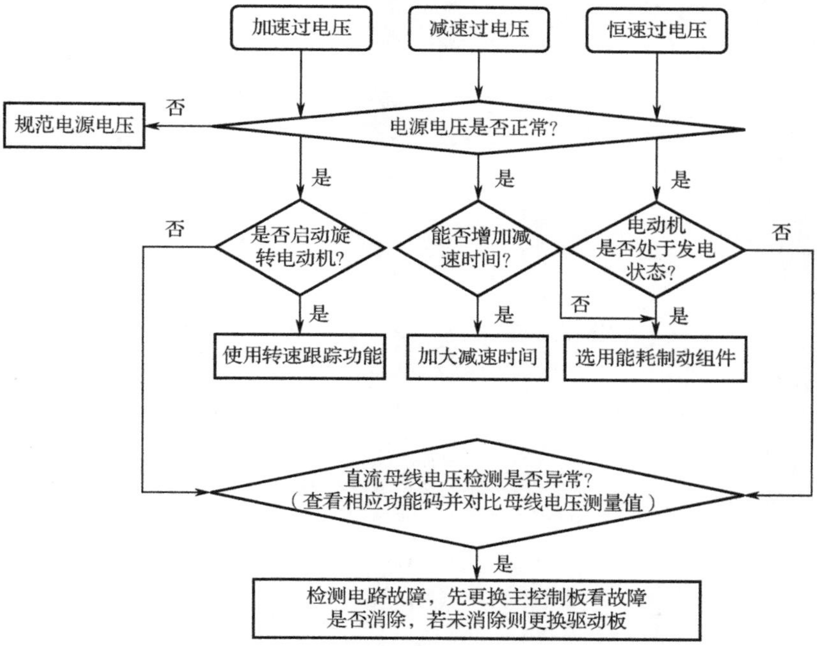

（a）加速过电压、减速过电压、恒速过电压故障定位

图 5-42　过电压故障定位

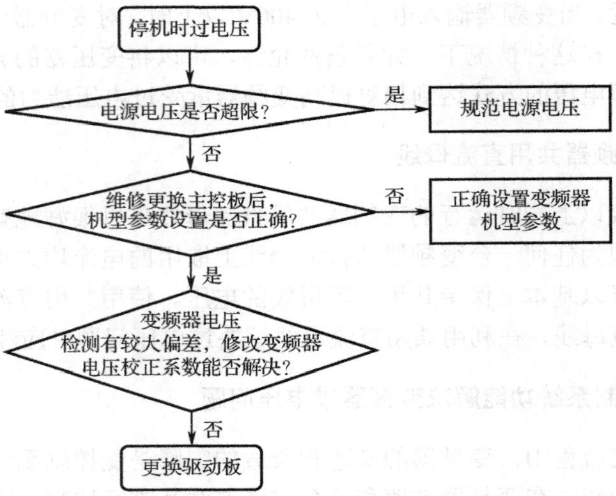

（b）停机时过电压故障定位

图 5-42　过电压故障定位（续）

【案例分析 5-2】 制动单元跳闸

观看微课

案例描述

为满足刨床的加工要求，要求工作台具有可调整的正反向点动控制和正常工作时的自动往返控制功能，并能进行低速磨削工作，故采用变频器进行调速控制。如图 5-43 所示为工作台 6 个行程开关的零位状态，在工作台侧面的燕尾槽内安装 4 个撞块，依靠 4 个撞块碰撞相应的行程开关实现工作台的自动工作，其中，前进撞块 A、B，后退撞块 C、D 分布在行程开关两侧。

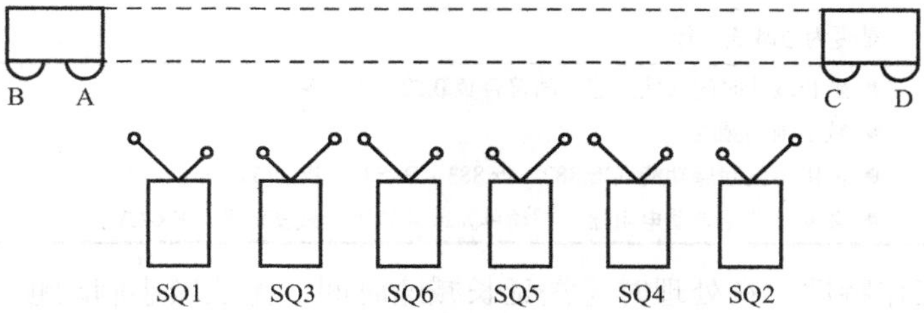

图 5-43 工作台行程开关零位状态

该刨床的运动控制过程如下：工作台前进时，撞块 A 撞击 SQ3，撞块 B 撞击 SQ5，经过一段越位后，刨台后退。后退时，撞块 B 使 SQ5 复位，撞块 A 使 SQ3 复位。后退末了，工件退出刀具后，撞块 C 撞击 SQ4 使电动机减速，撞块 D 撞击 SQ6 使电动机换向，经过一段越位后，刨台从后退转为前进。刨台按此方式循环工作。SQ2、SQ1 分别起前进、后退的限位保护作用。

该刨床主传动电动机的功率为 5.5kW，采用三菱 E700 变频器 FR-E740-5.5K-CHT，考虑到刨床的制动要求高，所以没有使用变频器的内置制动单元，而是选用了高制动率的国产 DBU-4 制动单元，其与变频器的接线如图 5-44 所示。

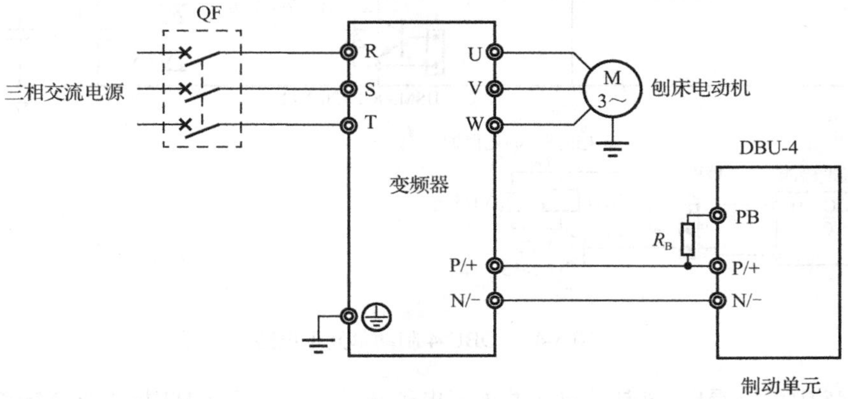

图 5-44 刨床变频器与制动单元的接线图

在刨床运行一段时间后，出现变频器报 E.OV3 现象。

分析步骤

通过查看三菱 E700 变频器使用说明书可知，E.OV3 代表“减速、停止时再生过电压跳闸”故障，据此可列出如表 5-9 所示的 E.OV3 故障检查要点。

表 5-9　E.OV3 故障检查要点

操作面板显示	E.OV3	E.0u3
名　称	减速、停止时再生过电压跳闸	
内　容	再生能量使变频器内部的主电路直流电压超过规定值，导致保护电路动作，停止变频器输出。此外，电源系统内发生浪涌电压也可能引起该故障	
检 查 要 点	是否为急减速运行	
处　理	● 延长减速时间（使减速时间符合负载的转动惯量） ● 减小制动频度 ● 使用再生回避功能（Pr.882、Pr.883、Pr.885、Pr.886） ● 必要时使用制动电阻器、制动单元或共直流母线变流器（FR-CV）	

由于刨床的工作特性，在处理时无法延长减速时间、无法减小制动频度（因为需要快速正反转）、无法使用再生回避功能（因为必须保证刨削速度），故只能检查制动单元是否正常。

根据图 5-45 所示的 DBU-4 制动单元主回路可知，其作用就是用一个电子开关（IGBT 模块）进行接通与关断控制，一旦接通就会将制动电阻 R_B 接入变频器的直流回路，对电动机回馈到变频器侧的能量进行快速消耗，将其转化为热量散发于空气中，以维持直流回路的电压在允许值之内。

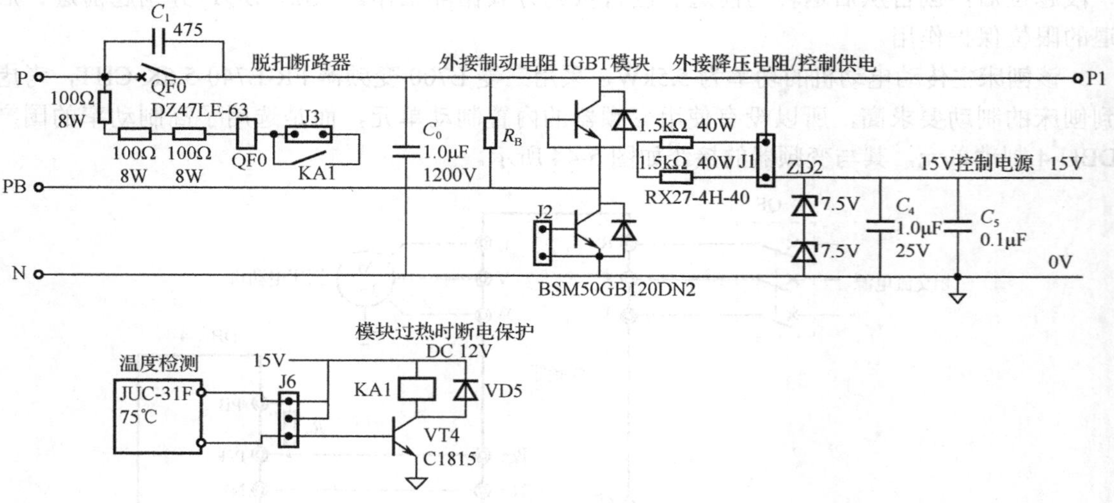

图 5-45　DBU-4 制动单元主电路

从图 5-45 中可以看出，该制动单元的内部电子开关为一双管 IGBT 模块 BSM50GB120DN2，其中，上管的栅极和射极短接未用，只用了下管，其外观和工作原理如图 5-46 所示，技术参数如表 5-10 所示。

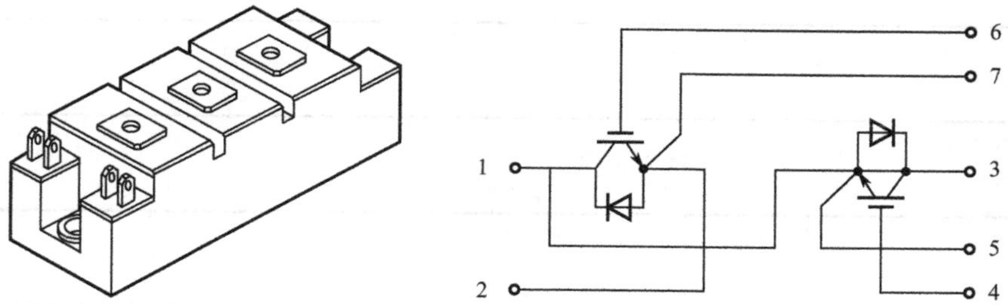

（a）外观　　　　（b）工作原理

图 5-46　BSM50GB120DN2 的外观与工作原理

表 5-10　BSM50GB120DN2 的技术参数

型　号	V_{CE}	I_C	包　装	订 货 号
BSM 50 GB 120 DN2	1200V	78A	HALF-BRIDGE 1	C67076-A2105-A70

同时，DBU-4 的制动保护电路是电子电路与机械式脱扣电路的复合，厂家对空气断路器 QF0 的内部结构进行了改造，由漏电动作脱扣改为模块过热时动作脱扣。温度检测和动作控制由温度继电器、VT4 和 KA1 组成，在模块温升达到 75℃时，KA1 动作引发脱扣跳闸，QF0 跳脱，将制动单元的电源关断，从而在一定程度上保护 IGBT 模块不因过电流或过热而烧毁。

Note

Note

思考与练习

5.1　简答题

（1）变频器的易耗件有哪些？其寿命周期是多少？

（2）如何对变频器的功率模块进行检测？

（3）IGBT 损坏的原因有哪些？

（4）变频器过电压保护可以采取的方法有哪些？

（5）变频器过电流的原因有哪些？

（6）变频器过电流与过载故障的区别在于什么地方？

5.2　某 55kW 变频器的动力线在经过一计量仪器时，经常引起该仪器读数不稳，应该如何处理？

5.3　某离心机厂的离心机选用某通用型 15kW 变频器（图 5-47），在调试时，变频器总是在减速过程中报减速过电压故障，试问有哪些原因可能引起该故障？该如何解决？

5.4　某化工厂使用的离心风机功率为 15kW，极数为 2 极，额定转速为 2950r/min，采用变频器带动风机运行（图 5-48）。当变频器带电动机空载运行时，经常会出现运行到 12Hz 左右时，输出频率在此附近振荡，振荡几次后有时频率会继续上升，有时报过载故障，但有时启动又能正常。试分析导致该故障发生的原因。

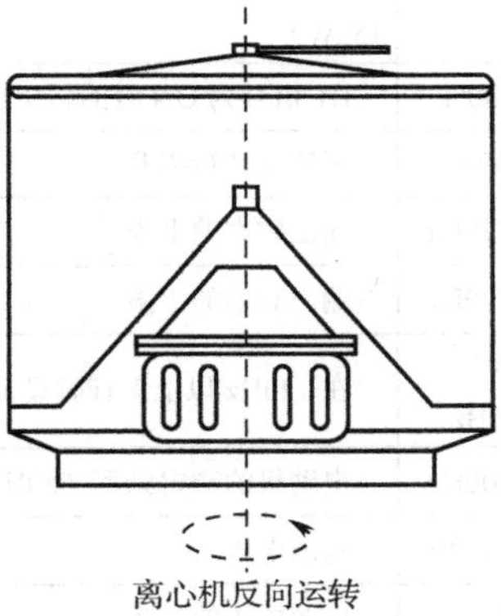

图 5-47　习题 5.3 图

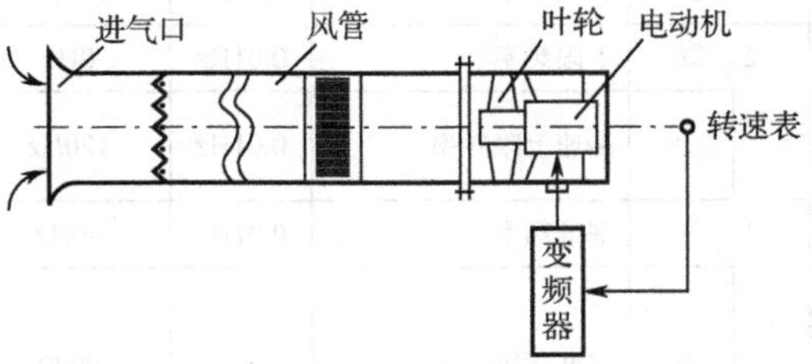

图 5-48　习题 5.4 图

5.5　某数控机床的主轴控制装置采用三菱 E700 变频器来控制交流主轴电动机。在运行过程中，变频器报 E.LF 故障，有时可复位，有时不能复位，即使能够复位，复位后电动机发出“嗡嗡”声，且旋转无力。请根据变频器使用说明书列举几个引起上述故障现象的可能的原因。

附录A

三菱E700变频器的主要参数

- 有◎标记的参数表示简单模式参数。
- V/F 表示 V/f 控制、先进磁通 表示先进磁通矢量控制，通用磁通 表示通用磁通矢量控制（无标记的功能表示所有控制都有效）。

功 能	参数	关联参数	名 称	单位	初 始 值	范 围	内 容
手动转矩提升 V/F	0 ◎		转矩提升	0.1%	6/4/3/2%*	0～30%	0Hz时的输出电压以%设定 *根据容量不同而不同（0.75kW 以下/1.5kW～3.7kW/5.5kW、7.5kW/11kW、15kW）
		46	第2转矩提升	0.1%	9999	0～30%	RT信号为ON时的转矩提升
						9999	无第2转矩提升
上下限频率	1 ◎		上限频率	0.01Hz	120Hz	0～120Hz	输出频率的上限
	2 ◎		下限频率	0.01Hz	0Hz	0～120Hz	输出频率的下限
		18	高速上限频率	0.01Hz	120Hz	120～400Hz	在120Hz以上运行时设定
基准频率、电压 V/F	3 ◎		基准频率	0.01Hz	50Hz	0～400Hz	电动机的额定频率（50Hz/60Hz）
		19	基准频率电压	0.1V	9999	0～1000V	基准电压
						8888	电源电压的95%
						9999	与电源电压一样
		47	第2 V/f（基准频率）	0.01Hz	9999	0～400Hz	RT信号为ON时的基准频率
						9999	第2 V/f 无效
通过多段速设定运行	4 ◎		多段速设定（高速）	0.01Hz	50Hz	0～400Hz	RH-ON时的频率
	5 ◎		多段速设定（中速）	0.01Hz	30Hz	0～400Hz	RM-ON时的频率
	6 ◎		多段速设定（低速）	0.01Hz	10Hz	0～400Hz	RL-ON时的频率
		24～27	多段速设定（4速～7速）	0.01Hz	9999	0～400Hz、9999	可以用RH、RM、RL、REX信号的组合来设定4速～15速的频率 9999：不选择
		232～239	多段速设定（8速～15速）	0.01Hz	9999	0～400Hz、9999	

续表

功能	参数	关联参数	名称	单位	初始值	范围	内容
加减速时间的设定	7 ◎		加速时间	0.1/0.01s	5/10/15s*	0～3600/360s	电动机加速时间 *根据变频器容量不同而不同（3.7kW 以下/5.5kW、7.5kW/11kW、15kW）
	8 ◎		减速时间	0.1/0.01s	5/10/15s*	0～3600/360s	电动机减速时间 *根据变频器容量不同而不同（3.7kW 以下/5.5kW、7.5kW/11kW、15kW）
		20	加减速基准频率	0.01Hz	50Hz	1～400Hz	成为加减速时间基准的频率 加减速时间在停止～Pr.20 间的频率变化时间
		21	加减速时间单位	1	0	0	单位：0.1s 范围：0～3600s 可以改变加减速时间的设定单位与设定范围
						1	单位：0.01s 范围：0～360s
		44	第 2 加减速时间	0.1/0.01s	5/10/15s*	0～3600/360s	RT 信号为 ON 时的加减速时间 *根据变频器容量不同而不同（3.7kW 以下/5.5kW、7.5kW/11kW、15kW）
		45	第 2 减速时间	0.1/0.01s	9999	0～3600/360s	RT 信号为 ON 时的减速时间
						9999	加速时间=减速时间
		147	加减速时间切换频率	0.01Hz	9999	0～400Hz	Pr.44、Pr.45 加减速时间自动切换为有效的频率
						9999	无功能
电动机的过热保护（电子过电流保护）	9 ◎		电子过电流保护	0.01A	变频器额定电流*	0～500A	设定电动机的额定电流 *对于 0.75kW 以下的产品，应设定为变频器额定电流的 85%
		51	第 2 电子过电流保护	0.01A	9999	0～500A	RT 信号为 ON 时有效 设定电动机的额定电流
						9999	第 2 电子过电流保护无效
直流制动预备励磁	10		直流制动动作频率	0.01Hz	3Hz	0～120Hz	直流制动的动作频率
	11		直流制动动作时间	0.1s	0.5s	0	无直流制动
						0.1～10s	直流制动的动作时间
	12		直流制动动作电压	0.1%	6/4/2%*	0	无直流制动
						0.1%～30%	直流制动电压（转矩） *根据容量不同而不同（0.1kW、0.2kW/0.4kW～7.5kW/11kW、15kW）
启动频率	13		启动频率	0.01Hz	0.5Hz	0～60Hz	启动时频率
		571	启动时维持时间	0.1s	9999	0～10s	Pr.13 启动频率的维持时间
						9999	启动时的维持功能无效

续表

功能	参数	关联参数	名称	单位	初始值	范围	内容
适用于不同负载的 *V/f* 曲线	14		适用负载选择	1	0	0	用于恒转矩负载
						1	用于低转矩负载
						2	恒转矩升降用：反转时提升 0%
						3	恒转矩升降用：正转时提升 0%
点动运行	15		点动频率	0.01Hz	5Hz	0～400Hz	点动运行时的频率
	16		点动加减速时间	0.1/0.01s	0.5s	0～3600/360s	点动运行时的加减速时间 加减速时间是指加、减速到 Pr.20 加减速基准频率中设定的频率（初始值为 50Hz）的时间 加减速时间不能分别设定
输出停止信号（MRS）的逻辑选择	17		MRS 输入选择	1	0	0	常开输入
						2	常闭输入（b 接点输入规格）
						4	外部端子：常闭输入（b 接点输入规格） 通信：常开输入
失速防止动作	22		失速防止动作水平	0.1%	150%	0	失速防止动作无效
						0.1%～200%	失速防止动作开始时的电流值
	23		倍速时失速防止动作水平补偿系数	0.1%	9999	0～200%	可降低额定频率以上的高速运行时的失速动作水平
						9999	一律 Pr.22
		48	第 2 失速防止动作水平	0.1%	9999	0	第 2 失速防止动作无效
						0.1%～200%	第 2 失速防止动作水平
						9999	与 Pr.22 同一水平
		66	失速防止动作水平降低开始频率	0.01Hz	50Hz	0～400Hz	失速防止动作水平开始降低时的频率
		156	失速防止动作选择	1	0	0～31 100、101	根据加减速的状态选择是否防止失速
		157	OL 信号输出延时	0.1s	0s	0～25s	失速防止动作时输出的 OL 信号开始输出的时间
						9999	无 OL 信号输出
		277	失速防止电流切换	1	0	0	当输出电流超过限制水平时，通过限制输出频率来限制电流 限制水平以变频器额定电流为基准
						1	当输出转矩超过限制水平时，通过限制输出频率来限制转矩 限制水平以电动机额定转矩为基准
加减速曲线	29		加减速曲线选择	1	0	0	直线加减速
						1	S 曲线加减速 A
						2	S 曲线加减速 B

续表

功能	参数	关联参数	名称	单位	初始值	范围	内容
再生单元的选择	30		再生制动功能选择	1	0	0	无再生功能、制动电阻器（MRS型）、制动单元（FR-BU2）、高功率因数变流器（FR-HC）、电源再生共通变流器（FR-CV）
						1	高频度用制动电阻器（FR-ABR）
						2	高功率因数变流器（FR-HC）（选择瞬时停电再启动时）
		70	特殊再生制动使用率	0.1%	0%	0～30%	使用高频度用制动电阻器（FR-ABR）时的制动器使用率（10%）
避免机械共振点（频率跳变）	31		频率跳变1A	0.01Hz	9999	0～400Hz、9999	1A～1B、2A～2B、3A～3B跳变时的频率 9999：功能无效
	32		频率跳变1B	0.01Hz	9999	0～400Hz、9999	
	33		频率跳变2A	0.01Hz	9999	0～400Hz、9999	
	34		频率跳变2B	0.01Hz	9999	0～400Hz、9999	
	35		频率跳变3A	0.01Hz	9999	0～400Hz、9999	
	36		频率跳变3B	0.01Hz	9999	0～400Hz、9999	
转速显示	37		转速显示	0.001	0	0	频率的显示及设定
						0.01～9998	50Hz运行时的机械速度
RUN键旋转方向的选择	40		RUN键旋转方向的选择	1	0	0	正转
						1	反转
输出频率和电动机转数的检测（SU、FU信号）	41		频率到达动作范围	0.1%	10%	0～100%	SU信号为ON时的水平
	42		输出频率检测	0.01Hz	6Hz	0～400Hz	FU信号为ON时的频率
	43		反转时输出频率检测	0.01Hz	9999	0～400Hz	反转时FU信号为ON时的频率
						9999	与Pr.42的设定值一致

续表

<table>
<tr><th rowspan="2">功　能</th><th colspan="2">参　数</th><th rowspan="2">名　称</th><th rowspan="2">单位</th><th rowspan="2">初 始 值</th><th rowspan="2">范　围</th><th rowspan="2">内　容</th></tr>
<tr><th></th><th>关联参数</th></tr>
<tr><td rowspan="2">DU/PU 监视内容的变更</td><td colspan="2">52</td><td>DU/PU 主显示数据选择</td><td>1</td><td>0</td><td>0、5、7～12、14、20、23～25、52～57、61、62、100</td><td rowspan="2">选择操作面板和参数单元所显示的监视器、输出到端子 AM 的监视器
0：输出频率（Pr.52）
1：输出频率（Pr.158）
2：输出电流（Pr.158）
3：输出电压（Pr.158）
5：频率设定值
7：电动机转矩
8：变流器输出电压
9：再生制动器使用率
10：电子过电流保护负载率
11：输出电流峰值
12：变流器输出电压峰值
14：输出电力
20：累计通电时间（Pr.52）
21：基准电压输出（Pr.158）
23：实际运行时间（Pr.52）
24：电动机负载率
25：累计电力（Pr.52）
52：PID 目标值
53：PID 测量值
54：PID 偏差（Pr.52）
55：输入/输出端子状态（Pr.52）
56：选件输入端子状态（Pr.52）
57：选件输出端子状态（Pr.52）
61：电动机过电流保护负载率
62：变频器过电流保护负载率
100：停止中设定频率、运行中输出频率（Pr.52）</td></tr>
<tr><td colspan="2">158</td><td>AM 端子功能选择</td><td>1</td><td>1</td><td>1～3、5、7～12、14、21、24、52、53、61、62</td></tr>
<tr><td rowspan="2">从端子 AM 输出的监视基准</td><td colspan="2">55</td><td>频率监视基准</td><td>0.01Hz</td><td>50Hz</td><td>0～400Hz</td><td>将频率监视值的最大值输出到端子 AM</td></tr>
<tr><td colspan="2">56</td><td>电流监视基准</td><td>0.01A</td><td>变频器额定电流</td><td>0～500A</td><td>将电流监视值的最大值输出到端子 AM</td></tr>
</table>

续表

功能	参数	关联参数	名称	单位	初始值	范围	内容
瞬时停电再启动动作/高速起步	57		再启动自由运行时间	0.1s	9999	0	自由运行时间： 1.5kW 以下时为 1s； 2.2kW～7.5kW 时为 2s； 11kW 以上时为 3s
						0.1～5s	瞬时停电到复电后由变频器引导再启动的等待时间
						9999	不进行再启动
	58		再启动上升时间	0.1s	1s	0～60s	再启动时的电压上升时间
		30	再生制动功能选择	1	0	0、1	MRS（X10）-ON→OFF 时，由启动频率启动
						2	MRS（X10）-ON→OFF 时，再启动动作
		162	瞬时停电再启动动作选择	1	1	0	有频率搜索（使用频率搜索时，对接线长度有限制）
						1	无频率搜索（减电压方式）
						10	每次启动时频率搜索（使用频率搜索时，对接线长度有限制）
						11	每次启动时减电压方式
		165	再启动失速防止动作水平	0.1%	150%	0～200%	将变频器额定电流设为 100%，设定再启动动作时的失速防止动作水平
		298	频率搜索增益	1	9999	0～32767	通过 *V/f* 控制实施离线自动调谐时的频率搜索增益
						9999	使用三菱电动机（SF-JR、SF-HRCA）常数
		299	再启动时的旋转方向检测选择	1	0	0	无旋转方向检测
						1	有旋转方向检测
						9999	Pr.78=0 时，有旋转方向检测 Pr.78=1、2 时，无旋转方向检测
		611	再启动时的加速时间	0.1s	9999	0～3600s	再启动时到达 Pr.20 加减速基准频率的加速时间
						9999	再启动时的加速时间为通常的加速时间（Pr.7 等）

续表

功能	参数	关联参数	名称	单位	初始值	范围	内容	
自动加减速	61		基准电流	0.01A	9999	0～500A	以设定值（电动机额定电流）为基准	
						9999	以变频器额定电流为基准	
	62		加速时基准值	1%	9999	0～200%	以设定值为限制值	
						9999	以 150%为限制值	
	63		减速时基准值	1%	9999	0～200%	以设定值为限制值	
						9999	以 150%为限制值	
		292	自动加减速	1	0	0	通常模式	
						1	最短加减速模式	无制动器
						11		有制动器
						7	制动器顺控模式 1	
						8	制动器顺控模式 2	
		293	加减速个别动作选择模式	1	0	0	对于最短加减速模式的加速、减速均计算加减速时间	
						1	仅对最短加减速模式的加速时间进行计算	
						2	仅对最短加减速模式的减速时间进行计算	
电动机的选择	71		适用电动机	1	0	0	适合标准电动机的热特性	
						1	适合三菱恒转矩电动机的热特性	
						40	三菱高效率电动机（SF-HR）的热特性	
						50	三菱恒转矩电动机（SF-HRCA）的热特性	
						3	标准电动机	选择“离线自动调谐设定”
						13	恒转矩电动机	
						23	三菱标准电动机（SF-JR 4P 1.5kW 以下）	
						43	三菱高效率电动机（SF-HR）	
						53	三菱恒转矩电动机（SF-HRCA）	
						4	标准电动机	可以进行自动调谐数据读取以及变更设定
						14	恒转矩电动机	
						24	三菱标准电动机（SF-JR 4P 1.5kW 以下）	
						44	三菱高效率电动机（SF-HR）	
						54	三菱恒转矩电动机（SF-HRCA）	
						5	标准电动机	星形接线 可以进行电动机常数的直接输入
						15	恒转矩电动机	
						6	标准电动机	三角形接线 可以进行电动机常数的直接输入
						16	恒转矩电动机	
		450	第 2 适用电动机	1	9999	0	适合标准电动机的热特性	
						1	适合三菱恒转距电动机的热特性	
						9999	第 2 电动机无效（第 1 电动机（Pr.71）的热特性）	

续表

功能	参数	关联参数	名称	单位	初始值	范围	内容	
载波频率和Soft- PWM选择	72		PWM频率选择	1	1	0～15	PWM载波频率 设定值以kHz为单位，但是，0表示0.7kHz，15表示14.5kHz	
		240	Soft-PWM动作选择	1	1	0	Soft-PWM无效	
						1	Pr.72=“0～5”时，Soft-PWM有效	
模拟量输入选择	73		模拟量输入选择	1	1	0	端子2输入	极性可逆
							0～10V	无
						1	0～5V	
						10	0～10V	有
						11	0～5V	
		267	端子4输入选择	1	0	0	端子4输入4～20mA	
						1	端子4输入0～5V	
						2	端子4输入0～10V	
模拟量输入的响应性或噪声消除	74		输入滤波时间常数	1	1	0～8	对于模拟量输入，一次延迟滤波器时间常数设定值越大，过滤效果越明显	
复位选择、PU脱离检测	75		复位选择/PU脱离检测/PU停止选择	1	14	0～3、14～17	复位输入选择、PU脱离检测、PU停止等功能选项	
防止参数值被意外改写	77		参数写入选择	1	0	0	仅限于停止时可以写入	
						1	不可写入参数	
						2	可以在所有运行模式中不受运行状态限制地写入参数	
电动机的反转防止	78		反转防止选择	1	0	0	正转和反转均可	
						1	不可反转	
						2	不可正转	
运行模式的选择	79 ◎		运行模式选择	1	0	0	外部/PU切换模式	
						1	PU运行模式固定	
						2	外部运行模式固定	
						3	外部/PU组合运行模式1	
						4	外部/PU组合运行模式2	
						6	切换模式	
						7	外部运行模式（PU运行互锁）	
		340	通信启动模式选择	1	0	0	根据Pr.79的设定启动	
						1	以网络运行模式启动	
						10	以网络运行模式启动 可通过操作面板切换PU运行模式与网络运行模式	

续表

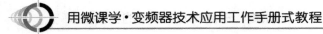

功能	参数	关联参数	名称	单位	初始值	范围	内容
控制方法的选择 先进磁通 通用磁通	80		电动机容量	0.01kW	9999	0.1～15kW	适用电动机容量
						9999	*V/f* 控制
	81		电动机极数	1	9999	2、4、6、8、10	设定电动机极数
						9999	*V/f* 控制
		89	速度控制增益（先进磁通矢量）	0.1%	9999	0～200%	在先进磁通矢量控制时，调整由负载变动造成的电动机速度变动 基准为 100%
						9999	Pr.71 中设定的电动机所对应的增益
		800	控制方法选择	1	20	20	先进磁通矢量控制（设定为 Pr.80、Pr.81≠“9999”时）
						30	通用磁通矢量控制（设定为 Pr.80、Pr.81≠“9999”时）
离线自动调谐	82		电动机励磁电流	0.01A*	9999	0～500A*	调谐数据 （通过离线自动调谐测量到的值会自动设定） *因 Pr.71 的设定值不同而不同
						9999	使用三菱电动机（SF-JR、SF-HR、SF-JRCA、SF-HRCA）常数
	83		电动机额定电压	0.1V	200/400V*	0～1000V	电动机额定电压（V） *因电压级别而异（200/400V）
	84		电动机额定频率	0.01Hz	50Hz	10～120Hz	电动机额定频率（Hz）
		90	电动机常数（R1）	0.001Ω*	9999	0～50 Ω*、9999	调谐数据 （通过离线自动调谐测量到的值会自动设定） *因 Pr.71 的设定值不同而不同 9999：使用三菱电动机（SF-JR、SF-HR、SF-JRCA、SF-HRCA）常数
		91	电动机常数（R2）	0.001Ω*	9999		
		92	电动机常数（L1）	0.1mH*	9999	0～1000mH*、9999	调谐数据 （通过离线自动调谐测量到的值会自动设定） *因 Pr.71 的设定值不同而不同 9999：使用三菱电动机（SF-JR、SF-HR、SF-JRCA、SF-HRCA）常数
		93	电动机常数（L2）	0.1mH*	9999		
		94	电动机常数（X）	0.1%*	9999	0～100%*	调谐数据 （通过离线自动调谐测量到的值会自动设定） *因 Pr.71 的设定值不同而不同
						9999	使用三菱电动机（SF-JR、SF-HR、SF-JRCA、SF-HRCA）常数
		96	自动调谐设定/状态	1	0	0	不实施离线自动调谐
						1	先进磁通矢量控制用 离线自动调谐时电动机不运转（所有电动机常数）
						11	通用磁通矢量控制用 离线自动调谐时电动机不运转（仅电动机常数（R1））
						21	*V/f* 控制用离线自动调谐（瞬时停电再启动（有频率搜索时用））

续表

功能	参数	关联参数	名称	单位	初始值	范围	内容	
离线自动调谐		859	转矩电流	0.01A*	9999	0～500A*	调谐数据 （通过离线自动调谐测量到的值会自动设定） *因 Pr.71 的设定值不同而不同	
						9999	使用三菱电动机（SF-JR、SF-HR、SF-JRCA、SF-HRCA）常数	
模拟量输入频率的变更电压、电流输入、频率的调整（校正）	125 ◎		端子 2 频率设定增益频率	0.01Hz	50Hz	0～400Hz	端子 2 输入增益（最大）的频率	
	126 ◎		端子 4 频率设定增益频率	0.01Hz	50Hz	0～400Hz	端子 4 输入增益（最大）的频率	
		241	模拟输入显示单位切换	1	0	0	0%单位	模拟量输入显示单位的选择
						1	V/mA 单位	
		C2 (902)	端子 2 频率设定偏置频率	0.01Hz	0Hz	0～400Hz	端子 2 输入偏置侧的频率	
		C3 (902)	端子 2 频率设定偏置	0.1%	0%	0～300%	端子 2 输入偏置侧电压（电流）的%换算值	
		C4 (903)	端子 2 频率设定增益	0.1%	100%	0～300%	端子 2 输入增益侧电压（电流）的%换算值	
		C5 (904)	端子 4 频率设定偏置频率	0.01Hz	0Hz	0～400Hz	端子 4 输入偏置侧的频率	
		C6 (904)	端子 4 频率设定偏置	0.1%	20%	0～300%	端子 4 输入偏置侧电流（电压）的%换算值	
		C7 (905)	端子 4 频率设定增益	0.1%	100%	0～300%	端子 4 输入增益侧电流（电压）的%换算值	
PID 控制/浮动辊控制	127		PID 控制自动切换频率	0.01Hz	9999	0～400Hz	自动切换到 PID 控制的频率	
						9999	无 PID 控制自动切换功能	
	128		PID 动作选择	1	0	0	PID 控制无效	
						20	PID 负作用	测量值输入（端子 4）目标值（端子 2 或 Pr.133）
						21	PID 正作用	
						40～43	浮动辊控制	
						50	PID 负作用	偏差值信号输入（LonWorks 通信、CC-Link 通信）
						51	PID 正作用	
						60	PID 负作用	测量值、目标值输入（LonWorks 通信、CC-Link 通信）
						61	PID 正作用	
	129		PID 比例带	0.1%	100%	0.1%～1000%	比例带狭窄（参数的设定值小）时，测量值的微小变化可以带来大的操作量变化 随着比例带的变小，响应灵敏度（增益）会变得更好，但可能会引起振动等，降低稳定性 增益 K_p=1/比例带	
						9999	无比例控制	

续表

<table>
<tr><th rowspan="2">功能</th><th colspan="2">参数</th><th rowspan="2">名称</th><th rowspan="2">单位</th><th rowspan="2">初始值</th><th rowspan="2">范围</th><th rowspan="2" colspan="2">内容</th></tr>
<tr><th></th><th>关联参数</th></tr>
<tr><td rowspan="11">PID 控制/浮动辊控制</td><td rowspan="2">130</td><td rowspan="2"></td><td rowspan="2">PID 积分时间</td><td rowspan="2">0.1s</td><td rowspan="2">1s</td><td>0.1～3600s</td><td colspan="2">在偏差值输入时，仅在积分（I）动作中得到与比例（P）动作相同的操作量所需要的时间（T_i）
随着积分时间变小，到达目标值的速度会加快，但是容易发生振动现象</td></tr>
<tr><td>9999</td><td colspan="2">无积分控制</td></tr>
<tr><td rowspan="2">131</td><td rowspan="2"></td><td rowspan="2">PID 上限</td><td rowspan="2">0.1%</td><td rowspan="2">9999</td><td>0～100%</td><td colspan="2">上限值
在反馈量超过设定值的情况下输出 FUP 信号
测量值（端子 4）的最大输入（20mA/5V/10V）相当于 100%</td></tr>
<tr><td>9999</td><td colspan="2">无功能</td></tr>
<tr><td rowspan="2">132</td><td rowspan="2"></td><td rowspan="2">PID 下限</td><td rowspan="2">0.1%</td><td rowspan="2">9999</td><td>0～100%</td><td colspan="2">下限值
在反馈值低于设定值的情况下输出 FDN 信号
测量值（端子 4）的最大输入（20mA/5V/10V）相当于 100%</td></tr>
<tr><td>9999</td><td colspan="2">无功能</td></tr>
<tr><td rowspan="3">133</td><td rowspan="3"></td><td rowspan="3">PID 动作目标值</td><td rowspan="3">0.01%</td><td rowspan="3">9999</td><td>0～100%</td><td colspan="2">PID 控制时的目标值</td></tr>
<tr><td rowspan="2">9999</td><td>PID 控制</td><td>端子 2 输入电压为目标值</td></tr>
<tr><td>浮动辊控制</td><td>固定于 50%</td></tr>
<tr><td rowspan="2">134</td><td rowspan="2"></td><td rowspan="2">PID 微分时间</td><td rowspan="2">0.01s</td><td rowspan="2">9999</td><td>0.01～10.00s</td><td colspan="2">在偏差值输入时，仅得到比例动作（P）的操作量所需要的时间（T_d）
随着微分时间的增大，对偏差变化的反应也越大</td></tr>
<tr><td>9999</td><td colspan="2">无微分控制</td></tr>
<tr><td rowspan="3">用户参数组功能</td><td rowspan="3">160 ◎</td><td rowspan="3"></td><td rowspan="3">用户参数组读取选择</td><td rowspan="3">1</td><td rowspan="3">0</td><td>0</td><td colspan="2">显示所有参数</td></tr>
<tr><td>1</td><td colspan="2">只显示注册到用户参数组中的参数</td></tr>
<tr><td>9999</td><td colspan="2">只显示简单模式的参数</td></tr>
<tr><td rowspan="4">操作面板的动作选择</td><td rowspan="4">161</td><td rowspan="4"></td><td rowspan="4">频率设定/键盘锁定操作选择</td><td rowspan="4">1</td><td rowspan="4">0</td><td>0</td><td>M 旋钮
频率设定模式</td><td rowspan="2">键盘锁定无效</td></tr>
<tr><td>1</td><td>M 旋钮
电位器模式</td></tr>
<tr><td>10</td><td>M 旋钮
频率设定模式</td><td rowspan="2">键盘锁定有效</td></tr>
<tr><td>11</td><td>M 旋钮
电位器模式</td></tr>
</table>

续表

功能	参数 关联参数	名称	单位	初始值	范围	内容
输入端子的功能分配	178	STF 端子功能选择	1	60	0～5、7、8、10、12、14～16、18、24、25、60、61、62、65～67、9999	0：低速运行指令（RL） 1：中速运行指令（RM） 2：高速运行指令（RH） 3：第 2 功能选择（RT） 4：端子 4 输入选择（AU） 5：点动运行选择（JOG） 7：外部过电流继电器输入（OH） 8：15 速选择（REX） 10：变频器运行许可信号（X10）（FR-HC/FR-CV 连接） 12：PU 运行外部互锁（X12） 14：PID 控制有效端子（X14） 15：制动器开放完成信号（BRI） 16：PU-外部运行切换（X16） 18：*V/f* 切换（X18） 24：输出停止（MRS） 25：启动自保持选择（STOP） 60：正转指令（STF） 61：反转指令（STR） 62：变频器复位（RES） 65：FU-NET 运行切换（X65） 66：外部-网络运行切换（X66） 67：指令权切换（X67） 9999：无功能
	179	STR 端子功能选择	1	61		
	180	RL 端子功能选择	1	0		
	181	RM 端子功能选择	1	1		
	182	RH 端子功能选择	1	2		
	183	MRS 端子功能选择	1	24		
	184	RES 端子功能选择	1	62		
输出端子的功能分配	190	RUN 端子功能选择	1	0	0、1、3、4、7、8、11～16、20、25、26、46、47、64、90、91、93*、95、96、98、99、100、101、103、104、107、108、111～116、120、125、126、146、147、164、190、191、193*、195、196、198、199、9999	0、100：变频器运行中（RUN） 1、101：频率到达（SU） 3、103：过载警报（OL） 4、104：输出频率检测（FU） 7、107：再生制动预报警（RBP） 8、108：电子过电流保护预报警（THP） 11、111：变频器运行准备完毕（RY） 12、112：输出电流检测（Y12） 13、113：零电流检测（Y13） 14、114：PID 下限（FDN） 15、115：PID 上限（FUP） 16、116：PID 正反转动作输出（RL） 20、120：制动器开放请求（BDF） 25、125：风扇故障输出（FAN） 26、126：散热片过热预报警（FIN） 46、146：停电减速中（Y46）（保持到解除） 47、147：PID 控制动作中（PID） 64、164：再试中（Y64）
	191	FU 端子功能选择	1	4		
	192	ABC 端子功能选择	1	99		

续表

功能	参数	关联参数	名称	单位	初始值	范围	内容
输出端子的功能分配	192		ABC 端子功能选择	1	99		90、190：寿命警报（Y90） 91、191：异常输出 3（电流切断信号）（Y91） 93、193：电流平均值监视信号（Y93）* 95、195：维修时钟信号（Y95） 96、196：远程输出（REM） 98、198：轻故障输出（LF） 99、199：异常输出（ALM） 9999、-：无功能 0～99：正逻辑；100～199：负逻辑 *Pr.192 不可设定为“93”和“193”

参 考 文 献

[1] 李方园. 智能工厂设备配置研究[M]. 北京：电子工业出版社，2018.

[2] 李方园. 行业专用变频器的智能控制策略研究[M]. 北京：科学出版社，2018.

[3] 李方园，刘长国，刘雁. 变频器技术及应用[M]. 北京：机械工业出版社，2017.

[4] 李方园. 变频器应用技术[M]. 2 版. 北京：科学出版社，2014.

[5] 李方园等. 零起点学西门子变频器应用[M]. 北京：机械工业出版社，2012.

[6] 李方园. 图解变频器控制及应用[M]. 北京：中国电力出版社，2012.

[7] 李方园. 变频器行业应用实践[M]. 北京：中国电力出版社，2006.

[8] 李方园. 变频器应用与维护[M]. 北京：中国电力出版社，2009.

[9] 咸庆信. 变频器实用电路图集与原理图说[M]. 北京：机械工业出版社，2009.

[10] 李自先，黄哲，汪宝标. 变频器实用技术与维修精要[M]. 北京：人民邮电出版社，2009.